식품기사
실기 필답형

핵심이론 및 기출 333제

4차 산업의 발달과 더불어 인구 구조와 가치관의 변화에 따라 혼밥, 외식·급식의 확산 등 식품산업의 트렌드가 변화함에 따라 HMR(Home Meal Replacement), 간편 조리식이 확대되고 있으며 더불어 건강한 노후에 대한 관심이 증대되면서 건강기능식품에 대한 관심도 커지고 있다. 하지만 기후변화 등의 환경변화도 커짐에 따라 A형 간염 바이러스가 확산되며, 新해양생물독소가 등장하는 등 발전하는 식품산업을 위협하는 위해요소도 급격하게 변화하고 있다. 이러한 새로운 식품산업에 발맞춰 소비자의 욕구와 맛과 영양, 위생안전 등을 고려한 다양한 식품이 개발되고 있으며 이에 식품기술에 대한 전문지식을 갖춘 기술 인력의 요구가 증대되고 있다.

식품기사는 식품산업에서 식품가공과 관련하여 식품기술분야에 대한 전문적인 지식을 바탕으로 하여 영양학적으로 우수하며 위생적으로 안전한 식품의 공급을 위하여 원료의 선정에서부터 신제품의 기획·개발, 제품성분 및 안전성 분석·검사 등의 업무를 담당하며, 식품제조 및 가공공정에 대한 이해를 바탕으로 식품의 생산뿐만 아니라 보존과 저장공정 전반의 관리·감독의 업무를 수행하고 있다. 더불어 세포 배양육, 유전자 가위기술 등 최근 연구가 활발해지고 있는 식품산업에 적용되는 첨단기술에 대한 연구개발을 진행하고 있다.

본교재는 "식품기사" 취득을 위해 실기시험을 대비하기 위한 준비서로, 실시기관인 한국산업인력공단의 출제기준에 맞추어 가장 필수적인 이론을 정리하였다. 식품제조공정의 경우 가장 필수적이고 핵심적인 부분을 체계적으로 정리하였고 20년 변경된 실기시험 형식에 따라 그 중요성이 증대되는 식품과 관련된 기준 및 규격에 대하여 식품에서부터 첨가물 건강기능식품까지 시험에 나올 가능성이 있는 부분을 요약·정리하였다. 이로써 수험자들이 실기시험을 준비함에 있어서 시간낭비를 하지 않고 중요한 요소만을 습득하도록 하였다. 또한 전체적인 흐름을 빠르게 진행하도록 하여 학습하는 데 지치지 않도록 하고 반복적인 학습에 도움이 되도록 문장을 간략하게 간소화하였다.

또한 최근 10년간의 중요 기출문제를 정리, 수록하였으며 기출문제를 유형별로 재분류하여 수험생들이 수년간의 문제 유형의 출제 패턴을 읽을 수 있도록 하였다. 더불어 출제 가능성이 높은 문제를 별도로 수록하여 앞으로의 시험에 대비할 수 있도록 하여 최상의 수험서로서 수험생의 자격 취득에 도움이 되고자 하였다.

끝으로 이 책이 나오기까지 많은 도움을 주신 예문사 및 나도패스 임직원 여러분께 깊은 감사를 드립니다.

정진경

■ 식품기사 시험 가이드

- **자격명** : 식품기사(Engineer Food Processing)

- **관련 부처** : 식품의약품안전처

- **시행기관** : 한국산업인력공단(q-net.or.kr)

- **개요** : 사회발전과 생활의 변화에 따라 식품에 대한 욕구도 양적 측면보다 질적 측면이 강조되고 있다. 또한 식품제조가공기술이 급속하게 발달하면서 식품을 제조하는 공장의 규모가 커지고 공정이 복잡해짐에 따라 이를 적절하게 유지ㆍ관리할 수 있는 기술인력이 필요하게 됨에 따라 자격제도를 제정하였다.

- **수수료** : 필기 19,400원 / 실기 22,600원

- **관련 학과** : 전문대학 및 대학의 식품공학, 식품가공학 관련 학과

- **시험일정**

구분	필기원서접수 (인터넷) (휴일 제외)	필기시험	필기합격 (예정자) 발표	실기원서접수 (휴일 제외)	실기시험	최종합격자 발표일
1회	2024.01.23~ 2024.01.26	2024.02.15~ 2024.03.07	2024.03.13	2024.03.26~ 2024.03.29	2024.04.27~ 2024.05.17	2024.06.18
2회	2024.04.16~ 2024.04.19	2024.05.09~ 2024.05.28	2024.06.05	2024.06.25~ 2024.06.28	2024.07.28~ 2024.08.14	2024.09.10
3회	2024.06.18~ 2024.06.21	2024.07.05~ 2024.07.27	2024.08.07	2024.09.10~ 2024.09.13	2024.10.19~ 2024.11.08	2024.12.11

1. 원서접수시간은 원서접수 첫날 10:00부터 마지막 날 18:00까지입니다.
2. 필기시험 합격예정자 및 최종합격자 발표시간은 해당 발표일 09:00입니다.
3. 시험 일정은 종목별, 지역별로 상이할 수 있습니다.
※ [접수 일정 전에 공지되는 해당 회별 수험자 안내(Q-net 공지사항 게시)] 참조 필수

- **수행직무**

  식품기술분야에 대한 기본적인 지식을 바탕으로 하여 식품재료의 선택에서부터 새로운 식품의 기획, 개발, 분석, 검사 등의 업무를 담당하며, 식품제조 및 가공공정, 식품의 보존과 저장공정에 대한 관리, 감독의 업무를 수행.

- **진로 및 전망** : 주로 식품제조 · 가공업체, 즉석판매제조 · 가공업, 식품첨가물제조업체, 식품 연구소 등으로 진출하며, 이외에도 학계나 정부기관 등으로 진출할 수 있다. 「식품위생법」 에 의해 식품위생감시원으로 고용될 수 있다. 음식에 대한 소비욕구의 다양화와 추세로 인 해 맛과 영양, 위생안전 등을 고려한 다양한 식품이 개발되고 있으며, 기업 간 경쟁도 치열 해지고 있다. 이로 인해 식품 재료와 제품에 관한 연구 개발, 효율적인 운영이 요구될 뿐 아니라 식품제조공정의 급속한 발전과 더불어 위생적인 관리를 위해 전문기술인력이 요구 된다.

- **종목별 검정현황**

연도	필기			실기		
	응시(명)	합격(명)	합격률(%)	응시(명)	합격(명)	합격률(%)
2023	9,022	3,776	41.9%	5,517	1,469	26.6%
2022	6,811	2,864	42%	5,661	1,919	33.9%
2021	7,519	3,673	48.8%	7,032	1,264	18%
2020	7,874	4,258	54.1%	7,136	785	11%

■ 식품기사 출제기준

· 직무분야 : 식품가공	· 중직무분야 : 식품	· 자격종목 : 식품기사	· 적용기간 : 2023. 1. 1~2024. 12. 31

· 직무내용 : 식품기술분야에 대한 전문적인 지식을 바탕으로 하여 식품의 단위조작 및 생물학적, 화학적, 물리적 위해요소의 이해와 안전한 제품의 공급을 위한 식품재료의 선택에서부터 신제품의 기획 · 개발, 식품의 분석 · 검사 등의 업무를 담당하며, 식품제조 및 가공공정, 식품의 보존과 저장공정에 대한 업무를 수행하는 직무

· 수행준거 : 1. 식품제조와 관련된 이론 및 실제공정을 이해하고 식품가공에 필요한 기초가공공정을 수행할 수 있다.
2. 식품위생관련법규를 이해하고 적용할 수 있다.
3. 식품성분분석을 할 수 있다.
4. 식품위생검사를 위한 분석실험 및 미생물검사를 할 수 있다.
5. 식품위생관리기법(HACCP / ISO22000 등)을 적용할 수 있다.

· 실기검정방법 : 필답형	· 시험시간 : 2시간 30분 정도

실기과목명	주요항목	세부항목	세세항목
식품 생산 관리 실무	1. 생산관리	1. 생산계획수립하기	1. 생산관리지침에 따라 계약서 및 발주서에 따라 제품생산계획을 수립할 수 있다. 2. 생산관리지침에 따라 제품 및 재공품 재고현황을 참고하여 품목별 생산물량을 산출할 수 있다.
		2. 생산실적관리하기	1. 생산관리지침에 따라 생산실적 데이터를 수집할 수 있다.
		3. 재고관리하기	1. 생산관리지침에 따라 생산실적자료, 입출고 현황 분석 및 제품현황을 파악할 수 있다. 2. 생산관리지침에 따라 파악된 제품 및 재공품 현황을 기록 · 관리할 수 있다.
		4. 생산성 관리하기	1. 생산관리지침에 따라 생산계획과 생산실적 정보를 기준으로 계획대비 실적 차이를 분석할 수 있다. 2. 생산관리지침에 따라 생산실적을 기준으로 수율, 원가, 설비가동률, 인당 생산성, 손실률을 분석할 수 있다.
	2. 식품제조	1. 품질관리하기	1. 품질보증시스템(ISO, GMP, HACCP, SSOP) 등을 이해할 수 있다. 2. 식품의 관능적 특성(양, 외관, 조직감, 향미 등)을 이해하고 관능검사를 실시할 수 있다. 3. 식품의 이화학적 품질 특성의 품질관리를 이해할 수 있다. 4. 식품질관리의 통계적 처리 및 데이터 해석을 할 수 있다.
		2. 개발하기	1. 성분 개발의 프로세스를 이해할 수 있다.

실기과목명	주요항목	세부항목	세세항목
식품 생산 관리 실무	3. 식품안전관리	1. 식품성분관리 및 위해요소관리하기	1. 식품 중 일반성분시험 및 특수성분시험의 원리를 이해하고 실험할 수 있다. 2. 식품 중 식품첨가물시험의 원리를 이해하고 실험할 수 있다. 3. 식품 중 유해성 중금속시험의 원리를 이해하고 실험할 수 있다. 4. 식품 중 이물시험법의 원리를 이해하고 실험할 수 있다. 5. 식품에 영향을 미치는 미생물시험법의 원리를 이해하고 실험할 수 있다. 6. 식품 중 농약잔류시험법을 이해하고 실험할 수 있다.
	4. 식품인증관리	1. 식품 관련 인증제 파악하기	1. 식품제조가공에 대한 품질경영시스템(ISO 9001)과 식품안전시스템(ISO 22000) 인증을 확인할 수 있다.
		2. 식품안전관리인증기준(HACCP) 관리하기	1. 식품 위해요소를 중점관리하기 위해 식품안전관리인증기준(HACCP)을 적용할 수 있다. 2. 작성된 식품안전관리인증기준(HACCP) 운영 매뉴얼에 따라 식품안전관리시스템을 운영할 수 있다.
	5. 식품위생관련법규	1. 식품위생관련법규 이해 및 적용하기	1. 식품위생법규를 이해하고 생산현장에서 적용할 수 있다.

이 책의 특징 PECULIARITY

핵심만 쏙쏙!

불필요한 내용 대신 시험에 출제될 내용만 간단하게 수록하였습니다. 한눈에 들어오는 구성으로 시간절약하세요!

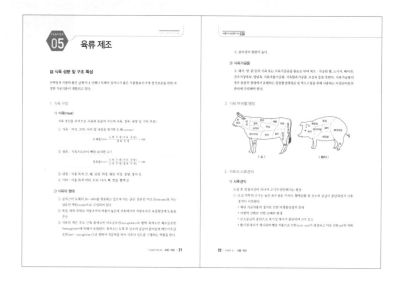

최신 법규를 빠르고 정확하게!

법규가 개정되었다고 걱정하지 마세요. 개정된 법규에 대한 문제도 틀리지 않고 대비할 수 있도록 빠르고 정확하게 수록하였습니다.

기출문제와 예상문제를 한 번에!

기출문제 따로 예상문제 따로 풀어볼 필요 없이 그 모든 걸 한 번에 연습할 수 있도록 "기출 및 예상문제 333"을 수록하였습니다. 이제 문제풀이는 한 번에 끝내세요!

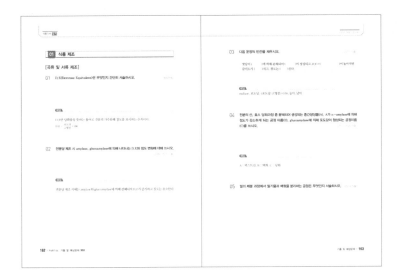

최신 기출복원문제로 마무리까지 확실하게!

시험을 앞두고 최신 경향 및 문제 유형을 알 수 있게 가장 최근의 기출문제를 복원하여 수록하였습니다. 누구보다 철저하게 시험에 대비하세요.

이 책의 **차례** CONTENTS

PART
02

식품
분석법

이 책의 차례 CONTENTS

PART
04

식품인증
관리

이 책의 차례 CONTENTS

식품 제조

CONTENTS

곡류 및 서류 제조

쌀, 밀, 보리, 잡곡류를 이용하는 곡류와 고구마, 감자 등을 이용한 서류의 경우 가격이 저렴하며 탄수화물의 주 급원이기에 식품산업 전반에서 폭 넓게 사용된다. 제분, 도정 등의 1차 가공과 밥, 면, 떡, 과자류 제조 등의 2차 가공으로 구분된다.

▌1 전분 제조

1. 전분의 특징

① 전분 : 곡류나 서류의 다당류 저장형태로 amylose와 amylopectin의 형태로 구성되어 있다. 물에 침전하는 성질이 있다.

② 옥수수 및 서류에서 전분을 제조하는 가공법으로 타 물질에 비하여 쉽게 분리된다.

③ 전분입자는 수소결합으로 연결되어 있으며 물을 흡수하는 성질을 가진다.

④ 전분이 가수분해되는 현상을 호정(dextrin)화, 가수분해되어 생성된 가수분해물을 호정(dextrin)이라 한다.

- amylodextrin → erythrodextrin → achromodextrin → maltodextrin → maltose

▼ 덱스트린의 종류

종류	요오드 반응
Soluble starch(수용성 전분)	청색
Amylodextrin	청색
Erythrodextrin	적색
Achromodextrin	무색
Maltodextrin	무색

2. 전분 분리법

① **정치법** : 소규모 분리에 이용, 중력에 의한 자연 침전으로 침전 분리시간이 길다.
② **테이블(table)법** : 폐액의 연속 제거 가능, 침전거리가 짧아 시간이 단축되나 넓은 면적이 필요하다.
③ **원심분리법** : 원심력 이용, 단시간 분리 가능, 오염이 적다.

3. 전분의 용도

① **식료품 제조** : 스낵, 과자, 아이스크림, 수산가공품, 조리재료 등 식료품 제조의 원료
② **포도당** : 정제포도당, 결정포도당, 분말포도당의 제조
③ **물엿** : 산당화엿, 엿기름엿, 분말물엿
④ **제조공업용 전분** : 제본, 인쇄잉크, 섬유용 풀, 부형제 등의 제조
⑤ **기타** 화장품, 치약, 장난감 등의 제조에 사용

4. 전분의 당화

1) 당화율(DE ; Dextrose equivalent)

전분의 가수분해 정도를 표시한 것이다.

$$DE = \frac{포도당}{고형분} \times 100$$

① 전분당화의 특징
- **포도당, 단맛과 결정성 증가**
- 덱스트린 평균분자량 감소, **흡습성 및 점도 감소**
- 빙점 감소, **삼투압 및 방부효과 증가**

2) 액화와 당화

① 액화(liquefaction) : 효소당화법을 이용하기 전 α-amylase를 이용하여 D.E가 10~15 정도가 되도록 당화시켜 당화효소의 작용을 쉽게 만들어주는 공정이다.

② 당화(saccharification) : 액화가 끝난 후 D.E가 95% 전후에 도달할 정도로 포도당을 제조하는 방법으로 산당화법과 효소당화법이 있다.

• 산당화법 : 염산이나 황산용액으로 전분을 처리할 경우 전분이 가수분해되면서 당화되는 방법으로 점도가 낮은 전분이 생성되어 주로 제과용으로 사용한다.

• 효소당화법 : *Rhizopus delemar, Aspergillus niger* 등이 생산한 내열성 α-amylase에 의한 당화법으로 산당화법에 비하여 당화율이 높다.

구분	산당화법	효소당화법
원료전분	완전 정제 필요	정제할 필요 없음
당화전분농도	약 25%	약 50%
분해한도	약 90%	약 97~99%
당화시간	약 60분	약 48~72시간
당화설비	내산·내압설비 필요	특별한 설비 필요 없음
당화액 상태	쓴맛이 강하며 착생물이 생성	쓴맛이 없고 착색물이 생성되지 않음
당화액 정제	활성탄 0.2~0.3% 이온교환수지	산 당화보다 약간 더 필요
관리	중화가 필요	보온(55℃) 시 중화 필요 없음
수율	결정포도당으로서 약 70%	결정포도당으로 80% 이상, 분말포도당으로 100%

2 도정

1. 도정의 특징

수확한 쌀과 보리의 배아(3%)와 겨층(5%, 과피, 종피, 호분층)을 제거하여 배유부만을 얻는 조작으로 배아와 겨층은 단백질, 지방, 비타민의 함유량이 높으며, 배유는 탄수화물의 함유량이 높다. 도정 시 겨층을 완전히 제거하면 소화흡수율이 높아지지만 탄수화물 외의 영양소 섭취에 어려움이 있다.

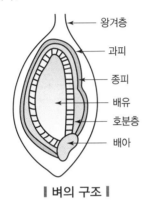

| 벼의 구조 |

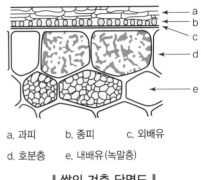

a. 과피   b. 종피   c. 외배유
d. 호분층   e. 내배유(녹말층)

| 쌀의 겨층 단면도 |

▼ 쌀의 도정에 따른 분류

종류	특성	도정률(%)	도감률(%)	소화율(%)
현미	벼의 왕겨층 제거, 벼중량 80%, 벼용적 1/2	100	0	95.3
5분도미	겨층, 배아의 50% 제거	96	4	97.2
7분도미	겨층, 배아의 70% 제거	94	6	97.7
백미	겨층, 배아 100% 제거	92	8	98.4
배아미	배아가 떨어지지 않도록 도정			
주조미	술의 제조에 이용, 순수 배유만 남음	75 이하		

2. 도정 원리

① **마찰**(friction) : 도정기와 곡물 사이를 비빔
② **찰리**(resultant tearing) : 강한 마찰작용으로 표면을 벗김
③ **절삭**(shaving) : 금강사로 곡물 조직을 깎아냄(연삭 – 강한 절삭, 연마 – 약한 절삭)
④ **충격**(impact) : 도정기와 곡물을 충돌시킴

③ 제분

1. 제분의 특징

쌀이나 보리처럼 외피가 단단하지 않고 배유가 부드러워 도정을 하기 어려운 밀이나 옥수수 등의 곡류를 부수어 가루로 만드는 공정이다.

1) 밀 제분공정

밀 단백질인 글루테닌(탄성)과 글리아딘(점성)에 의해 생성된 글루텐(gluten)으로 인한 점성이 특징이다.

> 원료 밀 → 정선 → 수분 조절(조질) → 배합 → 파쇄 → 체질 → 분쇄 → 체질
> → 밀가루 → 숙성 → 영양 강화 → 포장 → 제품

① 조질(Tempering and Conditioning) : 밀의 외피와 배유가 도정을 하기 좋은 상태로 물성을 변화시키는 공정으로 밀의 외피(섬유질 결착)와 배유(유연해짐)의 분리 용이 목적이다. 이 공정을 통해 외피와 배유가 분리되면 밀기울의 혼입이 줄어들게 되는데, 이 과정이 제대로 진행되지 않을 경우 밀가루에 밀기울이 혼입되어 품질저하를 가져 온다.
- Tempering : 밀의 수분함량은 10% 전후이다. 여기에 수분함량을 15% 전후로 상향조절하는 공정이다.
- Conditioning : 수분을 상향조정한 밀을 45℃에서 2~3시간 방치하는 공정이다.

② 숙성(Maturing) : 밀을 약 6~8주간 저장하면서 천천히 산화시키며 제품 안전성을 가지고 오는 공정이다. 이 과정에서 밀가루의 카로티노이드 등의 환원성 물질이 산소에 의해 산화되어 밀가루 고유의 색으로 자동산화된다. 식품가공 시에는 시간과 비용절감을 목적으로 과산화벤조일, 과산화암모늄, 아조디카르본아미드, 이산화염소 등의 밀가루 개량제를 사용하여 가공효율을 높인다.
- 과산화벤조일, 과산화암모늄 사용기준 : 밀가루류 0.3g/kg 이하
- 아조디카르본아미드 : 밀가루류 45mg/kg
- 이산화염소 : 30mg/kg, 빵류 제조용 밀가루의 사용에 한한다.

③ 영양 강화 : 비타민, 무기질 등 영양소 첨가

2) 밀가루의 품질과 용도

밀가루의 등급은 회분함량에 의해 결정되며 용도는 글루텐의 함량에 따라 결정된다. 회분함량이 0.6% 이하일 경우에는 1등급, 0.9% 이하는 2등급, 1.6% 이하는 3등급 밀가루이다.

밀가루의 품질은 건부량과 습부량에 의해서 결정되는데 강력분의 경우 탄성이 높아서 제빵용으로 주로 이용되며 중력분의 경우 면류, 제조 박력분의 경우 튀김 및 과자류의 제조에 주로 사용된다.

- 습부율(%) : $\left(\dfrac{\text{습부량}}{\text{밀가루 중량}} \right) \times 100$
- 건부율(%) : $\left(\dfrac{\text{건부량}}{\text{밀가루 중량}} \right) \times 100$

▼ 밀가루의 품질과 용도

종류	건부량	습부량	원료밀	용도	글루텐 성질
강력분	13% 이상	40% 이상	유리질 밀	식빵	거칠고 강하다.
중력분	10~13%	30~40%	중간질 밀	면류	곱고 약하다.
박력분	10% 이하	30% 이하	분상질 밀	과자	아주 곱고 약하다.

3) 밀가루 반죽의 물리성 측정

① farinograph : 점탄성 측정

② extensograph : 신장도와 인장항력 측정

③ amylograph : α-amylase 활성 측정

두류 제조

CHAPTER 02

콩은 단백질, 지방질, 탄수화물이 고르게 분포되어 있어 영양학적으로 우수한 식품이다. 두부는 콩을 물에 충분히 침지·마쇄하여 끓인 후 여과·압착하여 두유를 만들고 응고제를 첨가하여 응고시켜 제조되는 식품이다.

1 두부류

1. 두부제조공정

콩 → 수침 → 마쇄 → 두미 → 증자 → 여과 → 두유 → 응고 → 탈수 → 성형 → 절단 → 수침 → 두부

비지 (여과)
응고제 (응고)

1) 원료콩

두부 안에 함유된 단백질의 응고가 두부의 형성과정에서 가장 중요하므로 콩의 수용성 단백질 함량이 높을수록 두부의 제조 수율이 높아진다. 두부는 콩의 단백질 성분을 응고시켜서 제조하는 제품이므로 콩의 수용성 단백질 함량이 가장 중요하게 판단된다. 콩 단백질은 약 90%가 수용성으로 존재하며 대표적으로는 글라이시닌(glycinin)과 알부민(albumin)이 있다.

2) 수침

원료콩을 물에 충분히 침지시켜 마쇄를 용이하게 하는 것이 목적이다. 온도가 높을수록 물의 흡수가 빠르고, 낮을수록 흡수가 느려지므로 침지시간은 여름에는 5~8시간, 겨울에는 14~18시간이 적당하다. 물의 침지시간이 길어질수록 콩의 성분물질이 분해되거나 콩 단백질의 변성이 올 수 있기 때문에 적당한 시간 동안 침지하는 것이 중요하다.

3) 마쇄

콩 내부 세포를 파괴시켜 단백질을 추출하는 것이 목적이다. 미세하게 마쇄할수록 추출률이 높아지지만 너무 미세하게 마쇄할 경우, 이후 비지 분리 시 어려움이 생기게 된다.

4) 증자(가열)

마쇄한 원료콩을 여과하여 비지를 분리하기 전에 끓이는 공정이다. 증자를 통해 단백질의 추출 수율을 높이고, 트립신 저해제 등의 효소를 불활성화시키며 살균하는 것이 목적이다. 가열온도는 100℃가 적당하고 가열온도가 너무 높거나 가열시간이 길면 단백질의 변성으로 인해 수율이 감소하며, 지방의 산패로 맛이 변하고 조직이 단단해진다.

100℃보다 낮거나 너무 단시간 살균하면 단백질의 추출 수율이 낮아지며 살균이 부족해 여러 미생물이 잔존할 수 있고, 콩 비린내가 남아 두부의 향미에 안 좋은 영향을 미친다. 가열 시 단백질이나 사포닌으로 인한 거품이 형성될 수 있으므로 이를 제거하기 위해 소포제를 첨가할 수 있다.

5) 응고

응고제를 가하여 단백질과 지방을 함께 응고시킨다. 응고제의 종류에 따라 두부의 맛과 촉감 수율이 달라질 수 있다.

① 간수 : 염화마그네슘($MgCl_2$), 황산마그네슘($MgSO_4$)
② 황산칼슘 응고제 : 응고반응이 염화물에 비해 느려 보수성, 탄력성이 좋은 두부 생산
③ 염화칼슘 응고제 : 칼슘 첨가로 영양 보강, 응고작용 좋음
④ Glucono $-\delta-$ lactone 응고제 : 부드러운 조직감을 가지나 신맛이 있을 수 있음

2. 영양 저해 인자

① 트립신 저해제 : 단백질 분해효소인 트립신의 작용을 억제하여 소화작용 방해, 열에 의해 불활성화
② phytate : Ca, Mg, P, Fe 등과 복합체 형성 흡수 방해
③ 혈구응집소(hemagglutinin) : 적혈구와 결합하여 응고 작용, 열처리 · 위장 내 산에 의해 파괴

CHAPTER 03
과일 및 채소 제조

과일 및 채소는 비타민과 무기질을 포함한 많은 생리활성물질과 미량영양소를 섭취하기에 우수한 식품이다. 하지만 선도유지가 중요하며 유통과정에서도 발아, 후숙, 노화 등이 일어날 수 있으므로 가공에 주의를 기울여야 한다. 주로 통·병조림 및 과·채가공품의 제조, 잼류 제조에 사용된다.

1 과채가공품

1. 과실 및 채소의 특성

곡류·서류·두류와는 다르게 저장 및 유통기간 중에 성분변화가 빠르게 일어나기 때문에 저장 및 유통기간 중의 변화를 올바르게 이해하는 것이 중요하다.

1) 호흡 및 숙성

① 과채류의 종류 및 숙성도에 따라 호흡과 숙성도의 차이가 존재
② 호흡은 온도가 상승할수록 증가하며 효소활동을 촉진하여 품질에 영향을 미침
③ 호흡과 숙성으로 수확 후에도 지속적으로 성숙
④ 원물의 호흡속도에 따라 저장성을 결정하므로 과채류의 보관 시에는 가스치환을 통해 호흡량을 조절하여 저장성을 증대

2) 에틸렌(ethylene)의 발생

① 에틸렌은 무색의 기체로 과채류의 성장에 영향을 미치는 식물호르몬
② 과채류의 성장, 개화, 숙성을 유도 및 조절하나 과숙에 영향을 미쳐 변질을 유도하는 원인 중 하나
③ 과채류의 가공 중에는 기체조절을 통해 에틸렌의 발생을 조절

3) 증산작용

① 내부의 수분이 기공을 통해 외부로 빠져나가 제품의 수분함량이 감소하는 작용
② 제품의 신선도가 떨어지며 중량이 감소하고 제품 표면에 주름생성의 원인

③ 보관온도를 내리고 공기순환을 적게 하며 습도를 높게 유지함으로써 방지

2 통조림과 병조림

1. 통조림 제조

과일 및 채소류를 장기 보존하기 위한 대표적인 방법으로 주로 유리병·금속관·레토르트 파우치에 포장하며 밀봉·살균·멸균처리를 통해 미생물의 성장 및 변질을 방지한다.

원료 → 세척 → 조리 → 담기 → 주입액 넣기 → 탈기 → 밀봉 → 살균 → 냉각 → 제품

1) 원료

제품의 숙성을 고려하여 완숙 이전의 과실을 사용한다.

2) 전처리

① 세척 : 침지법, 교반, 분무법 등
② 데치기 : 80~90℃에서 2~3분 습식 가열
   • 식품 내의 산화 효소 불활성화 및 미생물 살균효과로 장기보존에 용이
   • 이미·이취의 제거로 제품 품질을 향상
   • 제품표면의 왁스제거 및 원료 박피에 용이성 부여
   • 변색 및 변패를 방지
   • 불순물로 인한 혼탁 방지 및 제품연화를 통한 충진 용이성 부여
③ 박피 : 칼, 열탕법, 증기법, 알칼리법(1~3%, NaOH), 산처리법(1~3%, HCl), 기계법
   • 산박피법 : 20℃에서 30~60분 산처리(1~3%, HCl) → 물로 세척
   • 알칼리박피법 : 30℃에서 10분 혹은 100℃ 이상 15~30초 알칼리 처리(1~3%, NaOH)
     → 물로 세척

3) 담기(충진)

① 식품과 주입액(과실 : 20~50% 당액, 채소 : 15~20% 소금물)을 용기에 넣는 것
② 맛과 방향을 주며 내용물 형상 유지 및 손상 방지

③ 멸균으로 인한 부피팽창 시의 파손을 방지하기 위해 내부에 0.2~0.4cm의 공극(head space)

4) 당액 조제

$$w_1 x + w_2 y = w_3 z$$

$$y = \frac{w_3 z - w_1 x}{w_2}$$

$$w_3 - w_1 = w_2$$

여기서, w_1 : 담는 과실의 무게(g)

w_2 : 주입 당액의 무게(g)

w_3 : 통 속의 당액 및 과실의 전체 무게(g)

x : 과육의 당도(%)

y : 주입액의 농도(%)

z : 제품 규격 당도(%)

5) 탈기(exhausting)

① 병이나 파우치 내의 공기를 제거하는 조작
② 호기성 세균 및 곰팡이의 생육을 억제 및 산화방지
③ 맛·향·색소의 변화와 영양소의 파괴를 방지
④ 내용물이 부풀어오르거나 팽창하는 것을 방지
⑤ 탈기방법
- **가열탈기법** : 가밀봉한 채 가열 탈기 후 밀봉
- **열간충진법** : 뜨거운 식품을 담고 즉시 밀봉
- **진공탈기법** : 진공하에서 밀봉
- **치환탈기법** : 질소 등 불활성 가스로 공기 치환

6) 살균(sterilization)

① 식품의 살균 시에는 맛·향·색 등을 고려하여 미생물 사멸의 유효성이 존재하는 최저 조건을 설정하여 상품가치 손실을 최소화
② 통·병조림의 경우 호기성 미생물의 성장이 억제되기 때문에 혐기조건에서 성장하는 병원성 미생물인 *Clostridium botulinum*을 살균지표로 설정, *Clostridium botulinum*의 최저 생육 pH는 4.6이므로 이를 고려하여 열처리조건을 설정
- 산성식품(acid food) : pH 4.6 이하
- 저산성식품(low acid food) : pH 4.6 이상
③ 레토르트 멸균 : 제품의 중심온도가 120℃ 4분간 또는 이와 같은 수준으로 열처리

2. 통조림 변패

1) 평면 산패

① 가스 비형성 세균의 산생성으로 발생
② 주로 *Bacillus* 속 호열성 세균의 살균 부족으로 발생
③ 통조림 외관은 이상 없으나 산에 의해 신맛 생성

2) 황화수소 흑변(sulfide spoilage)

육류 가열로 발생된 −SH기가 환원되어 H_2S 생성, 통조림 금속재질과 결합하여 흑변

3) 주석의 용출

① 산이나 산소 존재 시 주석 용출
② 통조림 개봉 시 산소에 의해 다량 용출되므로 먹고 남은 것은 다른 용기에 보관

4) 통조림 외관상 변패

① Flipper : 한쪽 면이 부풀어 누르면 소리 내고 원상태로 복귀−충진 과다, 탈기 부족
② Springer : 한쪽 면이 심하게 부풀어 누르면 반대편이 튀어나옴−가스 형성 세균, 충진 과다 등
③ Swell : 관의 상하면이 부풀어 있는 것−살균 부족, 밀봉 불량에 의한 세균 오염
④ Buckled can : 관 내압이 외압보다 커 일부 접합 부분이 돌출한 변형관−가열 살균 후 급격한 감압 시
⑤ Panelled can : 관 내압이 외압보다 낮아 찌그러진 위축변형관−가압 냉각 시
⑥ Pin hole : 관에 작은 구멍이 생겨 내용물이 유출된 것

5) 산성통조림 홍변(cyanidin)

① 과일과 채소에는 안토시아닌의 전구물질이며 성장촉진역할을 하는 무색의 류코안토시아닌(leucoanthocyanin)이 다량 함유
② 통조림을 가열 후 냉각이 적절히 이루어지지 않고 35~45℃에서 장시간 머무를 시 류코안토시아닌이 시아닌(cyanin)으로 변하며 제품의 홍변을 일으킴

❸ 과일 잼

1. 정의

과일 및 채소에 함유되어 있는 펙틴과 산의 성질을 이용하여 삼투압공정으로 만드는 과채가공품

2. 젤리화

과실 중 펙틴(1~1.5%), 유기산(0.3%, pH 2.8~3.3), 당(60~65%)이 gel을 형성하는 것

1) 유기산

① 최적 pH는 3.0~3.5이며 pH가 이보다 낮을 시 젤리화력 저하
② 대부분의 딸기, 자몽, 사과의 경우 자체 함유된 유기산으로 인해 pH가 4.0 이하로 나타나므로 추가적으로 유기산을 첨가해주지 않으나, 일부 유기산함량이 낮은 과일류의 경우 젖산(lactic acid)을 첨가해줌

2) 펙틴

① 프로토펙틴, 펙틴, 펙틴산으로 분류
② 미숙과는 불용성의 프로토펙틴, 완숙과는 가용성의 펙틴, 과숙과는 불용성의 펙틴산 형태로 존재
③ 프로토펙틴과 펙틴산은 젤리화가 되기 어렵기 때문에 완숙과를 준비
④ 메톡실기(methoxyl) 함량
   • 7% 이상 – 고메톡실펙틴 : 유기산과 수소결합형 젤(gel) 형성
   • 7% 이하 – 저메톡실펙틴 : 칼슘 등 다가이온이 산기와 결합하여 망상구조 형성
⑤ 펙틴 함량
   • 펙틴 함량이 적을 경우 : 가당량을 높여줌
   • 펙틴 함량이 0.75% 이하일 경우 : 가당량을 높여도 젤리화가 불량
   • 펙틴 함량이 1.5% 이상일 경우 : 산농도가 낮고 가당량이 30%인 경우에도 젤리화가 일어나지만 산농도가 0.35% 이하일 경우 젤리화가 이루어지지 않음
   ※ 펙틴 함량은 1.0~1.5%가 적당하다.

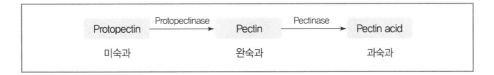

Protopectin	$\xrightarrow{\text{Protopectinase}}$	Pectin	$\xrightarrow{\text{Pectinase}}$	Pectin acid
미숙과		완숙과		과숙과

3) 당분

① 젤리화에 60~65% 당농도 필요
② 당분의 농도가 높으면 제품 중 설탕이 석출
③ 당분의 농도가 낮을 경우 젤리의 품질이 떨어지며 저장성이 낮아짐
④ 고메톡실펙틴의 경우 설탕의 첨가에 의해 젤리의 강도를 높여줌

3. 잼류 제조

원료 → 조제 → 가열 → 착즙 → 청징 → 산조정 → 가당 → 농축 → 담기 → 살균
→ 제품

1) 알코올 test에 의한 가당량 결정

알코올 테스트법 : 시험관에 과즙을 소량 넣고 동량의 96% 알코올을 첨가하여 응고 펙틴으로 정량

▼ 펙틴 함량 검정 및 가당량

alcohol test 결과	pectin 함량	가당량
전체가 jelly 모양으로 응고하거나 큰 덩어리 형성	많다.	과즙의 1/2~1/3
여러 개 jelly 모양 덩어리 형성	적당하다.	과즙과 같은 양
작은 덩어리가 생기거나 전혀 생기지 않음	적다.	농축하거나 pectin이 많은 과즙 사용

2) 잼류 완성점(Jelly point) 결정법

① 스푼 시험 : 나무 주걱으로 잼을 떠서 기울여 액이 시럽상태가 되어 떨어지면 불충분한 것, 주걱에 일부 붙어 떨어지면 적당
② 컵 시험 : 물컵에 소량 떨어뜨려 바닥까지 굳은 채로 떨어지면 적당, 도중에 풀어지면 불충분
③ 온도법 : 잼에 온도계를 넣어 104~106℃가 되면 적당
④ 당도계법 : 굴절당도계 이용, 잼 당도가 65% 정도 적당

4 기타 과채류 제조공정

1. 건조법

1) 동결건조 : 원료를 저온으로 급속 동결한 후 감압을 통해 얼음을 승화시켜 건조하는 방법

① 식품성분의 변화가 적으며 맛과 향이 유지
② 제품의 외형 유지에도 좋아 고품질의 제품 생산
③ 설비비용이 비싸며 건조시간이 열풍건조에 비하여 긴 편

2) 열풍건조 : 제품을 열풍에 노출시켜 건조하는 방법

① 설비비용이 저렴하고 건조시간이 짧아 대량생산에 적합
② 고온의 열풍을 불어주기 때문에 제품의 영양소 손실이 비교적 큰 편
③ 분무건조 : 열풍건조법 중의 하나로 액체식품을 분무하여 표면이 극대화된 식품입자가 열풍에 노출되어 신속하게 건조되는 건조법으로 주로 과일주스의 건조에 사용

3) 유황훈증 : 유황을 태워 연기로 건조하는 방법

① 효소(oxidase)가 많이 함유된 과채류의 경우 건조 시 효소에 의한 갈변 발생
② 효소의 불활성을 통한 갈변 방지 및 고유의 색 부여
③ 미생물의 생육이 억제되어 저장성 증대

2. 청징법

과실주스의 제조 시 펙틴, 단백질, 섬유소 등의 부유물질을 제거하여 투명성을 제공하기 위한 공정으로 난법, 카제인, 젤라틴, 효소법 등 이용
① 난백법 : 난백 5% 용액을 과즙에 교반하며 가열처리하면 과즙상의 부유물과 함께 침전
② 효소사용법 : pectinase, polygalacturonase를 이용하여 과즙 중 존재하는 펙틴을 분해한 후 혼탁물과 함께 응고ㆍ침전시키는 방법으로 효소활성 최적조건인 pH 3~5, 40~50℃에서 효율이 높음

3. 탈삽법

감의 떫은맛을 제거하는 방법으로 가용성 탄닌이 불용성 탄닌으로 변화하는 공정
① 열탕법 : 감을 35~40℃의 물속에 12~24시간 유지
② 알코올법 : 감을 알코올과 함께 밀폐용기에 넣어서 탈삽
③ 탄산법 : 밀폐된 용기에 공기를 CO_2로 치환시켜 탈삽

유지 제조

유지는 식물성 유지와 동물성 유지를 모두 포함하며 식용유지는 제품의 사용목적에 따라 적절한 추출 및 정제공정을 거쳐야 한다.

■ 식용유지 제조

> 원료 입고 → 전처리 → 추출 → 정제 → (경화) → 혼합 → 탈취 → 저장 → 포장

1. 유지의 추출

1) 기계적 추출

원료에 기계적인 압력을 가해서 유지를 추출하는 방법으로 주로 콩, 옥수수 등의 식물성 유지 제조에 사용된다.

2) 유기용매 추출

벤젠, 펜탄, 헥산과 같은 용매에 원료 유지를 녹여서 추출하는 방법이다. 유지를 용매에 녹인 후 증류장치를 이용하여 다시 유지를 분리하여 추출한다. 유지를 분리해야 하기 때문에 끓는 점 이상으로 제품을 가열해야 한다.

3) 초임계 추출

기체를 임계압력 이상으로 압력을 가하게 되면 임계점 부근에서 기체가 용매력을 보이게 되는데 이러한 기체를 초임계 기체라 한다. 이러한 초임계 가스를 용매로 사용하여 유지를 추출하는 방식으로 주로 에탄, 프로판, 이산화탄소 등이 사용된다. 초임계 추출을 이용할 경우 화학적으로 안정하며, 유기용매 추출법과 다르게 저온에서 작업이 가능하고 무독성이므로 유지추출뿐만 아니라 원두에서 카페인을 추출하여 디카페인 음료를 제조하는 공정에서도 많이 사용된다.

2. 유지의 정제

불순물을 물리·화학적 방법으로 제거한다.

1) 탈검공정(Degumming process)

추출공정을 통해 제조한 유지에는 인지질, 단백질 등과 같은 검(gum)물질이 존재하는데 이를 제거하는 공정이다. 인지질 등과 같은 검물질은 수분과 만나며 팽윤되고 밀도가 높아지면서 침전되기 때문에 여과한 원유를 물에 수화시킨 후 탈검분리기를 이용해 검물질을 침전시킨다. 분리된 검물질에서 레시틴을 분리하여 유화제와 같은 식품원료로 사용한다.

2) 탈산공정(Refining process)

유지는 대부분 지방산으로 이루어져 있지만 원료물질의 압착 및 추출과정에서 세포조직이 파괴되며 발생한 lipase에 의해 유리지방산으로 분해될 수 있다. 생성된 유리지방산은 끓는점과 발연점이 낮아 제품의 품질에 영향을 줄 수 있기 때문에 알칼리를 이용하여 유리지방산을 제거하는 방법을 탈산공정이라 한다. 탈산공정은 수화된 NaOH를 이용해 유리지방산을 중화하여 침지시켜 제거하는 방법을 사용한다.

3) 탈색공정(Decoloring process)

식물성 유지는 추출 후 특유의 녹색을 나타내는 경우가 많기 때문에 탈색공정을 통해 색소를 제거하고 식용유지 특유의 연한색으로 만들어주는 공정이다. 탈색공정은 주로 활성탄, 이산화규소 등의 흡착제를 이용하여 제거하며 이 공정을 통해서 색소뿐만 아니라 탈검공정에서 완전히 제거되지 않은 인지질과 산화생성물 등이 제거된다.

4) 탈취공정(Deodoring process)

유지에 함유된 유리지방산, 알데히드, 탄화수소, 케톤 등과 같은 휘발성 물질을 제거하는 것을 목적으로 한다. 주로 유지를 200℃ 이상의 고온으로 가열하여 진공상태에서 수증기를 불어넣는 감압탈취를 진행한다. 이 과정을 통해 장기간 보존 시에 산패취를 감소시킬 수 있지만 유지 특유의 향이 사라지는 단점이 존재한다.

5) 탈납공정(Winterization)

유지는 낮은 온도에서는 굳어져서 결정을 형성하게 되는데 탈납공정은 인위적으로 유지의 온도를 낮춰 발생하는 결정을 미리 제거하는 공정이다. 유지의 온도를 서서히 낮추면서 결정화를 진행한 후 생성된 결정은 압착을 통해서 제거한다. 저온에서 유통되는 샐러드유의 제조에 필수적으로 진행되는 공정이다.

3. 유지의 경화

1) 수소첨가(Hydrogeneration)

유지 중의 불포화지방의 경우 산화가 일어나기 쉬워 제품을 장기 보존 시 어려움이 존재한다. 유지의 경화는 촉매(Ni) 조건하에서 수소를 첨가하여 불포화지방을 포화지방으로 변경해주는 공정으로 이를 통해서 유지의 산화안전성을 증가시킬 수 있으며 액체유를 고체유로 경화시켜 장기보존 및 제품의 형태변화를 쉽게 만들어 줄 수 있다.

$$\begin{array}{c} \overset{\displaystyle H}{\underset{\displaystyle |}{}}\ \overset{\displaystyle H}{\underset{\displaystyle |}{}} \\ C-C=C-C\ +\ H_2 \xrightarrow{\ Ni\ } \end{array} \quad \begin{array}{c} \overset{\displaystyle H}{\underset{\displaystyle |}{}}\ \overset{\displaystyle H}{\underset{\displaystyle |}{}} \\ C-C-C-C \\ \underset{\displaystyle H}{\overset{\displaystyle |}{}}\ \underset{\displaystyle H}{\overset{\displaystyle |}{}} \end{array}$$

CHAPTER 05 육류 제조

📕 식육 성분 및 구조 특성

단백질과 지방의 좋은 급원이나 산패나 부패가 일어나가 좋은 식품원료이기에 장기보존을 위한 다양한 가공식품이 개발되고 있다.

1. 식육 구성

1) 식육(meat)

식육 생산을 목적으로 사육된 동물의 가식부(지육, 정육, 내장 및 기타 부분)

① 지육 : 머리, 꼬리, 다리 및 내장을 제거한 도체(carcass)

$$도체율(\%) = \frac{도체\ 무게(지육\ 중량)}{생체\ 무게} \times 100$$

② 정육 : 지육으로부터 뼈를 분리한 고기

$$정육률(\%) = \frac{도체\ 무게(지육\ 중량)}{도체\ 무게(생체\ 무게)} \times 100$$

③ 내장 : 식용 목적 간, 폐, 심장, 위장, 췌장, 비장, 콩팥, 창자 등
④ 기타 : 식용 목적 머리, 꼬리, 다리, 뼈, 껍질, 혈액 등

2) 식육의 형태

① 골격근이 도체의 30~40%를 함유하고 있으며 이는 굵은 섬유인 미오신(miosin)과 가는 섬유인 액틴(actin)으로 구성되어 있다.
② 복강, 피하 주위로 지방조직의 비율이 높은데 식육에서의 지방조직은 육질향상에 도움을 준다.
③ 식육의 색은 주로 근육 육색소인 미오글로빈(myoglobin)과 혈액 육색소인 헤모글로빈(hemoglobin)에 의해서 조절된다. 육색소는 도축 후 산소의 공급이 줄어들면 메트미오글로빈(met-myoglobin)으로 변하여 적갈색을 띠어 식육의 선도를 구별하는 역할을 한다.

④ 콜라겐의 함량이 높다.

3) 식육가공품

소, 돼지, 양, 닭 등의 식육 또는 식육가공품을 원료로 하여 제조·가공한 햄, 소시지, 베이컨, 건조저장육류, 양념육, 식육추출가공품, 식육함유가공품, 포장육 등을 뜻한다. 식육가공품의 경우 동물의 장내에서 유래하는 장출혈성대장균 및 색소고정을 위해 사용하는 아질산이온의 관리에 주의해야 한다.

2. 식육 부위별 명칭

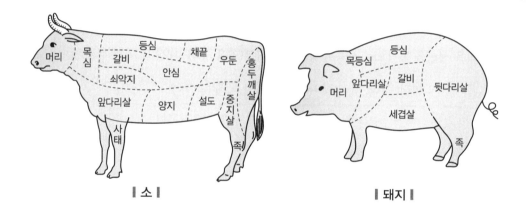

┃ 소 ┃   ┃ 돼지 ┃

3. 가축의 사후경직

1) 사후경직

도살 후 일정시간이 지나서 고기가 단단해지는 현상

① 도살 직후의 고기는 높은 보수성을 가지나, 혈액순환 및 산소의 공급이 중단되면서 사후경직이 시작된다.
- 체내 식균작용의 정지로 인한 미생물성장의 증대
- 지방의 산화로 인한 산패취 발생
- 산소공급의 중단으로 호기성 대사가 중단되며 ATP 감소
- 혐기성 대사가 개시되며 해당 작용으로 인한 lactic acid가 생성되고 이로 인한 pH의 저하

- 최종 pH 5.4~5.5에 도달 시 액틴과 미오신이 액토미오신(actomyosin)으로 결합하며 근육은 최대 경직상태에 도달
② 생선 1~4시간, 닭 6~12시간, 쇠고기 24~48시간, 돼지 70시간 후 최대 사후경직

2) 숙성

사후경직이 끝난 후 근육 내의 효소에 의해 단백질이 분해되면서 조직이 연해지는 현상

① 효소작용에 의한 자기소화로 단백질을 분해시키며 보수력이 상승하고 액토미오신이 분해되어 조직이 연해짐
② ATP가 정미성 물질로 분해되며 지방과 단백질도 분해되어 풍미에 좋은 영향을 미치나 과도할 경우 품질이 저하됨
③ 도체의 종류에 따라 사후경직과 숙성에 걸리는 시간에 차이가 존재
   - 쇠고기 : 0℃에서 10일간, 8~10℃에서 4일간
   - 돼지고기 : 0℃에서 3~5일간

수산물 제조

수산물의 경우 우수한 단백질 공급원이나 원물자체 단백질의 변성 및 수분의 함량이 높아 세균증식이 쉬우므로 위생적인 가공 및 제조가 중요한 식품군이다.

1 수산물의 선도검사

1. 수산물의 특징

① 수분함량이 높으며 원물자체의 세균수가 높아 변패에 용이
② 단백질분해효소의 분비가 많아 자가분해가 쉽게 일어남
③ 오메가-3 등의 불포화 지방산의 함량이 높아 지방산화에 용이
④ 결체조직이 적고 섬유조직이 단순하여 효소나 미생물에 의한 분해 용이
⑤ 가공을 위해 내장을 제거하는 공정을 통해 미생물 오염 가능성 증대

2. 수산물의 품질기준

① 세균수
최종소비자가 그대로 섭취할 수 있도록 유통판매를 목적으로 위생처리하여 용기포장에 넣은 동물성 냉동수산물 : n=5, c=2, m=100,000, M=500,000
② 대장균
• 최종소비자가 그대로 섭취할 수 있도록 유통판매를 목적으로 위생처리하여 용기·포장에 넣은 동물성 냉동수산물 : n=5, c=2, m=0, M=10
• 냉동식용 어류머리 또는 냉동식용 어류내장 : n=5, c=2, m=0, M=10
• 생식용 굴 : n=5, c=1, m=230, M=700MPN/100g
③ 히스타민
냉동어류, 염장어류, 통조림, 건조 또는 절단 등 단순 처리한 것(어육, 필렛, 건멸치 등) : 200mg/kg 이하

④ 복어독
  • 육질 : 10MU/g 이하
  • 껍질 : 10MU/g 이하
⑤ 중금속

대상식품	납(mg/kg)	카드뮴(mg/kg)	수은(mg/kg)	메틸수은(mg/kg)
어류	0.5 이하	0.1 이하 (민물 및 회유 어류에 한한다) 0.2 이하 (해양어류에 한한다)	0.5 이하 (아래의 어류는 제외한다)	1.0 이하 (아래의 어류에 한한다)
연체류	2.0 이하 (다만, 오징어는 1.0 이하, 내장을 포함한 낙지는 2.0 이하)	2.0 이하 (다만, 오징어는 1.5 이하, 내장을 포함한 낙지는 3.0 이하)	0.5 이하	–
갑각류	0.5 이하 (다만, 내장을 포함한 꽃게류는 2.0 이하)	1.0 이하 (다만, 내장을 포함한 꽃게류는 5.0 이하)	–	–
해조류	0.5 이하 [미역(미역귀 포함)에 한한다]	0.3 이하 [김(조미김 포함) 또는 미역(미역귀 포함)에 한한다]	–	–
냉동식용 어류머리	0.5 이하	–	0.5 이하 (아래의 어류는 제외한다)	1.0 이하 (아래의 어류에 한한다)
냉동식용 어류내장	0.5 이하 (다만, 두족류는 2.0 이하)	3.0 이하 (다만, 어류의 알은 1.0 이하, 두족류는 2.0 이하)	0.5 이하 (아래의 어류는 제외한다)	1.0 이하 (아래의 어류에 한한다)

※ 쏨뱅이류(적어 포함, 연안성 제외), 금눈돔, 칠성상어, 얼룩상어, 악상어, 청상아리, 곱상어, 귀상어, 은 상어, 청새리상어, 흑기흉상어, 다금바리, 체장메기(홍메기), 블랙오레오도리(*Allocyttus niger*), 남방 달고기(*Pseudocyttus maculatus*), 오렌지라피(*Hoplostethus atlanticus*), 붉평치, 먹장어(연안성 제외), 흑점샛돔(은샛돔), 이빨고기, 은민대구(뉴질랜드계군에 한함), 은대구, 다랑어류, 돛새치, 청새 치, 녹새치, 백새치, 황새치, 몽치다래, 물치다래

3. 수산물의 관능평가

수산물의 선도를 검사할 수 없을 경우에는 외형상으로 선도를 판단한다.

- 탄력이 있으며 광택과 특유의 색이 뚜렷한 수산물
- 안구가 뚜렷하고 혼탁하지 않은 수산물
- 아가미가 붉은빛을 띠는 수산물
- 몸체가 탄탄하고 탄력 있는 수산물
- 트리메틸아민(TMA)으로 인한 비린내가 적은 수산물

❷ 수산가공 제품

1. 수산건제품

수산물을 건조하여 수분활성도를 낮추며 저장성을 증대한 제품으로 보관이 편하고 수송이 편리하다.

① 소건품 : 첨가물 없이 수분을 20% 정도로 건조한 것(미역, 김, 오징어)
② 염건품 : 소금(20~40%)을 가하여 건조한 것(굴비, 대구포)
③ 증건품 : 증자를 통해 지방분제거 및 미생물을 제어한 후 건조한 것(멸치)
④ 훈건품 : 연기를 씌워 건조하는 것으로 풍미 및 저장성 증대

2. 수산염장품

수산물에 소금을 첨가하여 발효 및 저장하는 가공법이다. 염장으로 인해 미생물을 억제하여 저장성이 증대하며 맛과 풍미를 향상시킨다. 건염장법과 습연장법이 있다.

원료 → 수세 → 탈수 → 전처리 → 소금, 간장 혼합 → 숙성·발효 → 포장 → 제품

① 젓갈 : 염장하여 발효 숙성시킨 젓갈류와 여기에 고춧가루, 조미료를 가한 양념젓갈로 구분된다.
② 액젓 : 젓갈을 여과하거나 분리한 액이나 이를 재발효시킨 액을 뜻하며 보통 20% 이상의 식염을 첨가해 젓갈에 비하여 높은 염농도를 가진다.

3. 수산연제품

어육을 식염과 함께 고기풀(surimi)을 만든 후 가열하여 어육 중의 단백질을 응고시켜 만드는 수산가공법이다.

원료육 검사 → 다듬기 → 세정 → 채육 → 수세·탈수 → 재료 혼합 → 고기 갈기 → 성형 → 가열 → 냉각 → 포장 → 제품

① 일반어육가열 시에는 응고되는 특징이 없으나 어육의 단백질 성분인 액토미오신이 소금에 용해되는 성질을 이용한다.
② 어육 단백질인 액토미오신을 소금을 첨가 후 마쇄하면 액토미오신이 용해되어 점성이 높은 sol 상태의 고기풀이 되는데, 이를 수리미라 부르며 이를 이용해 어묵을 제조한다.
③ 수리미 제조 시에는 2~3% 식염을 첨가하며 pH를 6~7로 조절해야 탄력 있는 수리미가 제조된다.
④ 첨가물로는 주로 설탕과 솔비톨 등 냉동변성방지제를 첨가한다.

유제품 제조

1 시유

1. 시유검사(platform test)

신선도와 유제품 적합성을 판단하기 위해 하는 검사이다.

① 수유검사항목 : 관능검사, 알코올검사, 적정산도검사, 비중검사, 지방검사, 세균검사, 항생
   물질검사, 유방염유검사, phosphatase 시험 등
② 평량, 저유 : 평량기로 중량 측정, 5℃ 이하 냉각 저장
③ 여과, 청징화 : 원유를 여과포로 여과 후 미생물 등은 청징기(clarifier)로 원심분리

2. 시유 제조공정

① 청징화 : 우유에 포함된 이물을 제거하기 위해 여과 혹은 원심분리기를 이용한다.
② 표준화 : 목표하는 규격에 맞춰 유지방, 무지고형분, 비타민 등의 함량을 일정하게 조절한다.
③ 표준화 계산 및 확인방법

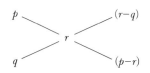

원유 지방률 > 목표 지방률 : 탈지유 첨가

$$y = \frac{x(p-r)}{(r-q)}$$

여기서, p : 원유 지방률(%), q : 탈지유 지방률(%)
        r : 목표 지방률(%), x : 원유 중량(kg)
        y : 탈지유 첨가량(kg)

④ 균질화 : 우유의 지방구들이 서로 입자화되는 것을 방지하기 위하여 지방입자 크기를 깨트려 수화흡수를 증대시킨다.

3. 우유 살균법

우결핵균(*Mycobacterium bovis*), 브루셀라균(*Brucella abortus*), Q열(Coxiella burnetti) 대상, 61℃, 30분간 상업적 살균(영양분 파괴 최소)

① 저온 장시간 살균법(LTLT ; Low Temperature Long Time pasteurization) : 63～65℃, 30분, 우유, 크림, 주스
② 고온 단시간 살균법(HTST ; High Temperature Short Time pasteurization) : 72～75℃, 15～20초
③ 초고온 순간 처리법(UHT ; Ultra High Temperature sterilization) : 130～150℃, 0.5～5초, UHT 멸균우유(standardization)

② 발효유(fermented milk)

발효유는 일반적으로 우유, 산양유, 마유 등과 같은 포유 동물류의 젖을 원료로 하여 젖산균이나 효모 또는 이 두 가지 미생물을 스타터로 하여 발효시킨 것을 말한다. 발효되는 미생물에 따라 유산발효유와 유산 – 알코올 발효유로 나뉜다.

원료 ⟶ 혼합 ⟶ 균질화 ⟶ 살균 ⟶ 냉각 ⟶ 스타터 첨가 ⟶ 배양 ⟶ 냉각 ⟶ 제품

1) 유산발효유

유산균에 의해서만 순수하게 발효된 발효유를 유산발효유라 한다. 주로 *Lactobacillus casei, Lactobacillus bulgaricus, Lactobacillus acidophilus, Streptococcus thermophilus, Bifidobacterium lactis* 등의 젖산균이 혼합되어 발효된다.

• 종류 : yogurt, acidophilus milk, cultured butter milk

2) 유산 알코올 발효유

유산발효유에 사용되는 젖산균과 *Saccharomyces cerevisiae* 등의 효모가 혼합발효되는 것이 특징이다. 유산균으로 인한 lactic acid 생성뿐만 아니라, 효모 작용으로 소량의 알코올과 탄산가스가 생성되는 것이 특징으로 독특한 맛과 향을 가진다.

• 종류 : kefir, kumiss

▼ **식약처 인정 프로바이오틱스의 종류**

구분	종류
Lactobacillus	*L. acidophilus*, *L. casei*, *L. gasseri*, *L. delbrueckii ssp. bulgaricus*, *L. helveticus*, *L. fermentum*, *L. paracasei*, *L. plantarum*, *L. reuteri*, *L. rhamnosus*, *L. salivarius*
Lactococcus	*Lc. lactis*
Enterococcus	*E. faecium*, *E. faecalis*
Streptococcus	*S. thermophilus*
Bifidobacterium	*B. bifidum*, *B. breve*, *B. longum*, *B. animalis* sp. *lactis*

3) 발효유의 기능

① lactose가 유산균에 의해 glucose와 galactose로 분해되어 유당불내증에 효능을 가지며 소화흡수에 용이
② 발효대사산물로 생성되는 항균물질의 생성 및 lactic acid에 의한 장내 pH 저하로 인한 장내 유해균 증식억제 및 정상 세균총 유지의 기능
③ 설사와 변비의 개선 및 혈중 콜레스테롤 저하효과
④ 면역기능의 강화 및 항암효과 등

▼ 발효유의 기준 및 규격

항목	발효유	농후 발효유	크림 발효유	농후 크림 발효유	발효 버터유	발효유 분말
(1) 수분(%)	−	−	−	−	−	5.0 이하
(2) 유고형분(%)	−	−	−	−	−	85 이상
(3) 무지유 고형분(%)	3.0 이상	8.0 이상	3.0 이상	8.0 이상	8.0 이상	−
(4) 유지방(%)	−	−	8.0 이상	8.0 이상	1.5 이하	−
(5) 유산균수 또는 효모수	1mL당 10,000,000 이상	1mL당 100,000,000 이상 (단, 냉동제품은 10,000,000 이상)	1mL당 10,000,000 이상	1mL당 100,000,000 이상 (단, 냉동제품은 10,000,000 이상)	1mL당 10,000,000 이상	−
(6) 대장균군	n=5, c=2, m=0, M=10					
(7) 살모넬라	n=5, c=0, m=0/25g					
(8) 리스테리아 모노 사이토제네스	n=5, c=0, m=0/25g					
(9) 황색포도상구균	n=5, c=0, m=0/25g					

③ 버터(butter)

우유에서 크림을 분리하여 유지방(cream) 80% 이상과 물 15%의 유중수적형 반고체상태의 유화상 유가공품으로 가염버터, 무염버터, 발효버터 등으로 구분된다.

1) 버터제조공정

크림 분리 → 크림 중화 → 살균 → 냉각 → 숙성 → 색소 첨가 → 교동
가염 및 연압 → 포장 → 저장

① 원료 : 우유에서 원심분리 등을 통해 분리한 크림 등을 원료로 사용한다.

② 숙성(aging) : 교동이 잘 일어나게 하기 위해 원료크림을 저온(2~8℃)에서 숙성시켜주는 과정이다. 크림을 저온에서 보관 시에는 유지방이 결정화되는데 이를 통해 교동효율을 높여준다. 숙성을 위해서는 20℃ 전후로 유지되는 원료크림을 급격히 냉각시켜주는데 이 과정에서 냉각속도가 느리면 크기가 크고 수가 적은 결정이 만들어지며, 냉각속도가 빠르면 크기가 작은 많은 결정이 만들어진다.

③ 교동(churning) : 숙성된 크림을 일정한 속도로 교반하면서 지방구에 기계적 충격을 준다. 이 과정에서 고체상태의 버터와 액체상태의 버터밀크로 분리되며 이후 버터밀크를 배출해준다.

④ 가염 : 제품의 맛을 향상시키고 저장성을 향상시키기 위해 1.0~2.5%의 소금을 첨가하는 공정이다. 표면에 소금을 뿌리거나 소금물에 담가두는 방법을 사용한다.

⑤ 연압(working) : 버터는 유지방과 수분이 완전히 유화되어 있는 유화상 유가공품이므로, 유화가 잘되게 하기 위하여 교동이 끝난 버터를 으깨주는 공정이다. 이 공정을 통해 버터 입자와 물, 소금이 균질한 분포를 이루게 되어 제품의 질감이 좋아진다.

발효식품 제조

1 장류 발효

간장, 고추장, 된장, 청국장 등을 포함하는 콩 발효식품으로 세균 및 효모의 발효 숙성을 거쳐 만들어지는 전통식품이다. 콩류의 단백질이 발효를 통해 생산하는 아미노산을 섭취할 수 있는 좋은 단백질원이며 glutamic acid, K, Ca, Na, Fe 등 알칼리 염류의 함유량이 높다.

1. 간장

양조간장과 산분해간장으로 구분되며 양조간장은 개량식 간장과 재래식 간장을 포함한다.
- 한식 간장 : 메주를 주원료로 하여 식염수 등을 넣고 발효ㆍ숙성시킨 후 그 여액을 가공한 것
  (원료 : 100% 콩)
- 양조간장 : 대두ㆍ탈지대두 또는 곡류 등에 누룩균을 배양하여 식염수 등을 섞어 발효ㆍ숙성시킨 후 그 여액을 가공한 것(원료 : 콩, 밀)
- 산분해간장 : 단백질을 함유한 원료를 산으로 가수분해한 후 그 여액을 가공한 것

1) 재래식 양조간장

① 메주제조 : 대두를 삶아서 으깨어 구형의 메주를 만들고 발효시키면 메주의 표면에는 *Mucor, Rhizopus* 등의 곰팡이와 내부에는 *Bacillus subtilis* 등이 증식하며 메주가 완성된다.
② 담금ㆍ숙성 : 메주의 표면을 깨끗이 씻은 후 식염수에 1~2개월 담금 숙성한다.
③ 압착ㆍ여과 : 숙성이 끝난 간장덧을 압착 여과하여 분리된 여액이 간장인데 이를 살균ㆍ농축 과정을 거쳐 저장성을 증대시킨다.

> 원료선별(대두/밀) → 원료전처리(대두증자/밀분쇄) → 혼합 → 제국 → 염수 → 숙성
> → 압착 → 살균 → 냉각 → 여과 → 포장 → 혼합

2) 개량식 양조간장

① 개량식 양조간장은 메주가 아닌 탈지대두와 밀을 이용하여 제조하므로 메주제조에 걸리는 시간을 단축한다.

② 대두증자 : 탈지대두는 세척·침지 후 증자한다. 대두의 증자를 통해서 콩 단백질의 변성이 일어나며 효소에 의한 단백질의 분해를 용이하게 한다. 이 과정에서 증자가 적절히 이루어지지 않으면 단백질이 미변성하게 되고 이는 간장의 혼탁을 유발해 완제품 품질저하의 원인이 된다.

③ 밀의 볶음 및 분쇄 : 전분질 원료로 사용되는 밀을 볶은 후 분쇄한다. 밀의 가열을 통해 함유된 수분이 팽창하며 전분의 호화 및 효소작용을 용이하게 하며 분쇄의 효율성을 증대시킨다.

④ 제국 : 증자대두와 분쇄밀을 혼합한 후 전분 분해능이 강한 *Aspergillus oryzae*와 단백질 분해능이 강한 *Aspergillus sojae* 등의 국균을 접종한다.

> **증자대두와 밀의 혼합비율에 따른 간장의 품질 변화**
> ① 밀 배합량이 많으면 발효가 잘 일어나 단맛과 향기가 높아지나 구수한 맛이 덜하다.
> ② 콩 배합량이 많으면 구수한 맛이 강해 풍미가 진하나 향기가 약하다.
> ③ 소금 배합량이 많으면 간장덧의 발효가 억제되어 질소 용해가 좋지 않다. 소금의 배합량이 적으면 숙성이 빨라 발효는 잘 일어나나 신맛이 많다.

⑤ 담금 : 완료된 제국에 염수를 혼합하여 간장덧을 만든다.

⑥ 숙성 : 간장덧을 숙성시켜 간장의 맛과 풍미를 주는 공정이다. 숙성 중에는 간장덧을 주기적으로 교반하여 숙성이 고르게 발생하도록 해야 한다. 더불어 이러한 교반을 통해 효소 용출을 촉진시켜 전분질과 단백질 성분의 분해를 빠르게 하며 간장덧에 발생한 이산화탄소를 제거하여 발효가 효과적으로 일어날 수 있도록 한다. 숙성과정 중에는 주로 내염성 젖산균과 내염성 효모가 작용하며 이를 통해 pH가 저하된다.

> **숙성 중 산막효모에 의한 피막발생의 조건**
> ① 간장의 농도가 묽을 때
> ② 숙성이 불충분할 때
> ③ 당이 많을 때
> ④ 소금 함량이 적을 때
> ⑤ 달이는 온도가 낮을 때
> ⑥ 기구 및 용기가 오염되었을 때

⑦ 살균 : 가열을 통해 미생물의 활성을 멈춰 저장성을 증대시키며 품질을 향상시키기 위한 공정이다. 이 과정에서 분해되지 않은 단백질이 응고되어 청징 효과를 낸다.

3) 산분해간장

① 탈지대두에 물과 염산을 첨가하여 대두 속의 단백질성분을 아미노산으로 가수분해하여 제조하는 간장이다. 양조간장은 메주가 아닌 탈지대두와 밀을 이용하여 제조하므로 메주제조에 걸리는 시간을 단축한다.

② 3-MCPD(3-Monochloropropane-1, 2-diol의 생성 : 산분해간장 제조 시 첨가하는 염산과 대두의 triglyceride가 반응하여 생성되는 간장 중의 독성물질이다. 이를 방지하기 위해서 탈지대두를 사용하여야 하며 첨가되는 염산의 농도를 18% 이하로 조정한다. MCPD는 과잉섭취 시 성기능장애, 신장독성, 유전독성을 가져오는 유독물질이다.

③ 개량식 양조간장에 산분해간장을 혼합한 것이 혼합간장이다.

▼ 3-MCPD(3-Monochloropropane-1, 2-diol) 기준(식품의 기준 및 규격)

대상식품	기준(mg/kg)
산분해간장, 혼합간장(산분해간장 또는 산분해간장 원액을 혼합하여 가공한 것에 한한다)	0.1 이하[현행]
	0.02 이하[시행일 2022.1.1]
식물성 단백가수분해물 (HVP : Hydrolyzed Vegetable Protein)	1.0 이하 (건조물 기준으로서)

4) 간장 숙성 관여 미생물

① Koji : *Aspergillus oryzae, Aspergillus sojae, Bacillus, Lactobacillus, Streptococcus*

② 간장덧 : pH 5.5, *Pediococcus sojae*(간장 향미 관여), *Candida polymorpha* 등, pH 5, *Saccharomyces rouxii*(간장 향미 관여)

③ 후숙 : *Torulopsis versatilis*(간장 향기 관여)

2. 된장

대두와 쌀·보리 등의 원료를 종국균으로 발효·숙성시킨 장류로 재래식 된장(한식 된장)과 개량식 된장으로 구분된다.

- 한식 된장 : 한식 메주에 식염수를 가하여 발효한 후 여액을 분리한 것을 말한다.
- 된장 : 대두, 쌀, 보리, 밀 또는 탈지대두 등을 주원료로 하여 누룩균 등을 배양한 후 식염을 혼합하여 발효·숙성시킨 것 또는 메주를 식염수에 담가 발효하고 여액을 분리하여 가공한 것을 말한다.

1) 된장제조공정

① 원료의 선별 : 한식 된장의 경우 발효된 메주를 사용하며, 개량식 된장의 경우 전분질원료 (쌀, 보리)와 대두를 세척하여 증자한다. 이 과정에서 미생물 및 효소의 작용이 용이하게 된다.

> **원료의 혼합비율에 따른 된장의 품질 변화**
> ① 쌀 등 **전분 배합량이 많으면 숙성이 빠르고** 단맛이 강하며 색이 희게 된다.
> ② 콩 배합량이 많으면 단백질의 분해량이 많아 **구수한 맛은 강해지나** 코지 양은 적어 숙성이 늦고 단맛이 적으며 적갈색 내지 흑갈색이 된다.
> ③ 소금 배합량이 많으면 저장성은 높아지나 숙성이 늦다.

② 메주띄우기 : 혼합한 재료에 *Bacillus subtilis* 등의 고초균을 접종하여 메주를 띄우며 이 과정에서 각종 효소가 분비되어 콩 속의 단백질의 분해를 촉진시킨다. 이때 전분이 분해되어 단맛이 형성되며 알코올발효가 일어나며 생성되는 알코올과 유기산에 의하여 된장의 향이 형성되며 단백질이 분해되어 감칠맛을 형성한다.

2) 된장 숙성 관여 미생물

① 곰팡이 : *Aspergillus oryzae*

② 세균 : *Bacillus subtilis*(단백질 분해), *Pediococcus halophilus*, *Streptococcus faecalis*(젖산 생성)

③ 효모 : 숙성 중 알코올 생성, *Saccharomyces*, *Zygosaccharomyces*, *Pichia*, *Hansenula*, *Debaryomyces*, *Torulopsis*

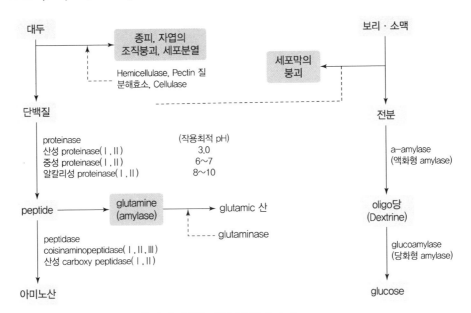

┃ 간장, 된장 제조 관여 효소 ┃

[코지균의 종류]

① *Aspergillus oryzae* : 청주, 간장, 된장 제조

② *Aspergillus sojae* : 간장, 개량식 메주, 발효사료 제조

③ *Aspergillus niger* : 구연산, 글루콘산, 소주 제조

④ *Aspergillus awamori*, *Aspergillus usami* : 일본 소주 제조

⑤ *Aspergillus kawachii* : 약주, 탁주 제조

3. 청국장

① 콩을 증자해 *Bacillus natto*로 40~50℃, 18~20시간 배양
② 당단백질로 끈적끈적한 점질물 형성, 독특한 풍미 형성

4. 고추장

① 된장에 고춧가루를 포함한 조미료 및 향신료를 넣어 혼합 발효한 우리나라 고유 조미식품
② 전분 분해된 단맛, 메주콩 단백질 분해된 구수한 맛, 소금의 짠맛, 고춧가루의 매운맛이 잘 어울려 특유의 맛을 낸다.

② 침채류

채소에 식염을 첨가하고 조미료, 주박 등을 첨가한 발효식품이다. 대표적으로는 배추를 발효시켜서 제조하는 김치와 피클이 있다.

1. 김치

원료 → 세척 → 염장 → 세척 → 부재료 혼합 → 숙성 → 제품

1) 김치발효 미생물

① 발효 초기에는 이상젖산발효균인 *Leuconostoc mesenteroid*에 의하여 젖산과 탄산가스 등을 생성하여 김치에 신선한 맛과 적당한 산미를 준다.
② 발효 후기에는 생성된 젖산으로 인해 pH가 저하되면서 내산성이 뛰어난 *Lactobacillus plantarum*이 우점한다. 이 균주는 정상발효균주기에 젖산의 생산량이 빠르게 늘어나며 발효 후기에는 탄산으로 인한 신선한 맛이 감소하고 젖산으로 인한 산미가 강해진다.
③ 염장과정에서 적절히 염장이 되지 않을 경우에는 *Leuconostoc mesenteroids, Streptococcus* spp이 우점하며, 염장농도가 높을 경우에는 *Lactobacillus brevis, L. plantarum*이 우점한다.

2) 김치의 산패

김치제조의 최적 조건은 염농도 3~3.5%, 숙성온도 5~10℃, pH 4.2 부근이다. 하지만 과발효로 pH가 4.2 이하로 낮아질 경우에는 김치 산패가 일어나 품질을 저하시킬 수 있다. 김치의 산패를 방지하기 위해서는 김치 발효 시 배추가 공기와 접촉하지 않도록 보관하여야 한다.

3) 김치의 연부현상

연부현상이란 발효 중 배추의 조직이 녹아내리는 현상으로 침채류에 포함된 펙틴이 발효 중 분해되는 것이 원인이다. 침채류 중의 펙틴은 분해효소인 polygalacturonase에 의하여 분해되어 세포벽의 구조를 유지하지 못하게 되며 물러지는 것이 원인이다. polygalacturonase는 발효 후기 성장하는 산막효소에 의해서 생산되므로 연부현상을 방지하기 위해서는 산막효모가 성장하지 않는 성장조건을 조성해주어야 한다. 산막효모는 낮은 염농도(2% 이하), 높은 저장온도에서 성장하기 쉽다. 연부현상은 김치뿐만 아니라 피클, 사워크라우트 등 침채류의 자연발효 중 넓게 일어날 수 있는 현상이다.

❸ 맥주

발아시킨 보리를 발효하여 맥아즙을 만들고 호프를 첨가해 맥주 특유의 맛과 향을 낸 알코올 발효음료

1. 맥주 종류

① 상면발효맥주 : 탄산가스로 인해 발효 중 표면에서 발효하는 성질이 있는 상면발효 효모를 이용한 맥주
② 하면발효맥주 : 발효 시 가라앉는 성질이 있는 하면발효 효모를 이용한 맥주로 국내에서 선호되는 맥주

구분	상면발효맥주	하면발효맥주
대표효모	*Saccharomyces cerevisiae*	*Saccharomyces carlsbergensis*
발효온도	상온발효(10~25℃)	저온발효(10℃ 이하)
특징	색이 짙고 강하고 풍부한 맛	깔끔하고 부드러운 맛
종류	Ale, Stout, Porter, Lambic	Munchen, Pilsen, bock

2. 맥주 제조공정

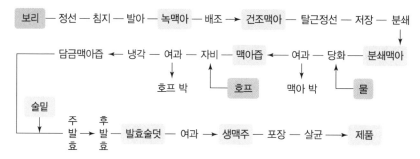

▌ 맥주의 제조공정 ▌

① 호프(Hop) : 쓴맛을 내는 성분인 humulon, lupulin이 맥주 특유의 맛과 향을 부여하며 거품 지속성을 준다. 이 성분은 곰팡이와 세균에 항균효과가 있기에 맥주에서 항균성을 부여한다.

② 맥아 제조(malting) : 보리를 발효가 일어나기 쉬운 상태로 발아시킨 후 정지시키는 과정으로 amylase, protease가 활성화된다. 물에 침지하는 침맥(steeping), 발아(germination, sprouting), 배조(kilning), 배초(curing)과정이 진행된다. 이 중 배조단계는 발아된 맥아의 발아를 정지시키기 위해 건조하는 과정으로 이 과정에서 효소활성이 억제되고 수분을 감소시키는 배초과정을 통해 맥아 특유의 색과 향이 부여된다.

③ 발효 : 냉각한 맥아즙에 효모(200 : 1 비율)를 첨가하여 18~20시간 정치 후 발효조에 옮겨 10~20일 발효시키는 주발효와, −1~0℃ 이하로 온도를 낮춰 60~90일간 발효시키는 후발효로 2단계 발효를 진행한다. 후발효에서는 주발효 중 생성된 탄산가스를 용해 및 방출시키며 이물 및 석출물을 침강시켜서 청징성을 부여한다.

PART

02

식품 분석법

CHAPTER 01

식품의 미생물 분석법

1 검체의 채취

1. 검사대상식품 등이 불균질할 때

① 일반적으로 다량의 검체가 필요하나 부득이 소량의 검체를 채취할 수밖에 없는 경우에는 외관, 보관상태 등을 종합적으로 판단하여 의심스러운 것을 대상으로 검체를 채취한다.

② 식품 등의 특성상 침전·부유 등으로 균질하지 않은 제품은 전체를 가능한 한 균일하게 처리한 후 대표성이 있도록 채취하여야 한다.

2. 포장된 검체의 채취

① 깡통, 병, 상자 등 용기·포장에 넣어 유통되는 식품 등은 가능한 한 개봉하지 않고 그대로 채취한다.

② 대형 용기·포장에 넣은 식품 등은 검사대상 전체를 대표할 수 있는 일부를 채취할 수 있다.

3. 냉장, 냉동 검체의 채취

냉장 또는 냉동식품을 검체로 채취하는 경우에는 그 상태를 유지하면서 채취하여야 한다.

4. 미생물 검사를 하는 검체의 채취

① 검체를 채취·운송·보관하는 때에는 채취 당시의 상태를 유지할 수 있도록 밀폐되는 용기·포장 등을 사용하여야 한다.

② 미생물학적 검사를 위한 검체는 가능한 미생물에 오염되지 않도록 단위 포장상태 그대로 수거하도록 하며, 검체를 소분 채취할 경우에는 멸균된 기구·용기 등을 사용하여 무균적으로 행하여야 한다.

③ 검체는 부득이한 경우를 제외하고는 정상적인 방법으로 보관·유통 중에 있는 것을 채취하여야 한다.

④ 검체는 관련 정보 및 특별수거계획에 따른 경우와 식품접객업소의 조리 식품 등을 제외하고는 완전 포장된 것에서 채취하여야 한다.

5. 기체를 발생시키는 검체의 채취

① 검체가 상온에서 쉽게 기체를 발산하여 검사결과에 영향을 미치는 경우는 포장을 개봉하지 않고 하나의 포장을 그대로 검체 단위로 채취하여야 한다.
② 다만, 소분 채취하여야 하는 경우에는 가능한 한 채취된 검체를 즉시 밀봉·냉각시키는 등 검사결과에 영향을 미치지 않는 방법으로 채취하여야 한다.

6. 페이스트상 또는 시럽상 식품 등

① 검체의 점도가 높아 채취하기 어려운 경우에는 검사결과에 영향을 미치지 않는 범위 내에서 가온 등 적절한 방법으로 점도를 낮추어 채취할 수 있다.
② 검체의 점도가 높고 불균질하여 일상적인 방법으로 균질하게 만들 수 없을 경우에는 검사결과에 영향을 주지 않는 방법으로 균질하게 처리할 수 있는 기구 등을 이용하여 처리한 후 검체를 채취할 수 있다.

② 식품의 미생물 분석

① 채취된 샘플 25g을 생리식염수 225mL에 희석하여 균질화한 것을 시험용액으로 한다.
② 시험용액 1mL와 10배 단계 희석액 1mL씩을 각 희석수별로 무균적으로 취하여 선택배지에 2매 이상씩 분주한다.
③ 고체배지에 분주한 용액은 균일하게 spread 한다.
액체배지를 이용하고자 멸균 페트리접시에 접종한 시험용액은 액체배지를 약 15~20mL 분주하여 조용히 회전하여 좌우로 기울이면서 검체와 배지를 잘 혼합하여 응고시킨다.
④ 접종이 완료된 배지는 미생물별 적절한 온도와 시간 배양한다.

❸ 검사결과의 해석

1. 결과의 해석

① 1개의 배지평판당 15~300개의 집락을 생성한 평판을 택하여 집락수를 계산하는 것을 원칙으로 한다.

② 전 평판에 300개를 초과한 집락이 발생한 경우 300에 가까운 평판에 대하여 밀집평판 측정법에 따라 계산한다.

③ 전 평판에 15개 미만의 집락만을 얻었을 경우에는 희석배수가 가장 낮은 것을 측정한다.

2. 미생물 기준규격의 적용(n, c, m, M)

식품공전상의 미생물 기준규격은 통계적 개념을 적용한 n, c, m, M 법이 일반적으로 사용된다.

① n : 검사하기 위한 시료의 수

② c : 최대허용시료수, 허용기준치(m)를 초과하고 최대허용한계치(M) 이하인 시료의 수로서 결과가 m을 초과하고 M 이하인 시료의 수가 c 이하일 경우에는 적합으로 판정

③ m : 미생물 허용기준치로서 결과가 모두 m 이하인 경우 적합으로 판정

④ M : 미생물 최대허용한계치로서 결과가 하나라도 M을 초과하는 경우는 부적합으로 판정

CHAPTER 02 식품의 Rheology

1 Rheology의 개념

식품의 기호성은 맛, 색, 향기 및 씹을 때 느끼는 질감에 관계되며 이때 식품의 경도, 탄성, 점성 등 질감에 관련된 식품의 변형과 유동성 등의 물리적 성질을 리올로지라 한다.

2 Rheology의 종류

1. 점성(viscosity) 및 점조성(consistency)

유체의 흐름에 대한 저항성을 나타내며 점성은 균일한 형태와 크기를 가진 단일물질 Newton 유체(물, 시럽 등)에 적용되며 점조성은 다른 형태와 크기를 가진 혼합물질인 비 Newton 유체(토마토 케첩, 마요네즈 등)에 적용된다.

2. 탄성(elasticity)

외부 힘에 의해 변형된 후 외부 힘을 제거 시 원상태로 되돌아가려는 성질(예 고무줄, 젤리)

3. 소성(plasticity)

외부 힘에 의해 변형된 후 외부 힘을 제거해도 원상태로 되돌아가지 않는 성질(버터, 마가린, 생크림)을 말한다. 생크림처럼 작은 힘에는 탄성을 보이다 더 큰 힘을 가하면 소성을 보이는 것을 항복치라 하며 이러한 소성을 Bingham 소성이라 한다.

4. 점탄성(viscoelasticity)

외부 힘이 작용 시 점성유동과 탄성변형이 동시에 발생하는 성질(예 chewing gum, 빵 반죽)

[점탄성체의 성질]

① 예사성(spinability) : 청국장, 계란 흰자 등에 막대 등을 넣고 당겨 올리면 실처럼 가늘게 따라 올라오는 성질

② Weissenberg 효과 : 연유 중에 막대 등을 세워 회전시키면 탄성에 의해 연유가 막대를 따라 올라오는 성질

③ 경점성(consistency) : 점탄성을 나타내는 식품의 경도(밀가루 반죽 경점성은 farinograph로 측정)

④ 신전성(extensibility) : 반죽이 국수같이 길게 늘어나는 성질(밀가루 반죽 신전성은 extensograph 로 측정)

❸ 유체 및 반고체 Rheology

1. Newton 유체

전단력에 대하여 속도가 비례적으로 증감하는 것을 Newton 유체라 하며 단일물질, 저분자로 구성된 물, 청량음료, 식용유 등의 묽은 용액이 Newton 유체의 성질을 갖는다.

다음 그림 (a)는 Newton 유체의 곡선을 나타내며, 그림 (b)는 전단속도 변화에 점도가 일정함을 나타낸다.

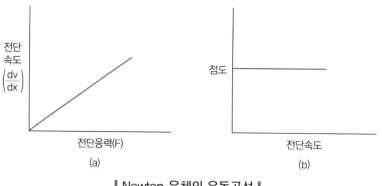

┃ Newton 유체의 유동곡선 ┃

2. 비 Newton 유체

① Colloid 용액, 토마토 케첩, 버터 등의 혼합물질로 구성된 반고체 식품은 Newton 유체 성질이 없어 전단력과 전단속도 사이의 유동곡선이 곡선을 나타내며 이 유체를 비 Newton 유체라 한다.

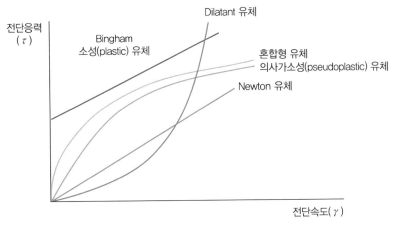

┃ 비 Newton 유체의 유동곡선 ┃

② 전단속도 증가에 따라 전단력의 증가폭이 감소하는 유체를 의사가소성(pseudoplastic) 유체라 하고 전단속도 증가에 따라 전단력의 증가폭이 증가하는 유체를 Dilatant 유체라 한다.

③ 생크림과 같이 반고체 식품에서 약한 전단력에 탄성을 보이다 좀 더 강한 전단력에 소성을 보일 때 이 힘을 항복치(yield value)라 하며 전단속도 증가에 따라 전단력의 증가폭이 일정한 유체를 Bingham 소성 유체라 하고 항복치를 가지면서 의사가소성 또는 Dilatant 성질을 나타내는 것을 혼합형 유체라 한다.

④ 시간에 따른 유동특성 변화에 따라 전단력이 작용할수록 점조도가 감소하는 Thixotropic 유체와 전단력이 작용할수록 점조도가 증가하는 Rheopectic 유체로 구분된다.

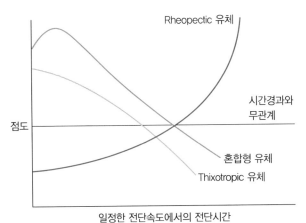

┃ 전단시간에 따른 유체의 유동곡선 ┃

식품의 관능 분석

◼ 관능평가의 정의

식품의 외형적 특성은 시각적, 냄새 특성은 후각적, 맛 특성은 미각적, 소리는 청작적, 조직감은 촉각적으로 인식된다.

식품의 관능평가는 이와 같은 미각, 후각, 시각, 촉각, 청각의 5가지 감각을 이용하여 식품의 관능적 품질특성인 외관, 향미 및 조직감 등을 과학적으로 평가하는 것을 말한다.

1. 관능평가의 영향요인

순응, 강화, 억제, 상승 등의 생리적인 요인과 기대오차, 관습오차, 논리오차, 후광효과, 시료 제시 순서에 따른 오차 등의 생리적 효과 등에 영향을 받을 수 있다.

◼ 관능평가의 종류

1. 차이식별검사

차이식별검사(Discriminative Test)는 검사물 간의 차이를 분석적으로 검사하는 방법이다. 시료 간에 관능적인 특성에 차이가 있는지 없는지를 조사하기 위한 종합적 차이검사와 어떤 특성이 시료 간에 관능적으로 차이가 있는지 없는지를 비교하는 특성 차이검사가 있다.

1) 종합적 차이검사

제품의 원재료나 공정, 포장변경에 따라 두 시료 간의 관능적 특성 차이의 여부를 판단한다.

삼점검사	관능평가 요원에게 3개의 시료를 제시하고 2개의 시료는 같고 하나는 다르다고 알려준 후 다른 하나의 시료를 고르게 한다.
일 · 이점 검사	기준시료 하나와 2개의 시료를 제시하여 두 시료 가운데 기준시료와 동일한 시료를 고르게 한다.
단순 차이검사	2개의 시료를 동시에 제시하는데 제시되는 시료 중 절반은 서로 다른(A/B) 시료이며, 다른 절반은 같은 시료(A/A)를 제공한다.

2) 특성 차이검사

2개의 시료 혹은 2개 이상의 시료에서 특정한 관능적 특성의 차이 여부를 판별하는 시험법이다.

이점 비교검사	관능 요원에게 2개의 시료(A, B)를 동시에 제시했을 때 특정 성질의 강도가 더 강한 시료를 고르게 하는 방법이다.
순위법	2개보다 많은 시료를 제시하여 특성이 강한 것부터 순위를 정하게 하는 검사법이다.(강도 비교분석)
평점법	주어진 시료들의 특성 강도의 차이가 어떻게 다른지를 정해진 척도에 따라 평가하는 방법이다.(0~9점 척도)

2. 묘사 분석

관능적 특성을 질적·양적 묘사, 향미 프로필(맛, 냄새, 향미), 텍스처 프로필(물리적 특성), 정량적 묘사(향미, 텍스처, 색 등 전반적인 관능특성), 스펙트럼 묘사 분석(색), 시간 – 강도 묘사분석법등이 있다. 소수의 고도로 훈련된 패널이 관능적 특성이 느껴지는 순서에 따라 평가한다.

외관적 특성	색, 윤기, 부피, 끈적거림, 거침, 덩어리짐 등
냄새 특성	사과 향, 탄 냄새, 비린냄새, 꽃냄새, 시원함(비강적 감각) 등
향미 특성	쓴맛, 단맛, 신맛, 짠맛, 감칠맛, 떫은맛 등
구강 텍스처 특성	점도, 부서짐, 떫음, 건조함, 기름짐, 촉촉함 등

3. 소비자 기호도검사

1) 목적

소비자검사는 제품의 품질 유지, 품질 향상 및 최적화, 신제품 개발, 시장에서의 가능성 평가를 위해서 궁극적으로 제품에 대한 소비자들의 기호도, 선호도를 알아보려고 실시한다. 제품 생산의 마지막 단계에서 수행된다.

2) 대상

소비자검사 시에는 차이식별검사와 다르게 관능평가 훈련을 받아 본 경험이 없는 사람, 제품의 연구 개발이나 판매에 관련되지 않은 사람을 대상으로 한다. 이때 소비 대상에 따른 목표 집단을 선정해야 제품에 대한 유용한 정보를 제공받을 수 있다. 주로 제품 회사의 직원이나 일반인을 대상으로 하며 선호도 검사와 기호도 검사 등을 수행한다.

PART

03

식품안전관리

CONTENTS

CHAPTER

01

세균성 식중독

세균성 식중독은 세균 또는 바이러스에 의해서 발생하는 식중독을 말하며 식중독 사고 중 발생률이
가장 높다.

◼ 감염형 식중독

식품과 함께 섭취한 다량의 미생물이 체내에서 증식되어 급성장염 증세를 일으키는 것을 말한다.

1. 살모넬라 식중독

① 원인균 : *Salmonella enteritidis, Sal. typhimurium, Sal. thomson, Sal. derby* 등
② 특징 : 그람음성, 무포자간균, 주모성으로 잠복기는 보통 12~24시간이며 구토 · 복통 · 설
　사 · 발열의 일반적 급성장염 증세를 보이나 38℃를 넘는 고열이 주 증세이다.
③ 원인 식품 : 육류, 난류, 우유 및 그 가공품 등이 주 오염 식품이며 쥐 등에 의해서도 전파된다.
④ 예방 : 쥐, 파리, 바퀴 등 위생 해충의 예방, 식품의 가열조리, 급랭, 저온보존 및 손 씻기 등 개
　인위생을 철저히 한다.

2. 장염 비브리오 식중독

① 원인균 : *Vibrio parahemolyticus*
② 특징 : 그람음성, 무포자간균, 단모균, 활 모양의 호상균으로 3~4% 염에서 살 수 있는 호염
　균이다. 잠복기는 평균 10~18시간이며, 주된 증상은 복통, 구토, 설사, 발열 등의 전형적인
　급성 위장염 증상이다.
③ 원인 식품 : 어패류의 생식에 의해 감염될 수 있다.
④ 예방 : 가열살균하며 저온저장, 손 등의 소독 및 담수세척 등을 한다.

3. 병원성 대장균 식중독

1) 원인균

① 장관병원성 대장균(*enteropathogenic E.coli* ; EPEC) : 유아 설사증
② 장관침입성 대장균(*enteroinvasive E. coli* ; EIEC) : 세포침입성
③ 장관독소원성 대장균(*enterotoxigenic E. coli* ; ETEC) : 여행자 설사증, 장독소생성
④ 장관응집성 대장균(*enteroaggregative E. coli* ; EAEC) : 장점막에 부착하여 독소를 생성
⑤ 장관출혈성 대장균(*enterohemorrhagic E. coli* ; EHEC) : O157 : H7, verotoxin 생성, 혈변과 심한 복통

2) 특징

그람음성, 무포자간균, 통성혐기성, 유당을 분해하여 산과 가스 생성, 잠복기는 평균 10~24시간이며, 장관출혈성의 경우 혈변과 심한 복통을 동반하나 고열은 발생하지 않는다.

3) 원인 식품

오염된 햄, 소시지, 크로켓, 채소샐러드 및 햄버거와 같은 가공품 등이 있다.

4) 예방

식품이 사람이나 동물의 분변에 오염되지 않도록 하고, 개인위생을 철저히 한다.

4. 캠필로박터 식중독

① 원인균 : *Campylobacter jejuni* 및 *Campylobacter coli*
② 특징 : 그람음성, 무포자 나선균, 미호기성균, 고온균(최적 42~45℃), 잠복기는 2~7일이며 급성장염 증세를 보인다. 최근 하반신 마비를 일으키는 갈랑바레 증후군으로 주목받고 있다.
③ 원인 식품 : 식육 · 가금류 · 개 · 고양이 등에 널리 분포하며, 닭같이 체온이 높은 가금류에 많다.
④ 예방 : 가열조리 및 위생관리를 철저히 하고, 소량의 균으로도 발병되므로 칼, 도마로부터의 2차 오염 방지에 노력한다.

5. 리스테리아 식중독

① 원인균 : *Listeria monocytogenes*
② 특징 : 그람양성, 무포자간균, 냉장세균, 잠복기는 확실하지 않다. 위장증상, 수막염, 임산부
　 의 자연유산 및 사산을 일으킨다.
③ 원인 식품 : 식육 제품 · 유제품 · 가금류 및 가공품 등이다.
④ 예방법 : 가열조리, 저온 증식이 가능하므로 냉장고에서 장기보관을 피하며 육제품이나 유
　 제품 가공 시 오염되지 않도록 한다.

6. 여시니아 식중독

① 원인균 : *Yersinia enterocolitica*
② 특징 : 그람음성, 단간균, 저온균으로 잠복기는 2~7일이며 급성장염 증세를 보인다.
③ 원인 식품 : 덜 익은 돼지고기나 쥐의 분변 등으로 오염된 물에 의해 감염된다.
④ 예방 : 돼지보균율이 높으므로 오염방지가 중요하다. 열에 약하므로 가열조리하고 저온 증
　 식이 가능하므로 장기간 저온보관을 피하며 약수터 등 물의 오염을 예방하는 것이 중요하다.

❷ 독소형 식중독(외독소)

미생물에 의해 생성된 독소가 식품과 함께 섭취되어 일어나는 식중독이다.

1. 황색포도상구균 식중독

① 원인균 : *Staphylococcus aureus*(황색포도상구균)
② 독소 : enterotoxin(장 독소)
  • 내열성이 커서 100℃에서 1시간 가열로 활성을 잃지 않으며, 120℃에서 20분 동안 가열하여
    도 완전히 파괴되지 않는다(고압증기멸균에서 파괴되지 않는다). lard 중에서 218~248℃
    로 30분 이상 가열하면 파괴된다.
  • 균체가 중성에서 증식할 때 독소를 생산하며 산성하에서는 독소를 생산하지 못한다.
  • 균 자체는 100℃에서 30분이면 사멸된다(균은 비교적 열에 약함).
  • 단백질 분해 효소에 의해 파괴되지 않는다.

• 저온에서는 균이 증식하지 못하므로 독소도 생산하지 못한다.

③ 특징 : 그람양성, 포도알균, 잠복기는 평균 3시간(가장 짧다.), 증상은 급성위장염 증상으로 구토가 주 증세이다. 피부상재균으로 상처에 고름을 형성하여 화농균이라고도 한다.

④ 원인 식품 : 손으로 조리한 김밥, 도시락, 초밥 등의 복합조리 식품이 있다.

⑤ 예방 : 손에 상처가 있는 조리자는 조리에 참여하지 말고, 조리된 식품은 저온보관한다.

2. 보툴리늄 식중독

① 원인균 : *Clostridium botulinum*

② 독소 : 단백질성 neurotoxin(신경 독소)으로 사망률이 50%로 높으나 열에 약하여 100℃에서 10분, 80℃에서 30분이면 파괴된다.

③ 특징 : 그람양성, 포자(곤봉 모양) 형성, 혐기성 간균, 토양 · 하천 · 호수 · 바다 흙 · 동물의 분변에 존재, A~G형 7종 중 A, B, E형이 사람에게 중독을 일으킨다. 잠복기는 보통 12~30시간이며 주 증상은 구토, 복통, 설사에 이어 신경 증상을 보이며 호흡 마비 후 사망에 이른다.

④ 원인 식품 : 육류 및 통조림, 훈제 어류 등이 있다.

⑤ 예방 : 통조림 제조 시에 충분히 살균, 독소는 열에 약하므로 충분히 가열한다.

③ 감염독소형 식중독(중간형 식중독)

식품과 함께 섭취한 다량의 미생물이 장내에서 장 독소를 분비하여 식중독이 발생한다.

1. 웰치(Welchii)균 식중독

① 원인균 : *Clostridium perfringens*

② 특징 : 그람양성, 포자 형성 간균, 혐기성균, 잠복기는 평균 8~20시간이며 급성장염 증세를 보인다.

③ 원인 식품 : 오염된 육류 · 조류 식품이나 쥐 · 가축의 분변에 의해 감염된다.

④ 예방 : 분변 오염 방지, 식품의 가열조리, 급랭, 저온보관 및 손 씻기 등 개인위생을 철저히 한다.

2. 세레우스균 식중독

① 원인균 : *Bacillus cereus*

② 특징 : 그람양성, 포자 형성 간균, 호기성균, 잠복기는 평균 8~16시간이며 설사형은 살모넬라균과 비슷하며 구토형은 황색포도알균과 비슷한 증세를 보인다.

③ 원인 식품 : 원인균과 포자가 자연계에 널리 분포하여 식품에 오염될 기회가 많다.

④ 예방법 : 식품의 가열조리, 급랭, 저온보관 및 손씻기 등 개인위생을 철저히 한다.

4 기타 식중독

1. 비브리오패혈증 식중독

① 원인균 : *Vibrio vulnificus*

② 특징 : 장염비브리오균과 유사하지만 간 경변 등 기초질환자의 패혈증에 의한 사망률(50%)이 매우 높고 피부 상처를 통한 연조직 감염이 발생된다.

③ 원인 식품 : 어패류의 생식과 상처 난 부위의 바닷물 감염으로 발생할 수 있다.

④ 예방 : 간 질환, 알코올중독 환자는 어패류 생식을 금하며 상처가 있을 경우 바닷물에 들어가는 것을 주의한다.

2. 알레르기 식중독

① 원인균 : *Morganella morganii*

② 특징 : 그람음성, 무포자간균, 호기성으로 잠복기는 1시간 이내이며 알레르기 증상이다.

③ 원인 식품 : 꽁치, 고등어, 정어리 등의 등 푸른 생선이 오염되어 히스티딘(histidine)을 탈탄산시켜 히스타민(histamine)을 생성함으로써 알레르기를 일으킨다.

④ 예방법 : 어류를 충분히 세척하고 가열·살균하여 섭취한다.

3. 사카자키 식중독

① 원인균 : *Chronobacter sakazakii(Enterobacter sakazakii* 라고도 함)
② 특징 : 그람음성, 통성혐기성 간균, 체외로 분비된 섬유상 바이오 필름으로 건조에 강하다. 증상은 장염, 수막염으로 신생아 60%, 영아 20%의 높은 사망률을 보인다.
③ 원인 식품 : 조제분유 및 영유아식품
④ 예방 : 가열살균을 철저히 하며 분유를 70℃ 이상의 물에 타는 것이 중요하다.

4. 바이러스 식중독

겨울철 식중독의 대표이며 발생률이 증가하고 있다.
① 원인균 : 노로바이러스(*Norwalk virus, Norovirus*)
② 특징 : 바이러스로 식품에서 증식되지 않고 생체 내에서 증식하여 분변을 통해 오염된다. 잠복기는 12~48시간 이내이며 구토, 설사, 복통 등 급성장염 증세를 보인다.
③ 원인 식품 : 사람의 분변에 오염된 식품으로 전파되며 우리나라의 경우 겨울철 생굴 등 비가열 식품에 의해 많이 발생한다.
④ 예방법 : 굴 등 생식품의 섭취를 피하고 가열 처리한다.

5. 장구균

장구균은 대장균군에 속하며 식중독균은 아니지만, 냉동상태 저항성이 강하므로 냉동식품에 대한 분변 오염의 지표가 된다.
① 원인균 : *Enterococcus faecalis*와 *Streptococcus bovis* 등의 두 개 속이 여기에 속한다.
② 특징 : 그람양성, 구균, 분변 중 대장균의 1/10이지만, 동결에 강한 저항성을 보인다.
③ 원인 식품 : 오염된 치즈, 소시지, 분유, 두부 가공품 등이 있다.
④ 예방법 : 분변 오염 방지, 식품의 가열조리, 급랭, 저온보관 및 손씻기 등 개인위생을 철저히 한다.

감염병

1 경구 감염병의 종류

1. 장티푸스(typhoid fever)

① 원인균 : *Salmonella typhi*
② 특징 : 환자나 보균자의 분변에 오염된 음식이나 물에 의해 직접 감염되며 매개물에 의해 간접 감염되기도 한다. 잠복기는 1~2주이며 권태감, 식욕부진, 오한, 40℃ 전후의 고열이 지속되며 백혈구의 감소, 장미진 등이 나타난다.
③ 예방 : 환자 · 보균자의 색출 관리, 분뇨 · 물 · 음식물의 위생처리, 매개곤충 차단, 예방접종 등을 실시한다.

2. 파라티푸스(paratyphoid fever)

① 원인균 : *Salmonella paratyphi*
② 특징 : 잠복기는 3~6일이며 증세 등은 장티푸스와 비슷하다.
③ 예방 : 장티푸스와 비슷하다.

3. 콜레라(cholera)

① 원인균 : *Vibrio cholera*
② 특징 : 환자나 보균자의 분변이 배출되어 식수, 식품, 특히 어패류를 오염시키고 경구로 감염되어 집단으로 발생할 수 있다. 잠복기는 수 시간~5일이며 주 증상은 쌀뜨물과 같은 수양성 설사, 심한 구토, 발열, 복통이 발생하고 맥박이 약하며 체온이 내려가 청색증이 나타나고 심하면 탈수증으로 사망할 수 있다.
③ 예방 : 물과 음식은 반드시 가열 섭취하고 저온저장하며 손 씻기 등 개인위생을 철저히 하고 예방 접종을 하며 항구나 공항의 검역을 철저히 한다.

4. 세균성 이질(shigellosis)

① 원인균 : *Shigella dysenteriae*
② 특징 : 환자와 보균자의 분변이 식품이나 음료수를 통해 경구 감염된다. 잠복기는 2~7일이며 발열, 오심, 복통, 설사, 혈변을 배설한다.
③ 예방 : 물과 음식은 반드시 가열 섭취하고 저온저장하며 손 씻기 등 개인위생을 철저히 한다. 예방 접종 백신은 아직 없다.

5. 아메바성 이질(amoebic dysentery)

① 원인균 : 원충인 *Entamoeba histolytica*
② 특징 : 환자의 분변 중에 배출된 원충이나 낭포가 물과 음식을 통해 경구 감염된다. 잠복기는 3~4주 정도이며 변 중에는 점액이 혈액보다 많은 것이 특징이다.
③ 예방 : 장티푸스와 비슷하고, 면역이 없으므로 예방 접종은 필요 없다.

6. 급성 회백수염(소아마비, 폴리오)

① 원인균 : *poliomyelitis virus*
② 특징 : 환자나 보균자의 분비물과 분변에 의해 오염된 음식물을 통해 경구감염된다. 잠복기는 7~12일 정도이며 발열 · 두통 · 구토 증세 후 목과 등에 운동마비가 나타난다. 감염된 환자 중 증상이 나타나는 환자의 비율이 매우 낮다(1,000 대 1).
③ 예방 : 예방접종이 가장 효과적이며 생균 백신(sabin), 사균 백신(salk) 모두 유효하다.

7. 유행성 간염

① 원인균 : *Hepatitis virus A*
② 특징 : 환자의 분변이 음료수나 식품이 오염되어 경구로 감염된다. 잠복기는 3주 정도이며 발열, 두통, 위장장애를 거쳐서 황달 증세가 나타난다.
③ 예방 : 경구 감염되므로 장티푸스 예방법에 따르며, 집단생활에서 잘 나타나므로 개인 위생에 철저하도록 한다.

8. 감염성 설사증

① 원인균 : 감염성 설사증 바이러스
② 특징 : 환자의 분변에 오염된 식품이나 음료수를 거쳐서 경구 감염된다. 잠복기는 2~3일로 주로 복부 팽만감, 심한 설사 등을 일으킨다.
③ 예방 : 물과 음식은 반드시 가열 섭취하고 저온저장하며 손 씻기 등 개인위생을 철저히 한다.

9. 천열(泉熱 : izumi fever)

① 원인균 : *Yersinia pseudotuberculosis*
② 특징 : 산간지역의 오염된 식품이나 음료수에 의해 경구 감염된다. 잠복기는 7~9일 정도로 고열, 설사, 복통 등이 나타난다.
③ 예방 : 물과 음식은 반드시 가열 섭취하고 저온저장하며 손 씻기 등 개인위생을 철저히 한다. 조리기구에 의한 2차 오염을 차단해야 한다.

② 경구 감염병과 세균성 식중독의 비교

▼ 경구 감염병과 세균성 식중독

경구 감염병	세균성 식중독
• 물, 식품이 감염원으로 운반 매체이다. • 병원균의 독력이 강하여 식품에 소량의 균이 있어도 발병한다. • 사람에서 사람으로 2차 감염된다. • 잠복기가 길고 격리가 필요하다. • 면역이 있는 경우가 많다. • 예방이 어렵다. • 감염병 예방법	• 식품이 감염원으로 증식 매체이다. • 균의 독력이 약하다. 따라서 식품에 균이 증식하여 대량으로 섭취하여야 발병한다. • 식품에서 사람으로 감염(종말감염)된다. • 잠복기가 짧고 격리가 불필요하다. • 면역이 없다. • 식품위생을 통한 예방이 가능하다. • 식품위생법

③ 인수공통감염병과 예방대책

1. 인수공통전염병의 종류

1) 탄저(anthrax)

① 병원체 : 탄저균(Bacillus anthracis)
② 특징 : 포자 형성 세균으로 아포 흡입에 의한 폐탄저, 경구감염으로 장탄저를 일으키며 주로 피부의 상처로 인한 피부탄저가 가장 많다. 4~5일 잠복기 후 고열, 악성 농포, 궤양, 폐렴, 임파선염, 패혈증을 일으킨다.
③ 예방 : 예방 접종을 하고 이환 동물을 조기 발견하여 처리한다.

2) 파상열(brucellosis, 브루셀라병)

① 병원체
- *Brucella melitensis* : 양이나 염소에 감염
- *Brucella abortus* : 소에 감염
- *Brucella suis* : 돼지에 감염
② 특징 : 감염된 소, 양 등의 유제품 또는 고기를 통해 감염된다. 잠복기는 보통 7~14일이며, 가축에게는 유산을 일으키며 사람에게는 열이 40℃까지 오르다 내리는 것이 반복되므로 파상열이라 한다.
③ 예방 : 예방 접종을 하고, 이환 동물을 조기 발견하며 우유, 유제품을 철저히 살균한다.

3) 결핵(tuberculosis)

① 병원체 : 인형 결핵균(*Mycobacterium tuberculosis*), 우형 결핵균(*Mycobacterium bovis*), 조형 결핵균(*Mycobacterium avium*) 세 가지가 있다.
② 특징 : 감염된 소의 우유로 감염된다. 잠복기는 1~3개월이며 기침이 2주 이상 지속된다. 기침, 흉통, 고열, 피 섞인 가래가 나오고 폐의 석회화가 진행된다.
③ 예방 : 정기적인 tuberculin 검사로 감염된 소를 조기 발견하여 적절한 조치를 하고 우유를 완전히 살균한다. BCG 예방접종을 실시한다.

4) 돈단독증(swine erysipeloid)

① 병원체 : *Erysipelothrix rhusiopathiae*

② 특징 : 돼지에 의해 경구적으로 감염된다. 잠복기는 1~3일로 단독무늬 발진이 생기며 종창, 관절염, 패혈증이 나타난다.

③ 예방법 : 예방 접종하고 이환 동물은 조기 발견하여 격리, 소독한다.

5) 야토병(tularemia, 튜라레미아증)

① 병원체 : *Francisella tularensis*

② 특징 : 산토끼 고기와 박피로 감염된다. 잠복기는 3~4일이며 발열, 오한이 있고 침입된 피부에 농포가 생기며 임파선이 붓는다. 악성 결막염을 유발한다.

③ 예방법 : 응집반응으로 진단하고 산토끼 고기는 가열조리하며 경피감염을 주의하고 취급업자는 예방 접종을 한다.

6) Q열(Q fever)

① 병원체 : 리케차 *Coxiella burnetii*

② 특징 : 염소, 소, 양에 의해 감염되며 유즙이나 배설물에 의해 감염된다. 잠복기는 15~20일이며 발열, 오한, 두통, 흉통 등이 발생한다.

③ 예방법 : 진드기를 구제하며, 우유 살균, 정기진단을 한다.

7) Listeria증

① 병원체 : *Listeria monocytogenes*

② 특징 : 병에 감염된 동물과 접촉하거나 식육, 유제품 등을 통해 경구적으로 감염된다. 소·말·양·염소·닭·오리 등에 널리 감염되며 잠복기는 3~7일이고 수막염, 패혈증 등을 일으킨다. 임산부의 자궁내막염 및 유산의 원인이다.

③ 예방법 : 식품은 가열살균하고 예방 접종을 한다.

2. 인수공통감염병의 예방

① 예방 접종하고, 이환 동물을 조기 발견하여 격리 치료를 실시한다.

② 이환 동물이 식품으로 취급되지 않도록 하며 우유 등의 살균처리를 한다.

③ 수입되는 유제품, 가축, 고기 등의 검역을 철저히 한다.

CHAPTER 03 식품의 보존과 부패방지

■ 가열살균법

1. 저온 장시간살균(LTLT)

63~65℃에서 30분 가열 후 급랭하며 우유, 술, 과즙 등에 이용한다.

2. 고온 단시간살균(HTST)

72~75℃에서 15~20초 가열 후 급랭하며 우유나 과즙 등에 이용한다.

3. 초고온 순간살균(UHT)

130~150℃에서 0.5~5초 가열하며 우유나 과즙 등에 이용한다.

② 방사선 조사

1. 방사선의 종류

방사성 원소가 방출하는 고속도의 입자 또는 방사에너지로서 입자선인 α, β선과 중성자 및 파동선인 γ, X선 등이 있다.

2. 방사선의 생물학적 작용

전리방사선은 세포의 핵에 작용하여 이를 손상시키며, 세포의 손상 정도는 방사선의 투과력, 전리작용, 피폭방법, 피폭선량, 조직의 감수성에 따라 다르다.
① 투과력의 크기 순서는 X선 또는 $\gamma > \beta > \alpha$ 선이고 전리작용은 X선 또는 $\gamma < \beta < \alpha$ 선이다.

② 방사선에 대한 감수성이 큰 순서는 다음과 같다.

> **골수**, 림프선 > 성선 > 피부 > 근육세포 > 신경세포 > 연골, 뼈

3. 식품에서의 방사선 조사

① 식품 조사에 주로 이용하는 방사선은 ^{60}Co의 γ선이며 해충 및 미생물의 식품조사에 대한 감수성은 다음과 같다.

> 해충 > 대장균군 > 무아포 형성균 > 아포 형성균 > 아포 > 바이러스

② 식품에 방사선 조사 시 비타민 B_1은 감마선에 비교적 민감하며, formic acid, acetaldehyde 등의 분해 산물이 생성된다.
③ 방사선량의 단위는 Gy이며 1Gy는 1J/kg에 해당한다.
④ 완제품의 경우 조사처리된 식품임을 나타내는 문구 및 조사도안을 표시하여야 한다.

4. 방사선 조사식품의 사용 목적

① 1kGy 이하의 저선량 방사선 조사
  • 발아 · 발근 억제(양파, 감자 등)
  • 기생충의 사멸(돼지고기 등)
  • 과실류의 숙도 조절(토마토, 망고, 바나나 등)
  • 식품의 저장수명 연장
② 1kGy 이상의 고선량 방사선 조사
  • 식중독균의 사멸
  • 바이러스의 사멸

10kGy 이하의 방사선 조사로는 모든 병원균을 완전히 사멸시키지는 못하지만, 식품에서는 10kGy 이하의 에너지를 주로 사용한다.

5. 방사성 물질의 식품 오염 경로

식품에 방사선 조사 시 물질 내부에 free radical을 생성시켜 독성을 일으키며 주로 분열 생식하는 상피조직, 생성조직, 조혈조직 등에서 독성이 일어난다.

▼ 방사성 원소의 반감기 및 신체 피해 부위

종류	물리적 반감기	생물학적 반감기	유효 반감기	피해 부위
요오드 131	8.04일	138일	7.6일	갑상선, 임파선
스트론튬 90	28.78년	35년	16년	뼈, 골수
세슘 137	30.07년	109일	108일	전신
플루토늄 239	24,300년	200년	198년	뼈, 골수
코발트 60	5.27년	9.5일	9.5일	전신

※ 물리적 반감기 : 자연 대기, 토양 등 몸 밖에 방사성 물질이 방출되었을 때 방사선량이 절반으로 줄어드는 데 걸리는 시간
※ 생물학적 반감기 : 몸에 들어온 방사성 물질의 양이 절반으로 줄어드는 데 걸리는 시간
※ 유효 반감기 : 몸에 흡수된 방사성 물질이 생물학적 영향을 미치는 기간의 반감기

❸ 자외선 살균

1. 자외선 살균

살균력이 가장 강한 260nm 자외선을 이용하여 공기, 기구, 식품 표면, 투명한 음료수 등에 이용한다.

2. 자외선 소독의 원리

자외선의 파장이 생물체의 표면에 닿아서 핵산(DNA, RNA)을 손상시킴으로써 살균효과가 나타난다. 식품 혹은 조리기구나 접시 등에 남아서 음식을 오염시키는 주원인인 미생물이 자외선을 쪼이게 되면 미생물의 세포막이 터지고 핵산이 손상되어서 제대로 된 기능을 할 수 없게 된다.
자외선은 X선이나 감마선보다 투과성이 낮기 때문에 이 파장은 기구의 내부로 투과하지 못하고 직접 자외선이 닿는 부분만 소독되므로 식품 표면 살균 시 사용된다.

4 건조법

① 수분을 제거하여 화학반응, 효소 반응을 저하시키고 미생물 생육을 억제하는 방법이다.
② 세균은 수분함량 15% 이하로 낮추면 생육이 억제되며 곰팡이는 14% 이하까지 낮춰야 생육을 저지할 수 있다.
③ 일광건조, 열풍건조, 감압건조, 동결건조 등이 있다.
- 동결건조 : 건조 중 온도가 낮게 유지되며, 제품의 수축 현상, 표면 경화 등이 거의 일어나지 않고 재수화성이 좋고 영양소의 손실이 적어 가장 우수한 건조법이지만 가격이 비싸다는 단점이 있다.
- 분무건조 : 액체식품을 $200\mu m$ 이하의 입자 크기로 분무하여 열풍과 접촉시켜 신속하게 건조시키는 방법이다. 순간적으로 건조가 빠르게 이루어지지만 Vit C 등 영양소와 향미의 손실이 크다.

▼ 식품건조의 3단계

- 1단계 - 조절 기간(settling down period) : 식품의 표면이 공기와 평형을 이루는 단계
- 2단계 - 항률 건조기간(constant rage period) : 건조속도가 일정한 단계
- 3단계 - 감률 건조기간(falling rate period) : 건조속도가 점점 감소하는 단계

5 CA(Controlled Atmosphere) 저장법

과채류는 수확 후에도 호흡에 따른 호흡열이 발생하고 품온이 상승하여 추숙 과정이 나타나게 된다. 산소는 이런 식품의 산화 및 호기성 미생물의 성장을 유발하므로 대기 중의 기체조성(질소 76%, 산소 21%, 이산화탄소 0.03%)을 변경하여 산소를 저하시키고 이산화탄소의 농도를 조절하여 호흡을 억제시키는 방법이다.

▼ 충전제의 종류와 목적

종류	목적
산소	적색육의 변색방지와 혐기성 미생물의 성장억제
이산화탄소	호기성 미생물과 곰팡이의 성장과 산화 억제
질소	불활성 가스로 식품의 산화를 방지하며 플라스틱 필름을 통해 확산하는 속도가 느려 충전 및 서포팅 가스로 사용
수소, 헬륨	분자량이 적어 주로 포장으로 인한 가스 누설 검지를 위해 사용

6 훈연법

참나무, 떡갈나무 등을 불완전 연소하여 나온 연기 성분인 알데히드류, 알코올류, 페놀류, 산류 등 살균 성분을 식품에 침투시켜 저장성을 높이는 방법이다. 가열에 의한 건조 효과도 있고 독특한 향미를 부여하며 육류나 어류 제품에 사용된다. 침엽수는 수지(resin)가 많아 나쁜 냄새가 나므로 사용하지 않는다.

식품의 유통기한 설정

❶ 유통기한의 개요(식품, 식품첨가물, 축산물 및 건강기능식품의 유통기한 설정기준)

1. 유통기한의 정의

유통기한이란 제품의 제조일로부터 소비자에게 판매가 가능한 기한을 말한다. 신규 품목제조 보고 시에는 제품의 특성에 따라 식품의약품안전처장이 정하여 고시한 기준에 의해 설정한 '유통기한 설정사유서'를 제출하여야 하며, 표시된 유통기한 내에서는 식품공전에서 정하는 식품의 기준 및 규격에 적합하여야 한다.

① 권장유통기한 : 영업자 등이 유통기한 설정 시 참고할 수 있도록 제시하는 판매 가능 기한
② 품질유지기한 : 식품의 특성에 맞는 적절한 보존방법이나 기준에 따라 보관할 경우 해당식 품 고유의 품질이 유지될 수 있는 기한

2. 유통기한 설정을 수행해야 하는 경우

① 새로운 제품 개발 시
② 제품 배합비율 변경 시
③ 제품 가공공정 변경 시
④ 제품의 포장재질 및 포장방법 변경 시
⑤ 소매 포장 변경 시

3. 유통기한 설정을 생략할 수 있는 경우

① 식약처에서 제시하는 권장유통기한 이내로 유통기한을 설정하는 경우
② 유통기한 표시를 생략할 수 있는 식품 또는 품질유지기한 표시 대상 식품

③ 유통기한이 설정된 제품과 다음 항목이 모두 일치하는 제품을 기 설정된 유통기한 이내로 설정할 때
- 식품 유형
- 성상
- 포장재질
- 보존 및 유통온도
- 보존료 사용 여부
- 유탕·유처리 여부
- 살균(주정처리, 산처리 포함) 또는 멸균방법
④ 국내·외 식품 관련 학술지 등재 논문, 연구보고서 등을 인용하여 유통기한을 설정하는 경우
⑤ 자연 상태의 농·임·수산물

▼ 유통기한 표시 생략가능 제품

아이스크림·빙과류·설탕·식용얼음·껌류·재제소금·가공소금·주류, 식품첨가물 기구·용기·포장류
- 탁주·약주 제외
- 맥주는 유통기한 또는 품질유지기한 표시
- 그 외의 주류는 제조연월일
- 즉석섭취·편의식품류는 제조연월일 및 유통기한

2 유통기한 설정법

1. 식품의 부패 형태와 주요 요인

식품의 부패란 소비자들이 더는 섭취할 수 없는 정도로 변질된 것을 말하며, 식품의 부패로 발생하는 주요 3가지 변화는 물리적 부패(Physical Spoilage), 화학적 부패(Chemical Spoilage) 및 미생물학적 부패(Microbiological Spoilage)이다.

▼ 식품유형별 변질 · 부패의 주요 형태 및 요인

식품 유형	변질 · 부패 형태	주요 요인
튀김 식품	산패, 수분증가	산소, 온도, 빛, 금속
수산물	세균발육, 산화	산소, 온도
농산물	효소 활성, 세균발육, 수분손실	산소, 온도, 빛, 습도
축산물	세균발육, 관능 품질, 부패	산소, 온도, 습도
분유	산화, 갈변화, 응고	산소, 온도, 습도

2. 유통기한에 영향을 주는 요인들

식품은 수분, 탄수화물, 지방, 단백질 등 다양한 성분을 함유하고 있다. 이 때문에 개별 제품의 유통기한을 정하기 위해서는 이에 영향을 미치는 구체적인 요인들을 정확하게 식별하는 것이 중요하다.

내부적 요인	원재료, 제품의 배합 및 조성, 수분함량 및 수분 활성도, pH 및 산도
외부적 요인	제조공정, 위생 수준, 포장 재질 및 포장방법, 저장 및 유통환경(온도, 습도, 빛, 취급 등), 소비자 취급방법

3. 품질지표의 선정

유통기한을 과학적으로 설정하기 위해서는 개별식품의 특성이 충분히 반영된 객관적인 품질지표를 설정할 필요가 있다. 객관적인 품질지표란, 이화학적 · 미생물학적 실험 등에서 수치화가 가능한 지표를 말한다. 주관적인 품질지표로는 색, 향미 등을 측정하는 관능적 품질지표가 있다.

4. 안전계수의 설정

결정된 유통기한의 재현성과 신뢰도는 식품의 내부적 또는 외부적 특성에 의해 영향을 받는다. 따라서 통상적으로 식품의 특성에 따라 설정된 유통기한에 대해 1 미만의 계수(안전계수)를 적용하여 실험을 통해 얻은 유통기한보다 짧은 기간을 설정하는 것이 기본이다.

예 200일(실험결과 유통기한) × 0.7~0.8(안전계수) = 140~160일(제품표시 유통기한)

❸ 유통기한 설정실험

1. 실측실험

의도하는 유통기한의 약 1.3~2배 기간 동안 실제 보관 또는 유통 조건으로 저장하면서 선정한 품질지표가 품질한계에 이를 때까지 일정 간격으로 실험을 진행하여 얻은 결과로부터 유통기한을 설정하는 것을 말한다. 제품의 유통기한을 가장 정확하게 설정할 수 있는 원칙적인 방법이다.

① 정확한 유통기한 설정이 가능하지만 3개월 이상의 유통기한을 가진 제품의 경우, 실험시간과 비용이 많이 소요된다.

② 예정된 보관 또는 유통 조건이 바뀌면 새롭게 실험을 설계하여 수행해야 하고 예측이 불가능하다.

③ 유통기한이 3개월 미만인 식품에 적용한다.

④ 최소 2개의 온도(유통온도와 남용온도)를 설정하여 실험한다.

▼ **식약처 가이드라인**

구분	유통온도	저장온도	상대습도
상온 유통제품	15~25℃	* 유통온도 : 25℃ 남용온도 : 15℃	75%
실온 유통제품	1~35℃	* 유통온도 : 35℃ 남용온도 : 25℃	90%
냉장 유통제품	0~10℃	* 유통온도 : 10℃ 남용온도 : 15℃	90% 이상
냉동 유통제품	−18℃ 이하	* 유통온도 : −18℃ 남용온도 : −10℃	100%

* 유통온도 : 반드시 제품의 대표 유통온도를 포함하여 저장조건을 설정
* 수출제품의 경우 수출국의 규정을 참고하여 설정

2. 가속실험

실제 보관 또는 유통조건보다 가혹한 조건에서 실험하여 단기간에 제품의 유통기한을 예측하는 것을 말한다. 즉, 온도가 물질의 화학적·생화학적·물리학적 반응과 부패 속도에 미치는 영향을 이용하여 실제 보관 또는 유통온도와 최소 2개 이상의 남용 온도에 저장하면서 선정한 품질지표가 품질한계에 이를 때까지 일정 간격으로 실험을 진행하여 얻은 결과를 아레니우스 방정식(Arrhenius equation)을 사용하여 실제 보관 및 유통 온도로 외삽한 후 유통기한을 예측하여 설정하는 것을 말한다.

① 온도 증가에 따라 물리적 상태 변화 가능성이 있어 예상치 못한 결과를 초래할 수 있다.
② 유통기한 3개월 이상의 식품에 적용한다.

구분	유통온도	저장온도	상대습도
상온 유통제품	15~25℃	• 대조구(유통온도) : 25℃ • 실험구 : 15~40℃ 범위 내 5℃ 또는 10℃ 간격으로 최소 2개 온도 이상	75%
실온 유통제품	1~35℃	• 대조구(유통온도) : 35℃ • 실험구 : 15~45℃ 범위 내 5℃ 또는 10℃ 간격으로 최소 2개 온도 이상	90%
냉장 유통제품	0~10℃	• 대조구(유통온도) : 10℃ • 실험구 : 15~40℃ 범위 내 5℃ 또는 10℃ 간격으로 최소 2개 온도 이상	90% 이상
냉동 유통제품	−18℃ 이하	• 대조구(유통온도) : −40℃ 또는 −25℃ 또는 −18℃ • 실험구 : −5~−30℃ 범위 내 5℃ 또는 10℃ 간격으로 최소 2개 온도 이상	100%

* 유통온도 : 반드시 제품의 대표 유통온도를 포함하여 저장조건을 설정
* 수출제품의 경우 수출국의 규정을 참고하여 설정

유전자 변형 식품

1 유전자 변형 기술

어떤 생물의 유전자 중 유용한 유전자(예 추위, 해충, 제초제에 강한 성질 등)만을 취하여 다른 생물체의 DNA에 삽입하여 새로운 특성을 나타내는 품종을 만드는 생명공학 기술을 말한다.

2 유전자 변형 식품(GMO : Genetically Modified Organism)

유전자 변형 기술을 이용해서 만든 유전자 변형 생물체를 말하며 GMO 농산물, GMO 동물, GMO 미생물로 구분된다. 이 중 GMO 농산물을 이용하여 만든 식품을 유전자 변형 식품이라 부른다. 이러한 유전자 변형 농산물은 새로운 유전자가 삽입되어 주로 제초제, 병ㆍ해충에 내성을 가지며 주로 감자, 옥수수, 대두 등에서 많이 이용된다. 유전자 변형 식품은 정부의 안전성 평가를 거쳐야만 식품으로 사용될 수 있다.

2014년 식품의약품안전처는 유전자 변형 식품 등의 표시기준 개정을 통하여, 유전자 변형 식품, 유전자 조작식품 등 통일되지 않은 용어를 유전자 변형 식품으로 정의하였다.

• LMO(Living Modified Organism) : 살아 있는 유전자 변형 생물체

1. 제조방법

① 아그로박테리움법(Agrobacterium법) : 유용유전자를 아그로박테리움에 결합한 후 아그로박테리움을 식물세포에 주입

② 원형질세포법(Protoplast) : 효소나 알칼리를 이용해 세포벽을 파괴시킨 후 유용유전자 주입

③ 입자총법(Particle gun) : 금속미립자에 유용유전자를 결합시킨 후 고압가스를 이용해 주입

2. 사용 목적

① 생산량 및 효율의 증대

② 장기보존의 장점

③ 보관 · 유통의 편의성

3. 안전성 평가

GMO 개발과정에서 이용되는 기술과 소재, 생성물들을 검토하여 유전자 변형 전 · 후의 독성, 알레르기성 등을 종합적으로 판단한다.

① 신규성
② Allergy 성
③ 항생제 내성
④ 독성실험

❸ 유전자 변형 식품 표시제(유전자 변형 식품 등의 표시기준)

GM(유전자 변형) 원료를 사용한 식품에 GMO를 표시하도록 한 제도

1. 표시대상

① 「식품위생법」 제18조에 따른 안전성 심사 결과, 식품용으로 승인된 유전자 변형 농축수산물과 이를 원재료로 하여 제조 · 가공 후에도 유전자 변형 DNA 또는 유전자 변형 단백질이 남아 있는 유전자 변형 식품 등은 유전자 변형 식품임을 표시하여야 한다.

② 단, 다음의 경우에는 유전자 변형 식품임을 표시하지 않을 수 있다.

- 유전자 변형 농산물이 비의도적으로 3% 이하인 농산물과 이를 원재료로 사용하여 제조 · 가공한 식품 또는 식품첨가물이 구분유통증명서, 정부증명서, 유전자 변형 식품 등 표시대상이 아님을 입증하는 시험성적서를 갖추었을 때

> - 구분유통증명서 : 종자구입 · 생산 · 제조 · 보관 · 선별 · 운반 · 선적 등 취급과정에서 유전자 변형 식품 등과 구분하여 관리하였음을 증명하는 서류
> - 정부증명서 : 제3호와 동등한 효력이 있음을 생산국 또는 수출국의 정부가 인정하는 증명서

- 고도의 정제과정 등으로 유전자 변형 DNA 또는 유전자 변형 단백질이 전혀 남아 있지 않아 검사불능인 당류, 유지류 등

2. 표시방법

① 한글로 표시하여야 한다. 다만, 소비자의 이해를 돕기 위하여 한자나 외국어를 한글과 병행하여 표시하고자 할 경우, 한자나 외국어는 한글 표시 활자 크기와 같거나 작은 크기의 활자로 표시하여야 한다.

② 표시는 지워지지 않는 잉크 · 각인 또는 소인 등을 사용하거나 떨어지지 않는 스티커 또는 라벨지 등을 사용하여 소비자가 쉽게 알아볼 수 있도록 해당 용기 · 포장 등의 바탕색과 뚜렷하게 구별되는 색상으로 12포인트 이상의 활자 크기로 선명하게 표시하여야 한다.

③ "유전자변형 ○○(농산물 품목명)로 생산한 ○○○(채소명)" 혹은 "유전자변형 ○○(농산물 품목명)로 생산한 ○○○(채소명) 포함"으로 표시하여야 한다.

④ 표시대상 원재료 함량이 50% 이상이거나 또는 해당 원재료 함량이 1순위로 사용한 경우에는 "비유전자변형식품, 무유전자변형식품, Non − GMO, GMO − free" 표시를 할 수 있다. 이 경우에는 비의도적 혼입치가 인정되지 아니한다.

PART

04

식품인증관리

CONTENTS

식품인증

CHAPTER 01

❶ GAP 농산물 인증관리

1. 정의

소비자에게 안전하고 위생적인 농식품을 공급할 수 있도록 농산물의 생산부터 수확 후 포장 · 유통단계까지 농산물에 잔류할 수 있는 농약 · 중금속 또는 유해생물 등의 위해 요소를 사전에 관리하여 농산물의 안전성을 확보하는 제도이다.

2. 법적 근거

농수산물 품질관리법

3. 특징

식용을 목적으로 생산되는 농산물에만 적용 가능한 인증이다. 농약과 화학비료가 사용 가능하나 미생물학적 화학적 물리적 위해 요소를 모두 관리한다는 점에서 기존의 친환경인증(유기농, 무농약) 농산물과 차이점이 존재한다.

4. 관리항목

① 농약, 화학비료의 사용이 가능하나, 농약 안전사용기준과 비료사용
　기준의 준수
② 영농일지 작성, 농약/비료 보관관리, 농장 정리정돈, 수확 후 관리의
　기준이 포함
③ 농장 주변의 환경정리, 이력추적관리, 소분 작업장(GAP시설) 위생
　관리
④ 농산물의 미생물적 위생관리 안전에 관련된 내용이 포함
⑤ GAP 농산물 유통을 위해서는 HACCP 시설에 준하는 GAP 시설인증 필요

② 친환경인증

1. 정의

합성농약, 화학비료 및 항생·항균제 등 화학 자재를 사용하지 않거나 사용을 최소화하고 농업·축산업·임업 부산물의 재활용 등을 통하여 **농업생태계와 환경을 유지·보전**하면서 농축산물을 생산하는 제도이다.

2. 법적 근거

친환경 농어업육성 및 유기식품 등의 관리·지원에 관한 법률

3. 특징

농산물은 유기농과 무농약으로 축산물은 유기농과 무항생제로 구분되며, 유기농, 무농약, 무항생제를 통칭하여 친환경인증이라 표현한다. 친환경인증은 농약, 화학비료의 사용을 제한하며, 사용 정도에 따라 인증이 구분된다.

① 유기농 : 유기합성농약과 화학비료를 사용하지 않고 재배한 농산물 및 항생제·합성항균제·호르몬제가 포함되지 않은 유기 사료를 급여하여 사육한 축산물
② 무농약 : 유기합성농약은 사용하지 않고 화학비료는 권장 시비량의 1/3 이하를 사용하여 재배한 농산물
③ 무항생제 : 항생제·합성 항균제·호르몬제가 포함되지 않은 무항생제 사료를 급여하여 사육한 축산물

3 어린이 기호식품 품질인증

1. 정의

안전하고 영양을 고루 갖춘 어린이 기호식품의 제조 · 가공 · 유통 · 판매를 권장하기 위하여 식품의약품안전처장이 정한 품질인증기준에 적합한 어린이 기호식품에 대하여 품질을 인증해주는 제도이다.

2. 법적 근거

어린이 식생활안전관리 특별법

3. 특징

안전, 영양, 첨가물 사용에 대한 관리를 통해 안전하고 영양을 고루 갖춘 어린이 기호식품을 장려하는 것을 목적으로 하였다. 주로 과자, 캔디류, 빙과류, 빵류, 음료류 등이 대상이 된다.

4. 품질인증 기준

▼ **식약처 가이드라인**

종류	기준
안전기준	1. 가공식품 : HACCP기준에 적합한 식품 및 수입식품 등 사전확인 등록식품 2. 조리식품 : 모범업소 조리식품 및 모범업소 기준에 준하는 업소 조리식품 등
영양기준	1. 당류를 첨가하지 않은 식품(과채주스) 2. 1회 섭취참고량당 영양소 기준치에 적합(열량, 포화지방, 당류)하거나 영양소기준치의 10% 이상(단백질, 식이섬유), 영양성분기준치의 15% 이상(비타민, 무기질) 중 2개 이상 함유식품
식품첨가물 사용기준	1. 식용타르색소, 합성보존료(빵류, 어육가공품, 음료류, 즉석섭취식품, 조리식품) 및 화학적 합성품(어육가공품, 용기면) 미사용 식품

(출처 : 식품안전나라 홈페이지 https://www.foodsafetykorea.go.kr)

HACCP

❶ 식품 위해요소 중점관리기준(HACCP) 제도의 정의

① 식품의 생산부터 소비자까지 모든 단계에서 식품의 안전성을 확보하기 위하여 모든 식품공정을 체계적으로 관리하는 제도이다.

② 미국의 NASA(미항공우주국)에서 시작되었으며 GMP(Good Manufacturing Practice, 우수제조기준)를 바탕으로 발전하였다.

③ 위해요소분석을 뜻하는 HA(Hazard Analysis)와 중요관리점을 뜻하는 CCP(Critical Control Point)를 뜻하며 해썹 또는 식품안전관리인증기준이라 한다.

④ 7단계 12절차로 구성되며 12절차는 준비의 5절차, 실행의 7절차로 이루어져 있다.

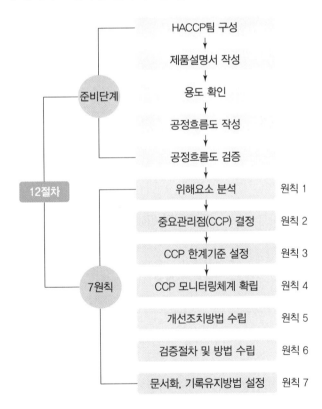

② HACCP 제도의 준비단계(5절차)

① HACCP팀 구성(절차 1) : HACCP을 기획하고 운영할 수 있는 전문가로 구성된 HACCP팀을 구성한다. HACCP팀에는 공정 및 품질 관리자, 생산 및 위생 담당자, 화학적·미생물적 안전 관리자가 포함되어야 한다.

② 제품 및 제품의 유통방법 기술(절차 2) : 제품의 위해 요소(HA) 및 중요 관리점(CCP)을 정확히 파악하기 위한 단계로, 개발하려는 제품의 특성 및 포장·유통방법을 자세히 기술한다.

③ 의도된 제품의 용도확인(절차 3) : 개발하려는 제품의 타깃 소비층 및 사용 용도를 확인하는 단계로, 타깃 소비층에 따라 위험률 및 위해요소의 허용한계치가 달라질 수 있다.

④ 공정흐름도 작성(절차 4) : 원료의 입고부터 완제품의 보관 및 출고까지의 전 공정을 한눈에 확인할 수 있도록 흐름도를 작성한다. 이때, 제조 공정에 필요한 설비배치도 및 작업자 이동경로 등 공정운영 시 필요한 도면을 모두 작성한다. 이를 통해 제품의 공정상 교차오염 및 2차오염 가능성을 판단할 수 있다.

⑤ 공정흐름도 검증(절차 5) : 현장에서 공정흐름도가 제대로 작성됐는지 검증한다. 이를 통해 위해가 발생할 수 있는 지점을 판단한다.

③ HACCP 제도의 실행단계(HACCP 7원칙)

① 위해요소 분석(원칙 1) : 식품 공정의 단계별로 잠재적인 생물학적·화학적·물리적 위해요소를 분석한다.

생물학적 위해요소	화학적 위해요소	물리적 위해요소
• 병원성 미생물 • 효모 • 곰팡이 • 바이러스	• 잔류농약 • 첨가물(착색제, 보존료 등)	• 이물 • 금속물질 • 기타

② 중요관리점 설정(원칙 2) : 각 위해 요소를 예방, 제거하거나 허용수준 이하로 감소시키는 절차이다.

③ 허용기준 설정(원칙 3) : 안전을 위한 절대적 기준치로 온도, 시간, 무게, 색 등 간단히 확인할 수 있는 기준을 설정한다.

④ 모니터링방법 설정(원칙 4) : 모니터링의 절차는 허용기준에 벗어난 것을 찾아내는 것으로 단체 급식소 등에서는 모니터링하는 자를 조리원 중에서 선정한다.

⑤ 시정조치 설정(원칙 5) : 모니터링 결과 허용기준을 벗어났을 때 시정조치를 하는 것으로 허용기준을 벗어난 제품을 식별, 분리하는 즉시적 조치와 동일 사고 방지를 위해 정비, 교체, 교육 등을 하는 예방적 조치가 있다.

⑥ 검증방법 설정(원칙 6) : 효과적으로 시행되는지를 검증하는 것으로 HACCP 계획검증, 중요 관리점 검증, 제품검사, 감사 등으로 구성된다.

⑦ 기록보관 및 문서화 방법 설정(원칙 7) : HACCP 시스템을 문서화하기 위한 효과적인 기록 유지 절차를 정한다.

▨ HACCP 제도의 용어 정의

① 위해요소 중점관리기준(HACCP) : 식품의 원료나 제조·가공 및 유통의 전 과정에서 위해물질이 해당 식품에 혼입되거나 오염되는 것을 사전에 방지하기 위하여 각 과정을 중점적으로 관리하는 기준

② 위해요소 : 식품위생법 제4조(식품 및 식품첨가물의 위해식품 등의 판매 등 금지)의 규정에서 정하고 있는 인체의 건강을 해할 우려가 있는 생물학적·화학적 또는 물리적 인자

③ 위해요소 분석 : 식품안전에 영향을 줄 수 있는 위해요소와 이를 유발할 수 있는 조건이 존재하는지의 여부를 판별하기 위하여 필요한 정보를 수집하고 평가하는 일련의 과정

④ 중요관리점 : HACCP을 적용하여 식품의 위해를 방지·제거하거나 허용수준 이하로 감소시켜서 해당 식품의 안전성을 확보할 수 있는 단계 또는 공정[관리점(control point)은 위해 요소를 관리할 수 있는 중요한 단계·과정 또는 공정]

⑤ 한계 기준 : 중요관리점에서의 위해요소관리가 허용범위 이내로 충분히 이루어지고 있는지의 여부를 판단할 수 있는 기준이나 기준치

⑥ 모니터링 : 중요관리점에서 설정된 한계 기준을 적절히 관리하고 있는지 확인하기 위하여 수행하는 일련의 계획된 관찰이나 측정 행위

⑦ 개선조치 : 모니터링의 결과가 중요관리점의 한계 기준을 이탈할 경우에 취하는 일련의 조치

⑧ 검증 : 해당 업소에서의 위해요소 중점관리기준의 계획이 적절한지의 여부를 정기적으로 평가하는 조치

⑨ HACCP 적용업소 : 식품의약품안전청장이 이 기준에 따라 고시하는 HACCP 적용상 식품을 제조·가공·조리하는 업소 또는 집단급식소

5 HACCP 인증 적용대상

HACCP 인증 필수 적용대상 외에도 식품 및 즉석판매제조 · 가공업, 건강기능식품 및 식품첨가물제
조업, 식품소분업, 집단급식소 및 기타식품판매업, 식품접객업 및 집단급식소 등 식품의 제조 · 가
공 · 유통 · 외식 · 급식의 모든 분야에 적용된다.

▼ 식품안전관리인증의 적용대상

적용업종	세부업종 및 적용품목
식품제조 · 가공업소	과자류, 빵 또는 떡류, 코코아가공품류 또는 초콜릿류, 잼류, 설탕, 포도당, 과당, 엿류, 당시럽류, 올리고당류, 식육 또는 알함유가공품, 어육가공품, 두부류 또는 묵류, 식용유지류, 면류, 다류, 커피, 음료류, 특수용도식품, 장류, 조미식품, 드레싱류, 김치류, 젓갈류, 조림식품, 절임식품, 주류, 건포류, 기타 식품류
건강기능식품제조업소	영양소, 기능성 원료
식품첨가물 제조업소	식품첨가물, 혼합제제류
식품접객업소	위탁급식영업, 일반음식점, 휴게음식점, 제과점
즉석판매제조 · 가공업소, 식품소분업소, 집단급식소식품판매업소, 기타식품판매업소, 집단급식소	

ISO 22000

1 식품안전경영시스템(ISO 22000) 제도의 정의

① 확장되는 식품의 수입과 수출로 인해 식품의 국가장벽은 점점 없어지는 추세이다. 이에 각국에서 제조되는 식품의 안전성 확보를 위해 국제식품규격위원회(codex), 국제식품안전협회 등이 참여하고 국제 표준화 기구(ISO : International Organization for Standardization)에서 제정한 국제적 인증제도이다.

② 식품이 소비하기에 적절하고 안전한 식품임을 입증하기 위하여 원재료입고에서부터 유통단계까지의 식품제조공정 전 과정의 위해요소를 관리하는 국제표준 시스템이다.

③ 법적 · 제품 · 공정상의 요구사항을 토대로 발생 가능한 리스크를 파악하여 선행요건(PRP) 및 중점관리기준(CCP)을 수립해야 한다. 원료생산에 필요한 농약, 첨가물에서부터 유통단계까지 전 과정에 적용된다.

④ 사업장에서 발생할 수 있는 식품위해요소를 사전에 예방 · 관리하는 자율적인 식품안전관리시스템으로 ISO 22000의 기준에 맞게 위해요소를 예방할 수 있는 기준을 지켜서 제조되었다면 그 제품은 안전하다고 판단된다. 이에 ISO 22000은 단계별 위해요소를 관리하는 능력을 실증하는 데 필요로 하는 시스템을 규정하며 이에 대해 평가를 한다.

▼ ISO 9000(품질경영규격)

- 국가와 조직에 따라 품질보증에 대한 기준이 다르기 때문에, 동일한 기준을 제공하고자 공급자에게 요구되는 품질경영 및 품질보증 국제규격
- 제품 및 서비스와 관련된 제반의 활동에 대한 품질경영인증

② ISO 22000의 8단계

① 적용 범위

② 인용규격

③ 용어 및 정의

④ 식품안전경영시스템 : HACCP의 7원칙 12단계를 포함

⑤ 경영책임

⑥ 자원관리

⑦ 안전한 제품의 기획실현

⑧ 식품안전경영시스템의 타당성 확인, 검증 및 개선

ISO 22000 7항	HACCP
7.3.2	1단계
7.3.3 7.3.5.2	2단계
7.3.4	3단계
7.3.5.1	4단계
7.4	6단계 – 원칙 1
7.6.2	7단계 – 원칙 2
7.6.3	8단계 – 원칙 3
7.6.4	9단계 – 원칙 4
7.6.5	10단계 – 원칙 5
7.8	11단계 – 원칙 6
7.7 및 4.2	12단계 – 원칙 7

식품의 자가품질검사

자가품질검사란 판매를 목적으로 식품을 제조가공하는 자가 제조 및 가공된 제품에 대해 기준 및 규격 이내의 적합 여부를 정기적으로 검사하여 식품의 안전성을 검증하는 것이다. 자가품질검사는 식품위생법 및 식품 등의 자가품질 검사항목 지정 고시를 통해 관리받으며, 식약처가 지정한 시험검사기관에서 유형별로 지정된 주기로 검사를 진행해야 자가품질관리로 인정받을 수 있다.

1 적용대상

식품제조 · 가공업소, 즉석판매제조 · 가공업소에서 제조 · 가공하는 식품(식품제조 · 가공업자가 자신의 제품을 만들기 위해 수입한 반가공 원료식품을 포함한다), 식품첨가물제조업소에서 제조하는 식품첨가물, 용기 · 포장류제조업소에서 제조하는 기구 및 용기 · 포장(식품제조 · 가공업자가 자신의 제품을 만들기 위해 수입한 용기 · 포장을 포함한다)과 수입식품안전관리특별법 제18조에 따른 주문자상표부착수입식품 등

2 자가품질검사 주기

업종	세부항목	주기
식품 제조 · 가공업	과자류, 빵류 또는 떡류(과자, 캔디류, 추잉껌 및 떡류만 해당한다), 코코아가공품류, 초콜릿류, 잼류, 당류, 음료류[다류(茶類) 및 커피류만 해당한다], 절임류 또는 조림류, 수산가공식품류(젓갈류, 건포류, 조미김, 기타 수산물가공품만 해당한다), 두부류 또는 묵류, 주류, 면류, 조미식품(고춧가루, 실고추 및 향신료가공품, 식염만 해당한다), 즉석식품류(만두류, 즉석섭취식품, 즉석조리식품만 해당한다), 장류, 농산가공식품류(전분류, 밀가루, 기타 농산가공식품류 중 곡류가공품, 두류가공품, 서류가공품, 기타 농산가공품만 해당한다), 식용유지가공품(모조치즈, 식물성크림, 기타 식용유지가공품만 해당한다), 동물성가공식품류(추출가공식품만 해당한다), 기타 가공품, 선박에서 통 · 병조림을 제조하는 경우 및 단순가공품(자연산물을 그 원형을 알아볼 수 없도록 분해 · 절단 등의 방법으로 변형시키거나 1차 가공처리한 식품원료를 식품첨가물을 사용하지 아니하고 단순히 서로 혼합만 하여 가공한 제품이거나 이 제품에 식품제조 · 가공업의 허가를 받아 제조 · 포장된 조미식품을 포장된 상태 그대로 첨부한 것을 말한다)만을 가공하는 경우	3개월마다 1회 이상

업종	세부항목	주기
식품 제조 · 가공업	식품제조 · 가공업자가 자신의 제품을 만들기 위하여 수입한 반가공 원료 식품 및 용기 · 포장	6개월마다 1회 이상
	빵류, 식육함유가공품, 알함유가공품, 동물성가공식품류(기타 식육 또는 기타 알제품), 음료류(과일 · 채소류음료, 탄산음료류, 두유류, 발효음료 류, 인삼 · 홍삼음료, 기타 음료만 해당한다, 비가열음료는 제외한다), 식용 유지류(들기름, 추출들깨유만 해당한다)	2개월마다 1회 이상
	위의 규정 외의 식품	1개월마다 1회 이상
	전년도의 조사 · 평가 결과가 만점의 90퍼센트 이상인 식품	6개월마다 1회 이상
	「주세법」 제51조에 따른 검사 결과 적합 판정을 받은 주류	실시하지 않아도 됨
즉석판매 제조 · 가공업	빵류(크림을 위에 바르거나 안에 채워 넣은 것만 해당한다), 당류(설탕류, 포도당, 과당류, 올리고당류만 해당한다), 식육함유가공품, 어육가공품류 (연육, 어묵, 어육소시지 및 기타 어육가공품만 해당한다), 두부류 또는 묵 류, 식용유지류(압착식용유만 해당한다), 특수용도식품, 소스, 음료류(커 피, 과일 · 채소류음료, 탄산음료류, 두유류, 발효음료류, 인삼 · 홍삼음료, 기타 음료만 해당한다), 동물성가공식품류(추출가공식품만 해당한다), 빙 과류, 즉석섭취식품(도시락, 김밥류, 햄버거류 및 샌드위치류만 해당한 다), 즉석조리식품(순대류만 해당한다), 「축산물 위생관리법」 제2조제2호 에 따른 유가공품, 식육가공품 및 알가공품	9개월마다 1회 이상
	별표 15 제2호에 따른 영업을 하는 경우 : 음식판매 자동차	실시하지 않음

식품관련법규

CONTENTS

식품의 기준 및 규격

1 정의

식품위생법에 의하여 판매를 목적으로 하는 식품 또는 첨가물의 제조, 가공, 조리 및 보존의 방법에 관한 기준과 그 식품 또는 첨가물의 성분에 관한 규칙을 정하여 고시할 수 있다고 정하고 있다. 이 근거에 의하여 규정된 식품, 첨가물의 기준 및 규격을 수록한 공전으로 식품의약품안전처에서 제·개정 업무를 수행하고 있다.

2 구성

1. 총칙

식품공전의 수록범위는 아래와 같으며 하기에 해당하는 제품은 식품공전의 적용을 받는다. 다만, 식품 중 식품첨가물의 사용기준은 「식품첨가물의 기준 및 규격」을 우선 적용한다.

① 식품위생법 제7조 제1항의 규정에 따른 식품의 원료에 관한 기준, 식품의 제조·가공·사용·조리 및 보존방법에 관한 기준, 식품의 성분에 관한 규격과 기준·규격에 대한 시험법

②「식품 등의 표시·광고에 관한 법률」 제4조 제1항의 규정에 따른 식품·식품첨가물 또는 축산물과 기구 또는 용기·포장 및 「식품위생법」 제12조의2 제1항에 따른 유전자변형 식품 등의 표시기준

③ 축산물 위생관리법 제4조 제2항의 규정에 따른 축산물의 가공·포장·보존 및 유통의 방법에 관한 기준, 축산물의 성분에 관한 규격, 축산물의 위생등급에 관한 기준

2. 식품 일반에 대한 공통기준 및 규격

식품에 사용되는 원료의 기준, 제조·가공기준과 식품 일반의 기준 및 규격에 대해서 기술한다. 식품일반의 기준의 경우, 식품이라면 일반적으로 준수해야 할 이물과 위생지표균 및 식중독균에 대한 기준규격이 포함된다. 식품일반에 대한 공통기준과 장기보존식품의 기준 식품별 기준 규격과 동시에 적용하여야 한다.

3. 영·유아를 섭취대상으로 표시하여 판매하는 식품의 기준 및 규격

"영·유아를 섭취대상으로 표시하여 판매하는 식품"이란 '제5. 식품별 기준 및 규격'의 1. 과자류, 빵류 또는 떡류~22. 즉석 식품류에 해당하는 식품(다만, 특수용도 식품 제외) 중 영아 또는 유아를 섭취대상으로 표시하여 판매하는 식품으로서, 그대로 또는 다른 식품과 혼합하여 바로 섭취하거나 가열 등 간단한 조리과정을 거쳐 섭취하는 식품을 말한다.

4. 장기보존 식품의 기준 및 규격

장기보전을 목적으로 한 식품의 기준 및 규격을 기술한다.

① "통·병조림 식품"이라 함은 식품을 통 또는 병에 넣어 탈기와 밀봉 및 살균 또는 멸균한 것을 말한다.

② "레토르트(retort)식품"이라 함은 단층 플라스틱 필름이나 금속박 또는 이를 여러 층으로 접착하여, 파우치와 기타 모양으로 성형한 용기에 제조·가공 또는 조리한 식품을 충전하고 밀봉하여 가열살균 또는 멸균한 것을 말한다.

③ "냉동식품"이란 제조·가공 또는 조리한 식품을 장기 보존할 목적으로 냉동처리, 냉동 보관하는 것으로서 용기·포장에 넣은 식품을 말한다. 가열하지 않고 섭취하는 냉동식품과 가열하여 섭취하는 냉동식품이 포함된다.

5. 식품별 기준 및 규격

23개의 식품유형에 대한 개별 기준 및 규격을 기술한다. 각 식품유형에 대한 정의와 원료구비조건, 제조·가공기준, 유형별 기준규격과 이에 따른 시험방법 등을 기술한다.

- 과자류, 빵류 또는 떡류
- 빙과류
- 코코아가공품류 또는 초콜릿류
- 당류
- 잼류
- 두부류 또는 묵류
- 식용유지류
- 면류
- 음료류

- 특수용도 식품
- 장류
- 조미식품
- 절임류 또는 조림류
- 주류
- 농산가공식품류
- 식육가공품 및 포장육
- 알가공품류
- 유가공품
- 수산가공식품류
- 동물성 가공식품류
- 벌꿀 및 화분가공품류
- 즉석식품류
- 기타식품류

6. 식품접객업소(집단급식소 포함)의 조리식품 등에 대한 기준 및 규격

'식품접객업소(집단급식소 포함)의 조리식품'이란 유통판매를 목적으로 하지 아니하고 조리 등의 방법으로 손님에게 직접 제공하는 모든 음식물(음료수, 생맥주 등 포함)을 말한다. '식품별 기준 및 규격'과 동일하거나 유사한 품목의 경우 「식품첨가물의 기준 및 규격」을 적용할 수 있다. 식품접객업소에서 사용 가능한 원료의 기준, 조리 및 관리기준, 조리 식품 · 접객용 음용수 · 조리기구등의 기준에 대해서 기술한다.

7. 검체의 채취 및 취급방법

검사대상의 분석 진행을 위해 일부의 검체를 채취할 때의 검체채취의 일반원칙 및 취급요령에 대해서 다룬다. 검체의 채취 시에는 제품의 원상태를 그대로 유지하여 변질이 일어나지 않도록 실험실까지 운반하는 것을 원칙으로 한다.

8. 별표

- [별표 1] "식품에 사용할 수 있는 원료"의 목록
- [별표 2] "식품에 제한적으로 사용할 수 있는 원료"의 목록
- [별표 3] "한시적 기준 · 규격에서 전환된 원료"의 목록
- [별표 4] 농산물의 농약 잔류허용기준
- [별표 5] 식품 중 동물용 의약품의 잔류허용기준
- [별표 6] 축 · 수산물의 잔류물질 잔류허용기준
- [별표 7] 식품 중 농약 및 동물용 의약품의 잔류허용기준설정 지침

CHAPTER 02

식품첨가물의 기준 및 규격

1 정의

「식품위생법」제7조 제1항에 따른 식품첨가물의 제조ㆍ가공ㆍ사용ㆍ보존 방법에 관한 기준과 성분에 관한 규격을 정함으로써 식품첨가물의 안전한 품질을 확보하고, 식품에 안전하게 사용하도록 하여 국민 보건에 이바지함을 목적으로 한다.

2 구성

① 총칙 : 공전에서 사용되는 용어의 정의 및 중량ㆍ용적 및 온도, 시험에 대한 규정

▼ 식품첨가물 용어의 정의(식품첨가물의 기준 및 규격 제2021-94호)

용어	정의
가공보조제	식품의 제조 과정에서 기술적 목적을 달성하기 위하여 의도적으로 사용되고 최종 제품 완성 전 분해, 제거되어 잔류하지 않거나 비의도적으로 미량 잔류할 수 있는 식품첨가물
감미료	식품에 단맛을 부여하는 식품첨가물
고결방지제	식품의 입자 등이 서로 부착되어 고형화 되는 것을 감소시키는 식품첨가물
거품제거제	식품의 거품 생성을 방지하거나 감소시키는 식품첨가물
껌기초제	적당한 점성과 탄력성을 갖는 비영양성의 씹는 물질로서 껌 제조의 기초 원료가 되는 식품첨가물
밀가루개량제	밀가루나 반죽에 첨가되어 제빵 품질이나 색을 증진시키는 식품첨가물
발색제	식품의 색을 안정화시키거나, 유지 또는 강화시키는 식품첨가물
보존료	미생물에 의한 품질 저하를 방지하여 식품의 보존기간을 연장시키는 식품첨가물
분사제	용기에서 식품을 방출시키는 가스 식품첨가물
산도조절제	식품의 산도 또는 알칼리도를 조절하는 식품첨가물
산화방지제	산화에 의한 식품의 품질 저하를 방지하는 식품첨가물
살균제	식품 표면의 미생물을 단시간 내에 사멸시키는 작용을 하는 식품첨가물
습윤제	식품이 건조되는 것을 방지하는 식품첨가물

용어	정의
안정제	두 가지 또는 그 이상의 성분을 일정한 분산 형태로 유지시키는 식품첨가물
여과보조제	불순물 또는 미세한 입자를 흡착하여 제거하기 위해 사용되는 식품첨가물
영양강화제	식품의 영양학적 품질을 유지하기 위해 제조공정 중 손실된 영양소를 복원하거나, 영양소를 강화시키는 식품첨가물
유화제	물과 기름 등 섞이지 않는 두 가지 또는 그 이상의 상(phases)을 균질하게 섞어주거나 유지시키는 식품첨가물
이형제	식품의 형태를 유지하기 위해 원료가 용기에 붙는 것을 방지하여 분리하기 쉽도록 하는 식품첨가물
응고제	식품 성분을 결착 또는 응고시키거나, 과일 및 채소류의 조직을 단단하거나 바삭하게 유지시키는 식품첨가물
제조용제	식품의 제조 · 가공 시 촉매, 침전, 분해, 청징 등의 역할을 하는 보조제 식품첨가물
젤형성제	젤을 형성하여 식품에 물성을 부여하는 식품첨가물
증점제	식품의 점도를 증가시키는 식품첨가물
착색료	식품에 색을 부여하거나 복원시키는 식품첨가물
청관제	식품에 직접 접촉하는 스팀을 생산하는 보일러 내부의 결석, 물때 형성, 부식 등을 방지하기 위하여 투입하는 식품첨가물
추출용제	유용한 성분 등을 추출하거나 용해시키는 식품첨가물
충전제	산화나 부패로부터 식품을 보호하기 위해 식품의 제조 시 포장 용기에 의도적으로 주입시키는 가스 식품첨가물
팽창제	가스를 방출하여 반죽의 부피를 증가시키는 식품첨가물
표백제	식품의 색을 제거하기 위해 사용되는 식품첨가물
표면처리제	식품의 표면을 매끄럽게 하거나 정돈하기 위해 사용되는 식품첨가물
피막제	식품의 표면에 광택을 내거나 보호막을 형성하는 식품첨가물
향미증진제	식품의 맛 또는 향미를 증진시키는 식품첨가물
향료	식품에 특유한 향을 부여하거나 제조공정 중 손실된 식품 본래의 향을 보강시키는 식품첨가물
효소제	특정한 생화학 반응의 촉매 작용을 하는 식품첨가물

② 식품첨가물 및 혼합제제류
- 제조기준
  - 식품 원료와 동일한 방법으로 취급되어야 하며, 제조된 첨가물은 첨가물공전에서 제시하는 개별 성분규격에 적합하여야 한다.
  - 제조 또는 가공에 필요불가결한 경우 이외에는 산성백토, 백도토, 벤토나이트, 탤크, 모래, 규조토, 탄산마그네슘 또는 이와 유사한 불용성의 광물성 물질을 사용하여서는 아니 된다.
  - 사용되는 용수는 「먹는물 관리법」에 따른 수질기준에 적합해야 한다.
  - 혼합제제를 제조 시 사용되는 희석제는 전분, 소맥분, 포도당, 설탕과 그 밖에 일반적으로 식품성분으로 인정되어야 한다.
- 일반사용기준
  첨가되는 첨가물의 양은 물리적, 영양학적 또는 기타 기술적 효과를 달성하는 최소량을 사용해야 한다.
- 보존 및 유통기준
  - 식품첨가물은 위생적으로 보관 · 판매하여야 하며, 방서 및 방충 관리를 철저히 하여야 한다.
  - 인체에 유해한 화공약품, 농약, 독극물 등과 함께 보관하면 안 된다.
- 품목별 성분규격
- 품목별 사용기준(식품첨가물)
  품목별 사용기준(혼합제제류)
  품목별 사용기준(조제유류 등)

③ 기구 등의 살균소독제
- 제조기준
  - 허용된 살균 · 소독제 외에 우리나라에서 식품첨가물이거나 식품원료로 인정된 경우에는 살균 · 소독제로 사용이 가능하다.
  - 허용된 살균 · 소독제 : 과산화수소, 과산화옥탄산, 과산화초산, 구연산, 메틸렌블루, 붕산나트륨, 브롬화칼륨, 산화마그네슘, 암모늄, 염화암모늄, 옥탄산, 요오드, 요오드나트륨, 요오드칼륨, 이산화염소, 인산나트륨, 젖산, 질산, 차아염소산, 차아염소산나트륨, 차아염소산리튬, 차아염소산칼륨, 차아염소산칼슘, 프로피온산, 황산 포함 총 94종

- 일반사용기준

  기구 등의 살균 · 소독제는 유해 미생물에 대해 살균 · 소독 작용을 하는 유효성분을 함유하여야 한다.

- 보존 및 유통기준
- 품목별 성분규격
- 품목별 사용기준

건강기능식품의 기준 및 규격

1 정의

판매를 목적으로 하는 건강기능식품의 제조 · 가공, 생산, 수입, 유통 및 보존 등에 관한 기준 및 규격을 정하는 것에 목적을 두었다. 건강기능식품에 사용되는 원료와 제품의 기준 및 규격을 정함으로써 표준화된 건강기능식품의 유통을 도모하고 소비자 안전을 확보하고자 하였다.

2 구성

1. 총칙

공전의 구성, 기능성 원료의 안전성 · 기능성 평가 및 기준 · 규격 설정 방법, 제품의 정의
① 제품의 구분
  • 제품의 형태에 따라 정제(tablet), 캡슐(capsule), 환(pill), 과립(granule) 등으로 구분된다.
  • 붕해특성에 따라 위(胃)의 산성조건에서 붕해되지 않고 장(腸)에서 붕해되는 특성을 가진 제품을 장용성(Delayed release) 제품이라 한다.
② 원료별 기준 및 규격의 추가 등재
  「건강기능식품 기능성 원료 및 기준 · 규격 인정에 관한 규정」에 따라 인정된 기능성 원료는 인정받은 일로부터 6년이 경과하고, 품목제조신고 50건 이상인 경우는 「건강기능식품의 기준 및 규격」에 추가로 등재할 수 있다.

2. 공통 기준 및 규격

① 건강기능식품의 제조에 사용되는 원료
  • 기능성원료 : 동물 · 식물 · 미생물 · 물(水) 등 기원의 원재료를 그대로 가공한 것 및 그의 추출 · 정제 · 합성 · 복합물
  • 기타 원료 : 「식품의 기준 및 규격」, 식품첨가물의 기준 및 규격」에 적합한 것

② 공통제조기준 : 건강기능식품의 조사처리기준, 첨가물 사용기준 등

▼ 허용대상 건강기능식품별 흡수선량

허용대상	조사목적	흡수선량
알로에분말제품	살균	
인삼제품, 홍삼제품	살균	7 kGy 이하
클로렐라제품, 스피루리나제품	살균	

③ 건강기능식품의 기준 및 규격 적용

적용대상	예외조항
정제제품, 캡슐제품, 환제품, 과립제품, 필름제품에 한하여 붕해시험규격을 적용하며, 시험법은 이 공전 제4. 2-1 붕해시험법을 따른다.	(가) 씹어 먹거나 녹여 먹는 경우 (나) 35호(500μm)체에 잔류하는 것이 5% 이하인 과립제품
• 액상제품에 한하여 세균수 규격(1mL당 100 이하)을 적용하며, 시험법은 「식품의 기준 및 규격」 제8. 일반시험법 4. 미생물시험법 4.5.1 일반세균수를 따른다. • 개별기준 및 규격에서 정하고 있지 않은 기능성 원료의 중금속 기준은 납 1.0mg/kg 이하, 카드뮴은 0.3mg/kg 이하이다.	(가) 프로바이오틱스를 기능성 원료로 사용한 제품 (나) 유(油)상인 제품 (다) 멸균공정을 거친 제품(이 경우 세균수의 기준은 음성으로 한다)

④ 기준 및 규격의 적부 판정

「식품의 기준 및 규격」, 「식품첨가물의 기준 및 규격」의 규정을 준용하며, 관련 공전에서도 기준 및 규격이 없는 경우에는 국제식품규격위원회(Codex Alimentarius Commission, CAC 이하 "CAC") 규정을 준용

⑤ 보존 및 유통기준

⑥ 검체의 채취 및 취급

▼ 검체채취결정표

검사대상 크기(kg)	검체채취 지점수	시험 검체수
～500 미만	2	1
500 이상～2,000 미만	3	1
2,000 이상～10,000 미만	5	1
10,000 이상～	8(4×2)	2

※ 10,000kg 이상인 검사대상의 경우에는 4곳 이상에서 채취·혼합하여 1개로 하는 방법으로 총 2개의 검체를 채취한다.

3. 개별 기준 및 규격

① 영양성분

비타민과 무기질 제품은 일상식사에서 부족할 수 있는 비타민과 무기질을 보충하는 것이 목적이 되어서는 아니 된다.

▼ **개별기준규격이 존재하는 영양성분(28개)**

비타민 A, 베타카로틴, 비타민 D, 비타민 E, 비타민 K, 비타민 B_1, 비타민 B_2, 나이아신, 판토텐산, 비타민 B_6, 엽산, 비타민 B_{12}, 비오틴, 비타민 C, 칼슘, 마그네슘, 철, 아연, 구리, 셀레늄(또는 셀렌), 요오드, 망간, 몰리브덴, 칼륨, 크롬, 식이섬유, 단백질, 필수지방산

② 기능성 원료

▼ **정의**

(1) "기능성 원료"라 함은 건강기능식품의 제조에 사용되는 기능성을 가진 물질로서 다음 각 호에 해당되어야 한다.
  (가) 동물·식물·미생물·물(水) 등 기원의 원재료를 그대로 가공한 것
  (나) (가)의 추출물·정제물
  (다) (나) 정제물의 합성물
  (라) (가)부터 (다)까지의 복합물
(2) 기능성 원료의 범위는 다음과 같다.
  (가) 이 공전의 개별 기준 및 규격에서 정한 것
  (나) 「건강기능식품에 관한 법률」 제15조와 「건강기능식품 기능성 원료 및 기준·규격 인정에 관한 규정」에 따라 인정된 것
     다만, 이 경우는 인정서가 발급된 자에 한하여 사용할 수 있음

▼ **개별기준규격이 존재하는 기능성 원료(68개)**

원료	기능
인삼	면역력 증진·피로개선·뼈 건강
홍삼	면역력 증진·피로개선·혈소판 응집억제를 통한 혈액흐름·기억력 개선·항산화·갱년기 여성의 건강
엽록소 함유 식물	피부건강·항산화
클로렐라	피부건강·항산화·면역력 증진·혈중 콜레스테롤 개선
스피루리나	피부건강·항산화·혈중 콜레스테롤 개선
녹차 추출물	항산화·체지방 감소·혈중 콜레스테롤 개선
알로에 전잎	배변활동 원활

원료	기능
프로폴리스 추출물	항산화 · 구강에서의 항균작용
코엔자임Q10	항산화 · 높은 혈압 감소
대두이소플라본	뼈 건강
구아바잎 추출물	식후 혈당상승 억제
바나바잎 추출물	식후 혈당상승 억제
은행잎 추출물	기억력 개선 · 혈행개선
밀크시슬(카르두스 마리아누스) 추출물	간 건강
달맞이꽃종자 추출물	식후 혈당상승 억제
EPA 및 DHA 함유 유지	혈중 중성지질 개선 · 혈행 개선 · 기억력 개선 · 건조한 눈을 개선하여 눈 건강
감마리놀렌산 함유 유지	혈중 콜레스테롤 개선 · 혈행 개선 · 월경 전 변화에 의한 불편한 상태 개선 · 면역과민반응에 의한 피부상태 개선
레시틴	혈중 콜레스테롤 개선
스쿠알렌	항산화
식물스테롤/식물스테롤에스테르	혈중 콜레스테롤 개선
알콕시글리세롤 함유 상어간유	면역력 증진
옥타코사놀 함유 유지	지구력 증진
매실 추출물	피로 개선
공액리놀레산	과체중인 성인의 체지방 감소
가르시니아캄보지아 추출물	탄수화물이 지방으로 합성되는 것을 억제하여 체지방 감소
마리골드꽃 추출물	노화로 인해 감소될 수 있는 황반색소밀도를 유지하여 눈 건강에 도움
헤마토코커스 추출물	눈의 피로도 개선에 도움
소팔메토 열매 추출물	전립선 건강의 유지에 도움
포스파티딜세린	노화로 인해 저하된 인지력 개선 · 자외선에 의한 피부 손상으로부터 피부 건강 유지 · 피부 보습에 도움
글루코사민	관절 및 연골 건강에 도움
NAG(엔에이지, N − 아세틸글루코사민, N − Acetylglucosamine)	관절 및 연골 건강 · 피부 보습
무코다당 · 단백	관절 및 연골 건강에 도움
구아검/구아검가수분해물	혈중 콜레스테롤 개선 · 식후 혈당상승 억제 · 장내 유익균 증식 · 배변활동 원활에 도움
글루코만난(곤약, 곤약만난)	혈중 콜레스테롤 개선 · 배변활동 원활에 도움
귀리식이섬유	혈중 콜레스테롤 개선 · 식후 혈당상승 억제
난소화성말토덱스트린	식후 혈당상승 억제 · 혈중 중성지질 개선 · 배변활동 원활

원료	기능
대두식이섬유	혈중 콜레스테롤 개선 · 식후 혈당상승 억제 · 배변활동 원활
목이버섯식이섬유	배변활동 원활
밀식이섬유	식후 혈당상승 억제 · 배변활동 원활
보리식이섬유	배변활동 원활
아라비아검(아카시아검)	배변활동 원활
옥수수겨식이섬유	혈중 콜레스테롤 개선 · 식후 혈당상승 억제
이눌린/치커리 추출물	혈중 콜레스테롤 개선 · 식후 혈당상승 억제 · 배변활동 원활
차전자피식이섬유	혈중 콜레스테롤 개선 · 배변활동 원활
폴리덱스트로스	배변활동 원활
호로파종자식이섬유	식후 혈당상승 억제
알로에 겔	피부건강 · 장 건강 · 면역력 증진
영지버섯자실체 추출물	혈행 개선
키토산/키토올리고당	혈중 콜레스테롤 개선 · 체지방 감소
프락토올리고당	장내 유익균 증식 및 배변활동 원활
프로바이오틱스	유산균 증식 및 유해균 억제 · 배변활동 원활 · 장 건강
홍국	혈중 콜레스테롤 개선
대두단백	혈중 콜레스테롤 개선
테아닌	스트레스로 인한 긴장 완화
엠에스엠(MSM, Methyl SulfonylMethane, 디메틸설폰)	관절 및 연골 건강
폴리감마글루탐산	체내 칼슘 흡수 촉진
히알루론산	피부 보습 · 자외선에 의한 피부 손상으로부터 피부 건강 유지
홍경천 추출물	스트레스로 인한 피로 개선
빌베리 추출물	눈의 피로 개선
마늘	혈중 콜레스테롤 개선
라피노스	장내 유익균의 증식과 유해균 억제에 도움 · 배변활동에 도움
분말한천	배변활동 원활
크레아틴	근력 운동 시에 운동 수행 능력 향상
유단백가수분해물	스트레스로 인한 긴장 완화
상황버섯 추출물	면역기능 개선
토마토 추출물	항산화
곤약감자 추출물	피부 보습
회화나무열매 추출물	갱년기 여성의 건강

4. 건강기능식품 시험법

① 시료채취방법
- 미생물 및 부정물질 : 캡슐은 외피를 포함하여 시험의 시료로 사용한다.
- 미생물 및 부정물질을 제외한 규격항목
  - 캡슐은 외피를 제거하고 내용량을 취하여 균질화시킨 후 시험의 시료로 사용한다.
  - 과립, 정제 및 환은 분쇄하여 균질화시킨 후 시험의 시료로 사용한다.
  - 분말 및 액상은 균질화시킨 후 시험의 시료로 사용한다.
② 붕해시험법 : 해당되는 건강기능식품이 물이나 액상에서 반복된 움직임에 의하여 시료가 녹는 시간을 측정하는 방법이다. 정제제품, 환제품, 캡슐제품, 과립제품, 장용성 제품은 붕해시험에 적합해야 한다.
- 시료는 6개를 취하여 1분간 29~32회 왕복, 진폭 53~57 mm로 상하운동을 하며 시험액의 온도는 37±2℃의 시험기내의 유리관에 넣는다.
- 제품의 형태에 따라 약 20~60분간 상하운동을 한다.
  (정제제품 30분, 환제품 60분, 캡슐제품 20분, 과립제품 60분 등)
- 시험기를 시험액에서 꺼내고 유리관 내의 시료상태를 관찰하였을 때, 제품의 형태에 따라 약간의 물질이 남아있거나 잔류물이 없을 때에 적합한 것으로 본다.

식품 표시 · 광고에 관한 법률

■ 정의

식품, 축산물, 식품첨가물, 기구 또는 용기 · 포장의 표시기준에 관한 사항 및 영양성분 표시대상 식품의 영양표시에 관하여 필요한 사항을 규정함으로써 위생적인 취급을 도모하고 소비자에게 정확한 정보를 제공하며 공정한 거래질서를 확립하고자 한다.

② 식품 등의 공통 표시기준

식품, 기구 또는 용기 · 포장, 건강기능식품에 표시해야 하는 사항

① 식품, 식품첨가물 또는 축산물
- 제품명, 내용량 및 원재료명
- 영업소 명칭 및 소재지
- 소비자 안전을 위한 주의사항
- 제조연월일, 유통기한 또는 품질유지기한
- 그 밖에 소비자에게 해당 식품, 식품첨가물 또는 축산물에 관한 정보를 제공하기 위하여 필요한 사항으로서 총리령으로 정하는 사항
② 기구 또는 용기 · 포장
- 재질
- 영업소 명칭 및 소재지
- 소비자 안전을 위한 주의사항
- 그 밖에 소비자에게 해당 기구 또는 용기 · 포장에 관한 정보를 제공하기 위하여 필요한 사항으로서 총리령으로 정하는 사항
③ 건강기능식품
- 제품명, 내용량 및 원료명
- 영업소 명칭 및 소재지
- 유통기한 및 보관방법
- 섭취량, 섭취방법 및 섭취 시 주의사항

- 건강기능식품이라는 문자 또는 건강기능식품임을 나타내는 도안
- 질병의 예방 및 치료를 위한 의약품이 아니라는 내용의 표현

▼ 용어의 정의

용어	정의
제조연월일	포장을 제외한 더 이상의 제조나 가공이 필요하지 아니한 시점
유통기한	제품의 제조일로부터 소비자에게 판매가 허용되는 기한
품질유지기한	식품의 특성에 맞는 적절한 보존방법이나 기준에 따라 보관할 경우 해당식품 고유의 품질이 유지될 수 있는 기한
원재료	식품 또는 식품첨가물의 처리·제조·가공 또는 조리에 사용되는 물질로서 최종제품 내에 들어있는 것
성분	제품에 따로 첨가한 영양성분 또는 비영양성분이거나 원재료를 구성하는 단일물질로서 최종제품에 함유되어 있는 것
영양성분	식품에 함유된 성분으로서 에너지를 공급하거나 신체의 성장, 발달, 유지에 필요한 것 또는 결핍 시 특별한 생화학적, 생리적 변화가 일어나게 하는 것
당류	식품 내에 존재하는 모든 단당류와 이당류의 합
트랜스지방	트랜스구조를 1개 이상 가지고 있는 비공액형의 모든 불포화지방
1회 섭취참고량	만 3세 이상 소비계층이 통상적으로 소비하는 식품별 1회 섭취량과 시장조사 결과 등을 바탕으로 설정한 값
영양강조표시	제품에 함유된 영양성분의 함유사실 또는 함유정도를 "무", "저", "고", "강화", "첨가", "감소" 등의 특정한 용어를 사용하여 표시하는 것 • "영양성분 함량강조표시" : 영양성분의 함유사실 또는 함유정도를 "무○○", "저○○", "고○○", "○○함유" 등과 같은 표현으로 그 영양성분의 함량을 강조하여 표시하는 것 • "영양성분 비교강조표시" : 영양성분의 함유사실 또는 함유정도를 "덜", "더", "강화", "첨가" 등과 같은 표현으로 같은 유형의 제품과 비교하여 표시하는 것
1일 영양성분 기준치	소비자가 하루의 식사 중 해당식품이 차지하는 영양적 가치를 보다 잘 이해하고, 식품 간의 영양성분을 쉽게 비교할 수 있도록 식품표시에서 사용하는 영양성분의 평균적인 1일 섭취 기준량
주표시면	용기·포장의 표시면 중 상표, 로고 등이 인쇄되어 있어 소비자가 식품 또는 식품첨가물을 구매할 때 통상적으로 소비자에게 보여지는 면으로서 도 1에 따른 면
정보표시면	용기·포장의 표시면 중 소비자가 쉽게 알아 볼 수 있도록 표시사항을 모아서 표시하는 면
복합원재료	2종류 이상의 원재료 또는 성분으로 제조·가공하여 다른 식품의 원료로 사용되는 것으로서 행정관청에 품목제조 보고되거나 수입신고된 식품

용어	정의
통 · 병조림식품	통 또는 병에 넣어 탈기와 밀봉 및 살균 또는 멸균한 것
레토르트(retort) 식품	단층플라스틱필름이나 금속박 또는 이를 여러 층으로 접착하여 파우치와 기타 모양으로 성형한 용기에 제조 · 가공 또는 조리한 식품을 충전하고 밀봉하여 가열살균 또는 멸균한 것
냉동식품	제조 · 가공 또는 조리한 식품을 장기 보존할 목적으로 냉동처리, 냉동보관 하는 것으로서 용기 · 포장에 넣은 식품
품목보고번호	「식품위생법」 제37조에 따라 제조 · 가공업 영업자 또는 「축산물 위생관리법」 제25조에 따라 축산물가공업, 식육포장처리업 영업자가 관할기관에 품목제조를 보고할 때 부여되는 번호
표시사항	제품명, 식품유형, 영업소(장)의 명칭(상호) 및 소재지, 제조연월일, 유통기한 또는 품질유지기한, 내용량 및 내용량에 해당하는 열량, 원재료명, 성분명 및 함량, 영양성분 등 Ⅲ. 개별표시사항 및 표시기준에서 식품 등에 표시하도록 규정한 사항
기계발골육	살코기를 발라내고 남은 뼈에 붙은 살코기를 기계를 이용하여 분리한 식육
산란일	닭이 알을 낳은 날
얼음막	수산물을 동결하는 과정에서 수산물의 표면에 얼음으로 막을 씌우는 것
포인트	한국산업표준 KS A 0201(활자의 기준 치수)이 정하는 바에 따라 활자의 크기를 표시하는 단위

③ 부당한 표시 또는 광고행위의 금지

식품의 명칭 · 제조방법 · 성분 등에 대하여 다음과 같은 광고를 해서는 안 된다.
- 질병의 예방 · 치료에 효능이 있는 것으로 인식할 우려가 있는 표시 또는 광고
- 식품 등을 의약품으로 인식할 우려가 있는 표시 또는 광고
- 건강기능식품이 아닌 것을 건강기능식품으로 인식할 우려가 있는 표시 또는 광고
- 거짓 · 과장된 표시 또는 광고
- 소비자를 기만하는 표시 또는 광고
- 다른 업체나 다른 업체의 제품을 비방하는 표시 또는 광고
- 객관적인 근거 없이 자기 또는 자기의 식품 등을 다른 영업자나 다른 영업자의 식품등과 부당하게 비교하는 표시 또는 광고

- 사행심을 조장하거나 음란한 표현을 사용하여 공중도덕이나 사회윤리를 현저하게 침해하는 표시 또는 광고
- 제10조 제1항에 따라 심의를 받지 아니하거나 같은 조 제4항을 위반하여 심의 결과에 따르지 아니한 표시 또는 광고

4 소비자 안전을 위한 주의사항

식품, 식품첨가물 또는 축산물, 기구 또는 용기 · 포장의 표시에 필수적으로 들어가야 하는 안전에 관한 주의사항

▼ 기구 또는 용기 · 포장

식품 등의 표시 · 광고에 관한 법률 시행규칙 [별표 2]

소비자 안전을 위한 표시사항(제5조 제1항 관련)

Ⅰ. 공통사항

1. 알레르기 유발물질 표시
   식품 등에 알레르기를 유발할 수 있는 원재료가 포함된 경우 그 원재료명을 표시해야 하며, 알레르기 유발물질, 표시 대상 및 표시방법은 다음 각 목과 같다.
   가. 알레르기 유발물질
      알류(가금류만 해당한다), 우유, 메밀, 땅콩, 대두, 밀, 고등어, 게, 새우, 돼지고기, 복숭아, 토마토, 아황산류(이를 첨가하여 최종 제품에 이산화황이 1킬로그램당 10밀리그램 이상 함유된 경우만 해당한다), 호두, 닭고기, 쇠고기, 오징어, 조개류(굴, 전복, 홍합을 포함한다), 잣
   나. 표시 대상
      1) 가목의 알레르기 유발물질을 원재료로 사용한 식품 등
      2) 1)의 식품 등으로부터 추출 등의 방법으로 얻은 성분을 원재료로 사용한 식품 등
      3) 1) 및 2)를 함유한 식품 등을 원재료로 사용한 식품 등
   다. 표시방법
      원재료명 표시란 근처에 바탕색과 구분되도록 알레르기 표시란을 마련하고, 제품에 함유된 알레르기 유발물질의 양과 관계없이 원재료로 사용된 모든 알레르기 유발물질을 표시해야 한다. 다만, 단일 원재료로 제조 · 가공한 식품이나 포장육 및 수입 식육의 제품명이 알레르기 표시 대상 원재료명과 동일한 경우에는 알레르기 유발물질 표시를 생략할 수 있다.

(예시)

달걀, 우유, 새우, 이산화황, 조개류(굴) 함유

2. 혼입(混入)될 우려가 있는 알레르기 유발물질 표시

알레르기 유발물질을 사용한 제품과 사용하지 않은 제품을 같은 제조 과정(작업자, 기구, 제조라인, 원재료보관 등 모든 제조과정을 포함한다)을 통해 생산하여 불가피하게 혼입될 우려가 있는 경우 "이 제품은 알레르기 발생 가능성이 있는 메밀을 사용한 제품과 같은 제조 시설에서 제조하고 있습니다", "메밀 혼입 가능성 있음", "메밀 혼입 가능" 등의 주의사항 문구를 표시해야 한다. 다만, 제품의 원재료가 제1호 가목에 따른 알레르기 유발물질인 경우에는 표시하지 않는다.

3. 무(無) 글루텐의 표시

다음 각 목의 어느 하나에 해당하는 경우 "무 글루텐"의 표시를 할 수 있다.

가. 밀, 호밀, 보리, 귀리 또는 이들의 교배종을 원재료로 사용하지 않고 총 글루텐 함량이 1킬로그램당 20밀리그램 이하인 식품 등

나. 밀, 호밀, 보리, 귀리 또는 이들의 교배종에서 글루텐을 제거한 원재료를 사용하여 총 글루텐 함량이 1킬로그램당 20밀리그램 이하인 식품 등

Ⅱ. 식품 등의 주의사항 표시

1. 식품, 축산물

가. 냉동제품에는 "이미 냉동되었으니 해동 후 다시 냉동하지 마십시오" 등의 표시를 해야 한다.

나. 과일 · 채소류 음료, 우유류 등 개봉 후 부패 · 변질될 우려가 높은 제품에는 "개봉 후 냉장보관 하거나 빨리 드시기 바랍니다" 등의 표시를 해야 한다.

다. "음주전후, 숙취해소" 등의 표시를 하는 제품에는 "과다한 음주는 건강을 해칩니다" 등의 표시를 해야 한다.

라. 아스파탐(aspatame, 감미료)을 첨가 사용한 제품에는 "페닐알라닌 함유"라는 내용을 표시해야 한다.

마. 당알코올류를 주요 원재료로 사용한 제품에는 해당 당알코올의 종류 및 함량이나 "과량 섭취 시 설사를 일으킬 수 있습니다" 등의 표시를 해야 한다.

바. 별도 포장하여 넣은 신선도 유지제에는 "습기방지제", "습기제거제" 등 소비자가 그 용도를 쉽게 알 수 있게 표시하고, "먹어서는 안 됩니다" 등의 주의문구도 함께 표시해야 한다. 다만, 정보 표시면(용기 · 포장의 표시면 중 소비자가 쉽게 알아볼 수 있게 표시사항을 모아서 표시하는 면을 말한다. 이하 같다) 등에 표시하기 어려운 경우에는 신선도 유지제에 직접 표시할 수 있다.

사. 식품 및 축산물에 대한 불만이나 소비자의 피해가 있는 경우에는 신속하게 신고할 수 있도록 "부정 · 불량식품 신고는 국번 없이 1399" 등의 표시를 해야 한다.

아. 카페인을 1밀리리터당 0.15밀리그램 이상 함유한 액체 제품에는 "어린이, 임산부, 카페인 민감자는 섭취에 주의해 주시기 바랍니다" 등의 문구를 표시하고, 주표시면(용기 · 포장의 표시면 중 상표, 로고 등이 인쇄되어 있어 소비자가 식품 등을 구매할 때 통상적으로 보이는 면을 말한

다. 이하 같다)에 "고카페인 함유"와 "총카페인 함량 ○○○밀리그램"을 표시해야 한다. 이 경우 카페인 허용오차는 표시량의 90퍼센트 이상 110퍼센트 이하[커피, 다류(茶類), 커피 및 다류를 원료로 한 액체 축산물은 120퍼센트 미만]로 한다.

자. 보존성을 증진시키기 위해 용기 또는 포장 등에 질소가스 등을 충전한 경우에는 "질소가스 충전" 등으로 그 사실을 표시해야 한다.

차. 원터치캔(한 번 조작으로 열리는 캔) 통조림 제품에는 "캔 절단 부분이 날카로우므로 개봉, 보관 및 폐기 시 주의하십시오" 등의 표시를 해야 한다.

카. 아마씨(아마씨유는 제외한다)를 원재료로 사용한 제품에는 "아마씨를 섭취할 때에는 일일섭취량이 16그램을 초과하지 않아야 하며, 1회 섭취량은 4그램을 초과하지 않도록 주의하십시오" 등의 표시를 해야 한다.

2. 식품첨가물

수산화암모늄, 초산, 빙초산, 염산, 황산, 수산화나트륨, 수산화칼륨, 차아염소산나트륨, 차아염소산칼슘, 액체 질소, 액체 이산화탄소, 드라이아이스, 아산화질소에는 "어린이 등의 손에 닿지 않는 곳에 보관하십시오", "직접 먹거나 마시지 마십시오", "눈·피부에 닿거나 마실 경우 인체에 치명적인 손상을 입힐 수 있습니다" 등의 취급상 주의문구를 표시해야 한다.

3. 기구 또는 용기·포장

가. 식품포장용 랩을 사용할 때에는 섭씨 100도를 초과하지 않은 상태에서만 사용하도록 표시해야 한다.

나. 식품포장용 랩은 지방성분이 많은 식품 및 주류에는 직접 접촉되지 않게 사용하도록 표시해야 한다.

다. 유리제 가열조리용 기구에는 "표시된 사용 용도 외에는 사용하지 마십시오" 등을 표시하고, 가열조리용이 아닌 유리제 기구에는 "가열조리용으로 사용하지 마십시오" 등의 표시를 해야 한다.

4. 건강기능식품

가. "음주전후, 숙취해소" 등의 표시를 하려는 경우에는 "과다한 음주는 건강을 해칩니다" 등의 표시를 해야 한다.

나. 아스파탐을 첨가 사용한 제품에는 "페닐알라닌 함유"라는 표시를 해야 한다.

다. 별도 포장하여 넣은 신선도 유지제에는 "습기방지제", "습기제거제" 등 소비자가 그 용도를 쉽게 알 수 있도록 표시하고, "먹어서는 안 됩니다" 등의 주의문구도 함께 표시해야 한다. 다만, 정보표시면 등에 표시하기 어려운 경우에는 신선도 유지제에 직접 표시할 수 있다.

라. 카페인을 1밀리리터당 0.15밀리그램 이상 함유한 액체 건강기능식품에는 주표시면에 "고카페인 함유"로 표시해야 한다. 다만, 다류와 제품명 또는 제품명의 일부를 "커피" 또는 "차"로 표시하는 제품에는 해당 문구를 표시하지 않을 수 있다.

마. 건강기능식품의 섭취로 인하여 구토, 두드러기, 설사 등의 이상 증상이 의심되는 경우에는 신속하게 신고할 수 있도록 제품의 용기·포장에 "이상 사례 신고는 1577−2488"의 표시를 해야 한다.

CHAPTER 05 감염병의 예방 및 관리에 관한 법률

1 목적

① 국민건강에 위해가 되는 감염병의 발생과 유행을 방지하며 예방과 관리를 위한 사항을 규정
② 국민건강 증진 및 유지에 이바지

2 법정 감염병

제1급 감염병, 제2급 감염병, 제3급 감염병, 제4급 감염병, 기생충감염병, 세계보건기구 감시대상 감염병, 생물테러감염병, 성매개감염병, 인수공통감염병 및 의료관리감염병

1. 제1급 감염병

① 집단적 발생 우려가 커 발생 즉시 방역책을 수립하고 즉시 보고 및 격리조치를 한다.
② 에볼라바이러스병, 마버그열, 라싸열, 크리미안콩고출혈열, 남아메리카출혈열, 리프트밸리열, 두창, 페스트, 탄저, 보툴리늄독소증, 야토병, 신종감염병증후군, 중증급성호흡기증후군(SARS), 중동호흡기증후군(MERS), 동물인플루엔자 인체감염증, 신종인플루엔자, 디프테리아, SARS - CoV - 2 감염에 의한 호흡기 증후군(Covid 19)

2. 제2급 감염병

① 전파가능성을 고려하여 발생 또는 유행 시 24시간 이내에 신고해야 하고 격리가 필요한 감염병이다.
② 결핵, 수두, 홍역, 콜레라, 장티푸스, 파라티푸스, 세균성이질, 장출혈성대장균감염증, A형간염, 백일해, 유행성이하선염, 풍진, 폴리오

3. 제3급 감염병

① 발생을 계속 감시할 필요가 있어 발생 또는 유행 시 24시간 이내에 신고하여야 한다.
② 파상풍, B형간염, 일본뇌염, C형간염, 말라리아, 레지오넬라증, 비브리오패혈증, 발진티푸스, 쯔쯔가무시증, 렙토스피라증, 브루셀라증, 공수열, 후천성면역결핍증(AIDS), 크로이츠펠트 − 야콥병(CJD) 및 변종크로이츠펠트 − 야콥병(vCJD), 황열, 뎅기열, 큐열(Q熱), 진드기매개 뇌염

4. 제4급 감염병

① 제1급감염병부터 제3급감염병까지의 감염병 외에 유행 여부를 조사하기 위하여 표본감시 활동이 필요한 감염병
② 인플루엔자, 매독(梅毒), 회충증, 편충증, 요충증, 간흡충증, 폐흡충증, 장흡충증, 수족구병, 임질, 클라미디아감염증, 연성하감, 성기단순포진, 첨규콘딜롬, 반코마이신내성장알균(VRE) 감염증, 메티실린내성황색포도알균(MRSA) 감염증, 다제내성녹농균(MRPA) 감염증, 다제내성아시네토박터바우마니균(MRAB) 감염증, 장관감염증, 급성호흡기감염증, 해외유입기생충감염증, 엔테로바이러스감염증, 사람유두종바이러스 감염

5. 기생충감염병

① 기생충에 감염되어 발생하는 감염병으로 보건복지부장관이 고시
② 회충증, 편충증, 요충증, 간흡충증, 폐흡충증, 장흡충증, 해외유입기생충감염증

6. 세계보건기구 감시대상 감염병

① 세계보건기구가 국제공중보건의 비상사태에 대비하기 위하여 감시대상으로 정한 질환으로 보건복지부장관이 고시
② 두창, 폴리오, 신종인플루엔자, 중증급성호흡기증후군(SARS), 콜레라, 폐렴형 페스트, 황열, 바이러스성 출혈열, 웨스트나일열

7. 생물테러감염병

① 고의 또는 테러 등을 목적으로 이용된 병원체에 의하여 발생된 감염병으로 보건복지부장관
   이 고시
② 탄저, 보툴리눔독소증, 페스트, 마버그열, 에볼라열, 라싸열, 두창, 야토병

③ 감염병 예방 및 관리계획의 수립

보건복지부장관은 감염병의 예방 및 관리에 관한 기본계획을 5년마다 수립 · 시행하여야 한다.

④ 신고 및 보고

1. 의사 등의 신고

① 의사, 한의사는 다음에 해당하는 사실이 있으면 의료기관의 장에게 보고하여야 하고 의료 기
   관에 소속되지 않은 의사나 한의사는 관할 보건소장에게 신고하여야 한다.
   • 감염병 환자를 진단하거나 그 사체를 검안한 경우
   • 예방접종 후 이상 반응자를 진단한 경우
   • 제1군~제4군에 해당하는 감염병으로 사망한 경우
② 보고받은 의료기관의 장 및 감염병 병원체 확인기관의 장은 제1군~제4군까지의 경우 지체
   없이, 제5군 감염병 및 지정감염병의 경우 7일 이내에 보건복지부 장관 또는 관할 보건소장에
   게 신고하여야 한다.

2. 보건소장 등의 보고

신고를 받은 보건소장은 특별자치도지사 또는 시장, 군수, 구청장에게 보고해야 하며 보고받은
특별자치도지사 또는 시장, 군수, 구청장은 이를 보건복지부장관 및 시 · 도지사에게 각각 보고
하여야 한다.

3. 인수공통감염병의 통보

신고받은 특별자치도지사 또는 시장, 군수, 구청장 그리고 읍, 면장은 가축전염병 중 다음 각 호의 하나에 해당하는 감염병의 경우에는 즉시 질병관리본부장에게 통보하여야 한다.
① 탄저
② 고병원성 조류인플루엔자
③ 광견병
④ 대통령령으로 정하는 인수공통감염병(동물인플루엔자 – 돼지인플루엔자, 신종인플루엔자)

4. 법정 필수 예방접종 대상

2군 감염병 + 3군의 결핵과 인플루엔자

5 필수예방접종 대상

① 디프테리아, 폴리오, 백일해, 홍역, 파상풍, 결핵, B형간염, 유행성이하선염, 풍진, 수두, 일본뇌염, b형헤모필루스인플루엔자, 폐렴구균, 인플루엔자, A형간염, 사람유두종바이러스 감염증
② 그 밖에 보건복지부장관이 감염병의 예방을 위하여 필요하다고 인정하여 지정하는 감염병

식품의 기준 및 규격(제2021-114호)
▶ 제1. 총칙

1. 일반 원칙

이 고시에서 따로 규정한 것 이외에는 아래의 총칙에 따른다.

1) 이 고시의 수록범위는 다음 각 호와 같다.

　가) 식품위생법 제7조제1항의 규정에 따른 식품의 원료에 관한 기준, 식품의 제조 · 가공 · 사용 · 조리 및 보존방법에 관한 기준, 식품의 성분에 관한 규격과 기준 · 규격에 대한 시험법

　나)「식품 등의 표시 · 광고에 관한 법률」제4조 제1항의 규정에 따른 식품 · 식품첨가물 또는 축산물과 기구 또는 용기 · 포장 및「식품위생법」제12조2의 제1항에 따른 유전자변형식품등의 표시기준

　다) 축산물 위생관리법 제4조제2항의 규정에 따른 축산물의 가공 · 포장 · 보존 및 유통의 방법에 관한 기준, 축산물의 성분에 관한 규격, 축산물의 위생등급에 관한 기준

2) 이 고시에서는 가공식품에 대하여 다음과 같이 식품군(대분류), 식품종(중분류), 식품유형(소분류)으로 분류한다.

　식 품 군 : '제5. 식품별 기준 및 규격'에서 대분류하고 있는 음료류, 조미식품 등을 말한다.

　식 품 종 : 식품군에서 분류하고 있는 다류, 과일 · 채소류음료, 식초, 햄류 등을 말한다.

　식품유형 : 식품종에서 분류하고 있는 농축과 · 채즙, 과 · 채주스, 발효식초, 희석초산 등을 말한다.

3) 이 고시에 정하여진 기준 및 규격에 대한 적 · 부판정은 이 고시에서 규정한 시험방법으로 실시하여 판정하는 것을 원칙으로 한다. 다만, 이 고시에서 규정한 시험방법보다 더 정밀 · 정확하다고 인정된 방법을 사용할 수 있고 미생물 및 독소 등에 대한 시험에는 상품화된 키트(kit) 또는 장비를 사용할 수 있으나, 그 결과에 대하여 의문이 있다고 인정될 때에는 규정한 방법에 의하여 시험하고 판정하여야 한다.

4) 이 고시에서 기준 및 규격이 정하여지지 아니한 것은 잠정적으로 식품의약품안전처장이 해당 물질에 대한 국제식품규격위원회(Codex Alimentarius Commission, CAC)규정 또는 주요 외국의 기준 · 규격과 일일섭취허용량(Acceptable Daily Intake, ADI), 해당 식품의 섭취량 등 해당물질별 관련 자료를 종합적으로 검토하여 적 · 부를 판정할 수 있다.

5) 이 고시의 '제5. 식품별 기준 및 규격'에서 따로 정하여진 시험방법이 없는 경우에는 '제8. 일반시험법'의 해당 시험방법에 따르고, 이 고시에서 기준 · 규격이 정하여지지 아니하였거나 기준 · 규격이 정하여져 있어도 시험방법이 수재되어 있지 아니한 경우에는 식품의약품안전처장이 인정한 시험방법, 국제식품규격위원회(Codex Alimentarius Commission, CAC) 규정, 국제분석화학회(Association of Official Analytical Chemists, AOAC), 국제표준화기구(International Standard Organization, ISO), 농약분석매뉴얼(Pesticide Analytical Manual, PAM) 등의 시험방법에 따라 시험할 수 있다. 만약, 상기 시험방법에도 없는 경우에는 다른 법령에 정해져 있는 시험방법, 국제적으로 통용되는 공인시험방법에 따라 시험할 수 있으며 그 시험방법을 제시하여야 한다.

6) 계량 등의 단위는 국제 단위계를 사용한 아래의 약호를 쓴다.

　① 길이 : m, cm, mm, μm, nm

　② 용량 : L, mL, μL

　③ 중량 : kg, g, mg, μg, ng, pg

　④ 넓이 : cm^2

　⑤ 열량 : kcal, kj

　⑥ 압착강도 : N(Newton)

　⑦ 온도 : ℃

7) 표준온도는 20℃, 상온은 15~25℃, 실온은 1~35℃, 미온은 30~40℃로 한다.

8) 중량백분율을 표시할 때에는 %의 기호를 쓴다. 다만, 용액 100mL 중의 물질함량(g)을 표시할 때에는 w/v%로, 용액 100mL 중의 물질함량(mL)을 표시할 때에는 v/v%의 기호를 쓴다. 중량백만분율을 표시할 때에는 mg/kg의 약호를 사용하고 ppm의 약호를 쓸 수 있으며, mg/L도 사용할 수 있다. 중량 10억분율을 표시할 때에는 μg/kg의 약호를 사용하고 ppb의 약호를 쓸 수 있으며, μg/L도 사용할 수 있다.

9) 방사성물질 누출사고 발생 시 관리해야 할 방사성 핵종(核種)은 다음의 원칙에 따라 선정한다.

　(1) 대표적 오염 지표 물질인 방사성 요오드와 세슘에 대하여 우선 선정하고, 방사능 방출사고의 유형에 따라 방출된 핵종을 선정한다.

　(2) 방사성 요오드나 세슘이 검출될 경우 플루토늄, 스트론튬 등 그 밖의(이하 '기타'라고 한다) 핵종에 의한 오염여부를 추가적으로 확인할 수 있으며, 기타 핵종은 환경 등에 방출 여부, 반감기, 인체 유해성 등을 종합 검토하여 전부 또는 일부 핵종을 선별하여 적용할 수 있다.

　(3) 기타 핵종에 대한 기준은 해당 사고로 인한 방사성 물질 누출이 더 이상 되지 않는 사고 종료 시점으로부터 1년이 경과할 때까지를 적용한다.

(4) 기타 핵종에 대한 정밀검사가 어려운 경우에는 방사성 물질 누출 사고 발생국가의 비오염 증명서로 갈음할 수 있다.

10) 식품 중 농약 또는 동물용의약품의 잔류허용기준을 신설, 변경 또는 면제 하려는 자는 [별표 7]의 "식품 중 농약 및 동물용의약품의 잔류허용기준설정 지침"에 따라 신청하여야 한다.

11) 유해오염물질의 기준설정은 식품 중 유해오염물질의 오염도와 섭취량에 따른 인체 총 노출량, 위해수준, 노출 점유율을 고려하여 최소량의 원칙(As Low As Reasonably Achievable, ALARA)에 따라 설정함을 원칙으로 한다.

12) 이 고시에서 정하여진 시험은 별도의 규정이 없는 경우 다음의 원칙을 따른다.

(1) 원자량 및 분자량은 최신 국제원자량표에 따라 계산한다.

(2) 따로 규정이 없는 한 찬물은 15℃ 이하, 온탕 60~70℃, 열탕은 약 100℃의 물을 말한다.

(3) "물 또는 물속에서 가열 한다."라 함은 따로 규정이 없는 한 그 가열온도를 약 100℃로 하되, 물 대신 약 100℃ 증기를 사용할 수 있다.

(4) 시험에 쓰는 물은 따로 규정이 없는 한 증류수 또는 정제수로 한다.

(5) 용액이라 기재하고 그 용매를 표시하지 아니하는 것은 물에 녹인 것을 말한다.

(6) 감압은 따로 규정이 없는 한 15mmHg 이하로 한다.

(7) pH를 산성, 알칼리성 또는 중성으로 표시한 것은 따로 규정이 없는 한 리트머스지 또는 pH 미터기(유리전극)를 써서 시험한다. 또한, 강산성은 pH 3.0 미만, 약산성은 pH 3.0 이상 5.0 미만, 미산성은 pH 5.0 이상 6.5 미만, 중성은 pH 6.5 이상 7.5 미만, 미알칼리성은 pH 7.5 이상 9.0 미만, 약알칼리성은 pH 9.0 이상 11.0 미만, 강알칼리성은 pH 11.0 이상을 말한다.

(8) 용액의 농도를 (1→5), (1→10), (1→100) 등으로 나타낸 것은 고체시약 1g 또는 액체시약 1mL를 용매에 녹여 전량을 각각 5mL, 10mL, 100mL 등으로 하는 것을 말한다. 또한 (1+1), (1+5) 등으로 기재한 것은 고체시약 1g 또는 액체시약 1mL에 용매 1mL 또는 5mL 혼합하는 비율을 나타낸다. 용매는 따로 표시되어 있지 않으면 물을 써서 희석한다.

(9) 혼합액을 (1 : 1), (4 : 2 : 1) 등으로 나타낸 것은 액체시약의 혼합용량비 또는 고체시약의 혼합중량비를 말한다.

(10) 방울수(滴水)를 측정할 때에는 20℃에서 증류수 20방울을 떨어뜨릴 때 그 무게가 0.90~ 1.10g이 되는 기구를 쓴다.

(11) 네슬러관은 안지름 20mm, 바깥지름 24mm, 밑에서부터 마개의 밑까지의 길이가 20cm의 무색유리로 만든 바닥이 평평한 시험관으로서 50mL의 것을 쓴다. 또한 각 관의 눈금의 높이의 차는 2mm 이하로 한다.

(12) 데시케이터의 건조제는 따로 규정이 없는 한 실리카겔(이산화규소)로 한다.

(13) 시험은 따로 규정이 없는 한 상온에서 실시하고 조작 후 30초 이내에 관찰한다. 다만, 온도의 영향이 있는 것에 대하여는 표준온도에서 행한다.

(14) 무게를 "정밀히 단다"라 함은 달아야 할 최소단위를 고려하여 0.1mg, 0.01mg 또는 0.001mg까지 다는 것을 말한다. 또 무게를 "정확히 단다"라 함은 규정된 수치의 무게를 그 자리수까지 다는 것을 말한다.

(15) 검체를 취하는 양에 "약"이라고 한 것은 따로 규정이 없는 한 기재량의 90∼110%의 범위 내에서 취하는 것을 말한다.

(16) 건조 또는 강열할 때 "항량"이라고 기재한 것은 다시 계속하여 1시간 더 건조 혹은 강열할 때에 전후의 칭량차가 이전에 측정한 무게의 0.1% 이하임을 말한다.

2. 용어의 풀이

1) '정의'는 해당 개별식품을 규정하는 것으로 '식품유형'에 분류되지 않은 식품도 '정의'에 적합한 경우는 해당 개별식품의 기준 및 규격을 적용할 수 있다. 다만, 별도의 개별기준 및 규격이 정하여져 있는 경우는 그 기준 및 규격을 우선적으로 적용하여야 한다.

2) 'A, B, C, …등'은 예시 개념으로 일반적으로 많이 사용하는 것을 기재하고 그 외에 관련된 것을 포괄하는 개념이다.

3) 'A 또는 B'는 'A와 B', 'A나 B', 'A 단독' 또는 'B 단독'으로 해석할 수 있으며, 'A, B, C 또는 D' 역시 그러하다.

4) 'A 및 B'는 A와 B를 동시에 만족하여야 한다.

5) '적절한 ○○과정(공정)'은 식품의 제조·가공에 필요한 과정(공정)을 말하며 식품의 안전성, 건전성을 얻으며 일반적으로 널리 통용되는 방법이나 과학적으로 충분히 입증된 방법을 말한다.

6) '식품 및 식품첨가물은 그 기준 및 규격에 적합하여야 한다'는 해당되는 기준 및 규격에 적합하여야 함을 말한다.

7) '보관하여야 한다'는 원료 및 제품의 특성을 고려하여 그 품질이 최대로 유지될 수 있는 방법으로 보관하여야 함을 말한다.

8) '가능한 한', '권장한다'와 '할 수 있다'는 위생수준과 품질향상을 유도하기 위하여 설정하는 것으로 권고사항을 뜻한다.

9) '이와 동등이상의 효력을 가지는 방법'은 기술된 방법이외에 일반적으로 널리 통용되는 방법이나 과학적으로 충분히 입증된 것으로 위생학적, 영양학적, 관능적 품질의 유지가 가능한 방법을 말한다.

10) 정의 또는 식품유형에서 '○○%, ○○% 이상, 이하, 미만' 등으로 명시되어 있는 것은 원료 또는 성분배합시의 기준을 말한다.

11) '특정성분'은 가공식품에 사용되는 원료로서 제1. 4. 식품원료 분류 등에 의한 단일식품의 가식부분을 말한다.

12) '건조물(고형물)'은 원료를 건조하여 남은 고형물로서 별도의 규격이 정하여 지지 않은 한, 수분함량이 15% 이하인 것을 말한다.

13) '고체식품'이라 함은 외형이 일정한 모양과 부피를 가진 식품을 말한다.

14) '액체 또는 액상식품'이라 함은 유동성이 있는 상태의 것 또는 액체상태의 것을 그대로 농축한 것을 말한다.

15) '환(pill)'이라 함은 식품을 작고 둥글게 만든 것을 말한다.

16) '과립(granule)'이라 함은 식품을 잔 알갱이 형태로 만든 것을 말한다.

17) '분말(powder)'이라 함은 입자의 크기가 과립형태보다 작은 것을 말한다.

18) '유탕 또는 유처리'라 함은 식품의 제조 공정상 식용유지로 튀기거나 제품을 성형한 후 식용유지를 분사하는 등의 방법으로 제조 · 가공하는 것을 말한다.

19) '주정처리'라 함은 살균을 목적으로 식품의 제조공정 상 주정을 사용하여 제품을 침지하거나 분사하는 등의 방법을 말한다.

20) '유통기간'이라 함은 소비자에게 판매가 가능한 기간을 말한다.

21) '최종제품'이란 가공 및 포장이 완료되어 유통 판매가 가능한 제품을 말한다.

22) '규격'은 최종제품에 대한 규격을 말한다.

23) '검출되어서는 아니 된다'라 함은 이 고시에 규정하고 있는 방법으로 시험하여 검출되지 않는 것을 말한다.

24) '원료'는 식품제조에 투입되는 물질로서 식용이 가능한 동물, 식물 등이나 이를 가공 처리한 것, 「식품첨가물의 기준 및 규격」에 허용된 식품첨가물, 그리고 또 다른 식품의 제조에 사용되는 가공식품 등을 말한다.

25) '주원료'는 해당 개별식품의 주용도, 제품의 특성 등을 고려하여 다른 식품과 구별, 특정짓게 하기 위하여 사용되는 원료를 말한다.

26) '단순추출물'이라 함은 원료를 물리적으로 또는 용매(물, 주정, 이산화탄소)를 사용하여 추출한 것으로 특정한 성분이 제거되거나 분리되지 않은 추출물(착즙포함)을 말한다.

27) '식품에 제한적으로 사용할 수 있는 원료'란 식품 사용에 조건이 있는 식품의 원료를 말한다.

28) '식품에 사용할 수 없는 원료'란 식품의 제조 · 가공 · 조리에 사용할 수 없는 것으로, 제2. 1. 2)의 (6), (7) 및 (8)에서 정한 것 이외의 원료를 말한다.

29) '원료에서 유래되는'은 해당 기준 및 규격에 적합하거나 품질이 양호한 원료에서 불가피하게 유래된 것을 말하는 것으로, 공인된 자료나 문헌으로 입증할 경우 인정할 수 있다.

30) 원료의 '품질과 선도가 양호'라 함은 농·임산물의 경우, 멍들거나 손상된 부위를 제거하여 식용에 적합하도록 한 것을 말하며, 수산물의 경우는 식품공전 상 '수산물에 대한 규격'에 적합한 것, 해조류의 경우는 외형상 그 종류를 알아 볼 수 있을 정도로 모양과 색깔이 손상되지 않은 것, 농·임·축·수산물 및 가공식품의 경우 이 고시에서 규정하고 있는 기준과 규격에 적합한 것을 말한다.

31) '비가식부분'이라 함은 통상적으로 식용으로 섭취하지 않는 원료의 특정부위를 말하며, 가식부분 중에 손상되거나 병충해를 입은 부분 등 고유의 품질이 변질되었거나 제조 공정 중 부적절한 가공처리로 손상된 부분을 포함한다.

32) '이물'이라 함은 정상식품의 성분이 아닌 물질을 말하며 동물성으로 절지동물 및 그 알, 유충과 배설물, 설치류 및 곤충의 흔적물, 동물의 털, 배설물, 기생충 및 그 알 등이 있고, 식물성으로 종류가 다른 식물 및 그 종자, 곰팡이, 짚, 겨 등이 있으며, 광물성으로 흙, 모래, 유리, 금속, 도자기파편 등이 있다.

33) '이매패류'라 함은 두 장의 껍데기를 가진 조개류로 대합, 굴, 진주담치, 가리비, 홍합, 피조개, 키조개, 새조개, 개량조개, 동죽, 맛조개, 재첩류, 바지락, 개조개 등을 말한다.

34) '냉장' 또는 '냉동'이라 함은 이 고시에서 따로 정하여진 것을 제외하고는 냉장은 0~10℃, 냉동은 −18℃ 이하를 말한다.

35) '차고 어두운 곳' 또는 '냉암소'라 함은 따로 규정이 없는 한 0~15℃의 빛이 차단된 장소를 말한다.

36) '냉장·냉동 온도측정값'이라 함은 냉장·냉동고 또는 냉장·냉동설비 등의 내부온도를 측정한 값 중 가장 높은 값을 말한다.

37) '살균'이라 함은 따로 규정이 없는 한 세균, 효모, 곰팡이 등 미생물의 영양 세포를 불활성화시켜 감소시키는 것을 말한다.

38) '멸균'이라 함은 따로 규정이 없는 한 미생물의 영양세포 및 포자를 사멸시키는 것을 말한다.

39) '밀봉'이라 함은 용기 또는 포장 내외부의 공기유통을 막는 것을 말한다.

40) '초임계추출'이라 함은 임계온도와 임계압력 이상의 상태에 있는 이산화탄소를 이용하여 식품원료 또는 식품으로부터 식용성분을 추출하는 것을 말한다.

41) '심해'란 태양광선이 도달하지 않는 수심이 200m 이상 되는 바다를 말한다.

42) '가공식품'이라 함은 식품원료(농, 임, 축, 수산물 등)에 식품 또는 식품첨가물을 가하거나, 그 원형을 알아볼 수 없을 정도로 변형(분쇄, 절단 등) 시키거나 이와 같이 변형시킨 것을 서로 혼합 또는 이 혼합물에 식품 또는 식품첨가물을 사용하여 제조·가공·포장한 식품을 말한

다. 다만, 식품첨가물이나 다른 원료를 사용하지 아니하고 원형을 알아볼 수 있는 정도로 농·임·축·수산물을 단순히 자르거나 껍질을 벗기거나 소금에 절이거나 숙성하거나 가열 (살균의 목적 또는 성분의 현격한 변화를 유발하는 경우를 제외한다) 등의 처리과정 중 위생 상 위해 발생의 우려가 없고 식품의 상태를 관능으로 확인할 수 있도록 단순처리한 것은 제외 한다.

43) '식품조사(Food Irradiation)처리'란 식품 등의 발아억제, 살균, 살충 또는 숙도조절을 목적으로 감마선 또는 전자선가속기에서 방출되는 에너지를 복사(radiation)의 방식으로 식품에 조사하는 것으로, 선종과 사용목적 또는 처리방식(조사)에 따라 감마선 살균, 전자선 살균, 엑스선 살균, 감마선 살충, 전자선 살충, 엑스선 살충, 감마선 조사, 전자선 조사, 엑스선 조사 등으로 구분하거나, 통칭하여 방사선 살균, 방사선 살충, 방사선 조사 등으로 구분할 수 있다. 다만, 검사를 목적으로 엑스선이 사용되는 경우는 제외한다.

44) '식육'이라 함은 식용을 목적으로 하는 동물성원료의 지육, 정육, 내장, 그 밖의 부분을 말하며, '지육'은 머리, 꼬리, 발 및 내장 등을 제거한 도체(carcass)를, '정육'은 지육으로부터 뼈를 분리한 고기를, '내장'은 식용을 목적으로 처리된 간, 폐, 심장, 위, 췌장, 비장, 신장, 소장 및 대장 등을, '그 밖의 부분'은 식용을 목적으로 도축된 동물성원료로부터 채취, 생산된 동물의 머리, 꼬리, 발, 껍질, 혈액 등 식용이 가능한 부위를 말한다.

45) '장기보존식품'이라 함은 장기간 유통 또는 보존이 가능하도록 제조·가공된 통·병조림식품, 레토르트식품, 냉동식품을 말한다.

46) '식품용수'라 함은 식품의 제조, 가공 및 조리 시에 사용하는 물을 말한다.

47) '인삼', '홍삼' 또는 '흑삼'은 「인삼산업법」에, '산양삼'은 「임업 및 산촌진흥 촉진에 관한 법률」 에서 정하고 있는 것을 말한다.

48) '한과'라 함은 주로 곡물류나 과일, 견과류 등에 꿀, 엿, 설탕 등을 입혀 만든 것으로 유과, 약과, 정과 등을 말한다.

49) '슬러쉬'라 함은 청량음료 등 완전 포장된 음료나, 물, 분말주스 등의 원료를 직접 혼합하여 얼음을 분쇄한 것과 같은 상태로 만들거나 아이스크림을 만드는 기계 등을 이용하여 반 얼음상태로 얼려 만든 음료를 말한다.

50) '코코아고형분'이라 함은 코코아매스, 코코아버터 또는 코코아분말을 말하며, '무지방코코아고형분'이라 함은 코코아고형분에서 지방을 제외한 분말을 말한다.

51) '유고형분'이라 함은 유지방분과 무지유고형분을 합한 것이다.

52) '유지방'은 우유로부터 얻은 지방을 말한다.

53) '혈액이 함유된 알'이라 함은 알 내용물에 혈액이 퍼져 있는 알을 말한다.

54) '혈반'이란 난황이 방출될 때 파열된 난소의 작은 혈관에 의해 발생된 혈액 반점을 말한다.

55) '육반'이란 혈반이 특징적인 붉은색을 잃어버렸거나 산란기관의 작은 체조직 조각을 말한다.

56) '실금란'이란 난각이 깨어지거나 금이 갔지만 난각막은 손상되지 않아 내용물이 누출되지 않은 알을 말한다.

57) '오염란'이란 난각의 손상은 없으나 표면에 분변·혈액·알내용물·깃털 등 이물질이나 현저한 얼룩이 묻어 있는 알을 말한다.

58) '연각란'이란 난각막은 파손되지 않았지만 난각이 얇게 축적되어 형태를 견고하게 유지될 수 없는 알을 말한다.

59) '냉동식용어류머리'란 대구(*Gadus morhua, Gadus ogac, Gadus macrocephalus*), 은민대구(*Merluccius australis*), 다랑어류 및 이빨고기(*Dissostichus eleginoides, Dissostichus mawsoni*)의 머리를 가슴지느러미와 배지느러미 부위가 붙어 있는 상태로 절단한 것과 식용 가능한 모든 어종(복어류 제외)의 머리 중 가식부를 분리해 낸 것을 중심부 온도가 $-18℃$이하가 되도록 급속냉동한 것으로서 식용에 적합하게 처리된 것을 말한다.

60) '냉동식용어류내장'이란 식용 가능한 어류의 알(복어알은 제외), 창난, 이리(곤이), 오징어 난포선 등을 분리하여 중심부 온도가 $-18℃$이하가 되도록 급속냉동한 것으로서 식용에 적합하게 처리된 것을 말한다.

61) '생식용 굴'이란 소비자가 날로 섭취할 수 있는 전각굴, 반각굴, 탈각굴로서 포장한 것을 말한다(냉동굴을 포함한다).

62) 미생물 규격에서 사용하는 용어(n, c, m, M)는 다음과 같다.

　(1) n : 검사하기 위한 시료의 수

　(2) c : 최대허용시료수, 허용기준치(m)를 초과하고 최대허용한계치(M) 이하인 시료의 수로서 결과가 m을 초과하고 M 이하인 시료의 수가 c 이하일 경우에는 적합으로 판정

　(3) m : 미생물 허용기준치로서 결과가 모두 m 이하인 경우 적합으로 판정

　(4) M : 미생물 최대허용한계치로서 결과가 하나라도 M을 초과하는 경우는 부적합으로 판정
　※ m, M에 특별한 언급이 없는 한 1g 또는 1mL 당의 집락수(Colony Forming Unit, CFU)이다.

63) '영아'라 함은 생후 12개월 미만인 사람을 말한다.

64) '유아'라 함은 생후 12개월부터 36개월까지인 사람을 말한다.

식품의 기준 및 규격(제2021-114호)
▶ 제4. 장기보존식품의 기준 및 규격

1. 통 · 병조림식품

"통 · 병조림식품"이라 함은 식품을 통 또는 병에 넣어 탈기와 밀봉 및 살균 또는 멸균한 것을 말한다.

1) 제조 · 가공기준

    (1) 멸균은 제품의 중심온도가 120℃ 4분간 또는 이와 동등 이상의 효력을 갖는 방법으로 열처리하여야 한다.

    (2) pH 4.6을 초과하는 저산성식품(Low Acid Food)은 제품의 내용물, 가공장소, 제조일자를 확인할 수 있는 기호를 표시하고 멸균공정 작업에 대한 기록을 보관하여야 한다.

    (3) pH가 4.6 이하인 산성식품은 가열 등의 방법으로 살균처리할 수 있다.

    (4) 제품은 저장성을 가질 수 있도록 그 특성에 따라 적절한 방법으로 살균 또는 멸균 처리하여야 하며 내용물의 변색이 방지되고 호열성 세균의 증식이 억제될 수 있도록 적절한 방법으로 냉각하여야 한다.

2) 규격

    (1) 성상 : 관 또는 병 뚜껑이 팽창 또는 변형되지 아니하고, 내용물은 고유의 색택을 가지고 이미 · 이취가 없어야 한다.

    (2) 주석(mg/kg) : 150 이하(알루미늄 캔을 제외한 캔제품에 한하며, 산성 통조림은 200 이하이어야 한다.)

    (3) 세균 : 세균발육이 음성이어야 한다.

2. 레토르트식품

"레토르트(Retort)식품"이라 함은 단층 플라스틱필름이나 금속박 또는 이를 여러 층으로 접착하여, 파우치와 기타 모양으로 성형한 용기에 제조 · 가공 또는 조리한 식품을 충전하고 밀봉하여 가열살균 또는 멸균한 것을 말한다.

1) 제조·가공기준

  (1) 멸균은 제품의 중심온도가 120℃ 4분간 또는 이와 같은 수준 이상의 효력을 갖는 방법으로 열처리하여야 한다. pH 4.6을 초과하는 저산성식품(low acid food)은 제품의 내용물, 가공장소, 제조일자를 확인할 수 있는 기호를 표시하고 멸균공정 작업에 대한 기록을 보관하여야 한다. pH가 4.6 이하인 산성식품은 가열 등의 방법으로 살균처리 할 수 있다.

  (2) 제품은 저장성을 가질 수 있도록 그 특성에 따라 적절한 방법으로 살균 또는 멸균 처리하여야 하며 내용물의 변색이 방지되고 호열성 세균의 증식이 억제될 수 있도록 적절한 방법으로 냉각시켜야 한다.

  (3) 보존료는 일절 사용하여서는 아니 된다.

2) 규격

  (1) 성상 : 외형이 팽창, 변형되지 아니하고, 내용물은 고유의 향미, 색택, 물성을 가지고 이미·이취가 없어야 한다.

  (2) 세균 : 세균발육이 음성이어야 한다.

  (3) 타르색소 : 검출되어서는 아니 된다.

3. 냉동식품

"냉동식품"이라 함은 제조·가공 또는 조리한 식품을 장기보존할 목적으로 냉동처리, 냉동보관하는 것으로서 용기·포장에 넣은 식품을 말한다.

• 가열하지 않고 섭취하는 냉동식품 : 별도의 가열과정 없이 그대로 섭취할 수 있는 냉동식품을 말한다.

• 가열하여 섭취하는 냉동식품 : 섭취 시 별도의 가열과정을 거쳐야만 하는 냉동식품을 말한다.

1) 제조·가공기준

  (1) 살균제품은 그 중심부의 온도를 63℃ 이상에서 30분 가열하거나 이와 같은 수준 이상의 효력이 있는 방법으로 가열 살균하여야 한다.

2) 규격(식육, 포장육, 유가공품, 식육가공품, 알가공품, 식육함유가공품(비살균제품), 어육가공품류(비살균제품), 기타 동물성가공식품(비살균제품)은 제외)

  (1) 가열하지 않고 섭취하는 냉동식품

    ① 세균수 : $n=5$, $c=2$, $m=100,000$, $M=500,000$(다만, 발효제품, 발효제품 첨가 또는 유산균 첨가제품은 제외한다)

    ② 대장균군 : $n=5$, $c=2$, $m=10$, $M=100$(살균제품에 해당된다)

③ 대장균 : n=5, c=2, m=0, M=10(다만, 살균제품은 제외한다)

④ 유산균수 : 표시량 이상(유산균 첨가제품에 해당된다)

(2) 가열하여 섭취하는 냉동식품

① 세균수 : n=5, c=2, m=1,000,000, M=5,000,000(살균제품은 n=5, c=2, m=100,000, M=500,000, 다만, 발효제품, 발효제품 첨가 또는 유산균 첨가제품은 제외한다)

② 대장균군 : n=5, c=2, m=10, M=100(살균제품에 해당된다)

③ 대장균 : n=5, c=2, m=0, M=10(다만, 살균제품은 제외한다)

④ 유산균수 : 표시량 이상(유산균 첨가제품에 해당된다)

식품의 기준 및 규격(제2021-114호)
▶ 식품공전상 식품유형별 정의

1. 과자류, 빵류 또는 떡류

과자류, 빵류 또는 떡류라 함은 곡분, 설탕, 달걀, 유제품 등을 주원료로 하여 가공한 과자, 캔디류, 추잉껌, 빵류, 떡류를 말한다.

(1) 과자
  곡분 등을 주원료로 하여 굽기, 팽화, 유탕 등의 공정을 거친 것이거나 이에 식품 또는 식품첨가물을 가한 것으로 비스킷, 웨이퍼, 쿠키, 크래커, 한과류, 스낵과자 등을 말한다.

(2) 캔디류
  당류, 당알코올, 앙금 등을 주원료로 하여 이에 식품 또는 식품첨가물을 가하여 성형 등 가공한 것으로 사탕, 캐러멜, 양갱, 젤리 등을 말한다.

(3) 추잉껌
  천연 또는 합성수지 등을 주원료로 한 껌베이스에 다른 식품 또는 식품첨가물을 가하여 가공한 것을 말한다.

(4) 빵류
  밀가루 또는 기타 곡분, 설탕, 유지, 달걀 등을 주원료로 하여 이를 발효시키거나 발효하지 않고 반죽한 것 또는 크림, 설탕, 달걀 등을 주원료로 하여 반죽하여 냉동한 것과 이를 익힌 것으로서 식빵, 케이크, 카스텔라, 도넛, 피자, 파이, 핫도그, 티라미스, 무스케익 등을 말한다.

(5) 떡류
  쌀가루, 찹쌀가루, 감자가루 또는 전분이나 기타 곡분 등을 주원료로 하여 이에 식염, 당류, 곡류, 두류, 채소류, 과일류 또는 주류 등을 가하여 반죽한 것 또는 익힌 것을 말한다.

2. 빙과류

빙과류라 함은 원유, 유가공품, 먹는물에 다른 식품 또는 식품첨가물 등을 가한 후 냉동하여 섭취하는 아이스크림류, 빙과, 아이스크림믹스류, 식용얼음을 말한다.

2-1 아이스크림류(*축산물)
  아이스크림류라 함은 원유, 유가공품을 원료로 하여 이에 다른 식품 또는 식품첨가물 등을 가한 후 냉동, 경화한 것을 말하며, 유산균(유산간균, 유산구균, 비피더스균을 포함한다) 함유제품은 유산균 함유제품 또는 발효유를 함유한 제품으로 표시한 아이스크림류를 말한다.

(1) 아이스크림

아이스크림류이면서 유지방분 6% 이상, 유고형분 16% 이상의 것을 말한다.

(2) 저지방아이스크림

아이스크림류이면서 조지방 2% 이하, 무지유고형분 10% 이상의 것을 말한다.

(3) 아이스밀크

아이스크림류이면서 유지방분 2% 이상, 유고형분 7% 이상의 것을 말한다.

(4) 샤베트

아이스크림류이면서 무지유고형분 2% 이상의 것을 말한다.

(5) 비유지방아이스크림

아이스크림류이면서 조지방 5% 이상, 무지유고형분 5% 이상의 것을 말한다.

2 – 2 아이스크림믹스류(*축산물)

아이스크림믹스류라 함은 원유 및 유가공품 등을 원료로 하여 이에 다른 식품 또는 식품첨가물 등을 가하여 혼합, 살균 · 멸균한 액상 제품과 이를 건조, 분말화한 제품으로서 그대로 또는 물을 가하여 냉동시키면 아이스크림류가 되는 것을 말한다.

(1) 아이스크림믹스

아이스크림믹스류로서 유지방분 6% 이상(분말제품의 경우 18% 이상), 유고형분 16% 이상(분말제품의 경우 48% 이상)의 것을 말한다.

(2) 저지방아이스크림믹스

아이스크림믹스류로서 조지방 2% 이하, 무지유고형분 10% 이상의 것을 말한다.

(3) 아이스밀크믹스

아이스크림믹스류로서 유지방분 2% 이상(분말제품의 경우 6%), 유고형분 7% 이상(분말제품의 경우 21%)의 것을 말한다.

(4) 샤베트믹스

아이스크림믹스류로서 무지유고형분 2% 이상(분말제품의 경우 6%)의 것을 말한다.

(5) 비유지방아이스크림믹스

아이스크림믹스류로서 조지방 5% 이상(분말제품의 경우 15%), 무지유고형분 5% 이상(분말제품의 경우 15%)의 것을 말한다.

2 – 3 빙과

먹는물에 식품 또는 식품첨가물을 혼합하여 냉동한 것으로 2 – 1 ~ 2 – 2에 해당되지 아니하는 것을 말한다.

2-4 얼음류
(1) 정의
　　얼음류라 함은 식품의 제조·가공·조리·저장 등에 사용하거나 그대로 먹을 수 있도록 먹는물을
　　냉동한 것을 말한다.

3. 코코아가공품류 또는 초콜릿류

코코아가공품류 또는 초콜릿류라 함은 테오브로마 카카오(Theobroma cacao)의 씨앗으로부터 얻은
코코아매스, 코코아버터, 코코아분말과 이에 식품 또는 식품첨가물을 가하여 가공한 기타 코코아가공
품, 초콜릿, 밀크초콜릿, 화이트초콜릿, 준초콜릿, 초콜릿가공품을 말한다.

3-1 코코아가공품류
　　코코아가공품류라 함은 카카오 씨앗으로부터 얻은 코코아매스, 코코아버터, 코코아분말, 기타 코
　　코아가공품을 말한다.

(1) 코코아매스
　　카카오씨앗을 껍질을 벗겨서 곱게 분쇄시킨 분말, 반유동상의 것 또는 이것을 경화한 덩어리상태
　　의 것을 말한다.

(2) 코코아버터
　　카카오씨앗의 껍질을 벗긴 후 압착 또는 용매추출하여 얻은 지방을 말한다.

(3) 코코아분말
　　카카오씨앗을 볶은 후 껍질을 벗겨서 지방을 제거한 덩어리를 분말화한 것을 말한다.

(4) 기타 코코아가공품
　　카카오씨앗에서 얻은 원료를 분쇄, 압착 등 단순 가공한 것이거나, 이에 식품 또는 식품첨가물 등을
　　혼합한 것으로 코코아매스, 코코아버터, 코코아분말 이외의 것을 말한다. 다만 초콜릿류, 과자류,
　　빵류 또는 떡류에 속하는 것은 제외한다.

3-2 초콜릿류
　　초콜릿류라 함은 코코아가공품류에 식품 또는 식품첨가물을 가하여 가공한 초콜릿, 밀크초콜릿,
　　화이트초콜릿, 준초콜릿, 초콜릿가공품을 말한다.

(1) 초콜릿
　　코코아가공품류에 식품 또는 식품첨가물 등을 가하여 가공한 것으로서 코코아고형분 함량 30% 이
　　상(코코아버터 18% 이상, 무지방 코코아고형분 12% 이상)인 것을 말한다.

(2) 밀크초콜릿
　　코코아가공품류에 식품 또는 식품첨가물 등을 가하여 가공한 것으로 코코아고형분을 20% 이상(무
　　지방 코코아고형분 2.5% 이상) 함유하고 유고형분이 12% 이상(유지방 2.5% 이상)인 것을 말한다.

(3) 화이트초콜릿

코코아가공품류에 식품 또는 식품첨가물 등을 가하여 가공한 것으로서, 코코아버터를 20% 이상 함유하고, 유고형분이 14% 이상(유지방 2.5% 이상)인 것을 말한다.

(4) 준초콜릿

코코아가공품류에 식품 또는 식품첨가물 등을 가하여 가공한 것으로서 코코아고형분 함량 7% 이상인 것을 말한다.

(5) 초콜릿가공품

견과류, 캔디류, 비스킷류 등 식용가능한 식품에 (1)(초콜릿)~(4)(준초콜릿)의 초콜릿류를 혼합, 코팅, 충전 등의 방법으로 가공한 복합제품으로서 코코아고형분 함량 2% 이상인 것을 말한다.

4. 당류

당류라 함은 전분질원료나 당액을 가공하여 얻은 설탕류, 당시럽류, 올리고당류, 포도당, 과당류, 엿류 또는 이를 가공한 당류가공품을 말한다.

4-1 설탕류

설탕류라 함은 사탕수수 또는 사탕무 등에서 추출한 당액 또는 원당을 정제한 설탕, 기타설탕을 말한다.

(1) 설탕

당액 또는 원당을 정제·가공한 것으로 결정, 분말, 덩어리의 것을 말한다(당액 또는 원당 100%).

(2) 기타설탕

당액 또는 원당을 정제·가공한 것에 식품 또는 식품첨가물을 혼합한 것을 말한다.

4-2 당시럽류

당시럽류라 함은 사탕수수, 단풍나무 등에서 당즙을 채취한 후 정제, 농축 등의 방법으로 가공한 액상의 것을 말한다.

4-3 올리고당류

올리고당류라 함은 당질원료를 이용하여 10 이하의 당 분자가 직쇄 또는 분지결합하도록 효소를 작용시켜 얻은 당액이나 이를 여과, 정제, 농축한 액상 또는 분말상의 것으로 올리고당과 올리고당가공품을 말한다.

(1) 올리고당

당질원료를 이용하여 당 분자가 직쇄 또는 분지 결합되도록 효소를 작용시켜 얻은 당액이나 이를 여과, 정제, 농축한 액상 또는 분말상의 것으로 프락토올리고당, 이소말토올리고당, 갈락토올리고당, 말토올리고당, 자일로올리고당, 겐티오올리고당 또는 이들을 서로 혼합한 혼합올리고당을 말한다.

(2) 올리고당가공품

올리고당에 식품 또는 식품첨가물을 가하여 가공한 것을 말한다.

4-4 포도당

포도당이라 함은 전분을 주원료로 하여 당화시켜 얻은 것을 여과, 농축, 정제한 것을 말한다.

4-5 과당류

과당류라 함은 전분을 주원료로 하여 당화시켜 얻은 포도당을 이성화한 것이거나, 설탕을 가수분해하여 얻은 당액을 가공한 것을 말한다.

(1) 과당

전분을 당화, 여과, 정제, 농축하여 얻은 포도당을 이성화하거나 설탕을 가수분해하여 얻은 것을 농축한 액상의 것을 결정화하여 건조시킨 결정 또는 분말상의 것을 말한다.

(2) 기타 과당

전분을 당화, 여과, 정제, 농축하여 얻은 포도당을 이성화한 것 또는 설탕을 가수분해하여 얻은 것을 농축한 액상의 것과 이에 또는 과당에 식품 또는 식품첨가물을 가하여 혼합한 것을 말한다.

4-6 엿류

엿류라 함은 전분 또는 전분질 원료를 주원료로 하여 효소 또는 산으로 가수분해시킨 후 그 당액을 가공한 물엿, 기타엿, 덱스트린을 말한다.

(1) 물엿

전분 또는 곡분, 전분질원료를 산 또는 효소로 가수분해시켜 여과, 농축한 점조상의 것 또는 가수분해 생성물을 가공한 것을 말한다.

(2) 기타엿

물엿을 가공하거나 이에 식품 또는 식품첨가물을 가한 것을 말한다.

(3) 덱스트린

곡분, 전분 등의 전분질원료를 산이나 효소로 가수분해시켜 얻은 생성물을 가공한 것을 말한다.

4-7 당류가공품

당류가공품이라 함은 설탕류, 포도당, 과당류, 엿류, 당시럽류, 올리고당류, 벌꿀류 등을 주원료로 하여 가공한 것을 말한다. 다만, 따로 기준 및 규격이 정하여져 있는 것은 그 기준·규격에 의한다.

5. 잼류

잼류라 함은 과일류, 채소류, 유가공품 등을 당류 등과 함께 젤리화 또는 시럽화한 것으로 잼, 기타 잼을 말한다.

(1) 잼

과일류 또는 채소류(생물로 기준하여 30% 이상)를 당류 등과 함께 젤리화한 것을 말한다.

(2) 기타 잼

과일류, 채소류, 유가공품 등을 그대로 또는 당류 등과 함께 가공한 것으로서 시럽(생물로 기준할 때 20% 이상), 과일파이필링, 밀크잼 등을 말한다.

6. 두부류 또는 묵류

두부류라 함은 두류를 주원료로 하여 얻은 두유액을 응고시켜 제조·가공한 것으로 두부, 유바, 가공두부를 말하며, 묵류라 함은 전분질이나 다당류를 주원료로 하여 제조한 것을 말한다.

(1) 두부

두류(두류분 포함, 100%, 단 식염 제외)를 원료로 하여 얻은 두유액에 응고제를 가하여 응고시킨 것을 말한다.

(2) 유바

두류를 일정한 온도로 가열시 형성되는 피막을 채취하거나 이를 가공한 것을 말한다.

(3) 가공두부

두부 제조 시 다른 식품을 첨가하거나 두부에 다른 식품이나 식품첨가물을 가하여 가공한 것을 말한다(다만, 두부가 30% 이상이어야 한다).

(4) 묵류

전분질원료, 해조류 또는 곤약을 주원료로 하여 가공한 것을 말한다.

7. 식용유지류

식용유지류라 함은 유지를 함유한 원료로부터 얻은 원료 유지를 식용에 적합하도록 제조·가공한 것 또는 이에 식품 또는 식품첨가물을 가한 것으로 식물성유지류, 동물성유지류, 식용유지가공품을 말한다.

7−1 식물성 유지류
1) 정의

식물성유지류라 함은 유지를 함유한 식물(파쇄분 포함)로부터 얻은 원료 유지를 식용에 적합하게 처리한 것이거나 이를 원료로 하여 제조·가공한 것으로 콩기름, 옥수수기름, 채종유, 미강유, 참기름, 추출참깨유, 들기름, 추출들깨유, 홍화유, 해바라기유, 목화씨기름, 땅콩기름, 올리브유, 팜유류, 야자유, 고추씨기름 등을 말한다.

2) 식품유형

(1) 콩기름(대두유)

콩으로부터 채취한 원료유지를 식용에 적합하도록 처리한 것으로 콩기름, 고올레산 콩기름을 말한다.

(2) 옥수수기름(옥배유)

옥수수의 배아로부터 채취한 원료유지를 식용에 적합하도록 처리한 것을 말한다.

(3) 채종유(유채유 또는 카놀라유)

유채로부터 채취한 원료유지를 식용에 적합하도록 처리한 것을 말한다.

(4) 미강유(현미유)

미강으로부터 채취한 원료유지를 식용에 적합하도록 처리한 것을 말한다.

(5) 참기름

참깨를 압착하여 얻은 압착참기름 또는 이산화탄소(초임계추출)로 추출한 초임계추출 참기름을 말한다.

(6) 추출참깨유

참깨로부터 추출한 원료유지를 정제한 것을 말한다.

(7) 들기름

들깨를 압착하여 얻은 압착들기름 또는 이산화탄소(초임계추출)로 추출한 초임계추출 들기름을 말한다.

(8) 추출들깨유

들깨로부터 추출한 원료유지를 정제한 것을 말한다.

(9) 홍화유(사플라워유 또는 잇꽃유)

홍화씨로부터 채취한 원료유지를 식용에 적합하도록 처리한 것으로 홍화유, 고올레산홍화유를 말한다.

(10) 해바라기유

해바라기의 씨로부터 채취한 원료유지를 식용에 적합하도록 처리한 것으로 해바라기유(압착해바라기유 포함), 고올레산해바라기유를 말한다.

(11) 목화씨기름(면실유)

목화씨로부터 채취한 원료유지를 식용에 적합하도록 처리한 것으로 목화씨기름, 목화씨샐러드유, 목화씨스테아린유를 말한다.

(12) 땅콩기름(낙화생유)

땅콩으로부터 채취한 원료유지를 식용에 적합하도록 처리한 것을 말한다.

(13) 올리브유

올리브과육을 물리적 또는 기계적인 방법에 의하여 압착·여과하거나 정제한 것 또는 이를 혼합한 것을 말한다.

(14) 팜유류

팜의 과육으로부터 채취한 팜유, 팜유를 분별한 팜올레인유 또는 팜스테아린유, 팜의 핵으로부터 채취한 팜핵유를 말한다.

(15) 야자유

야자과육으로부터 채취한 원료유지를 식용에 적합하도록 처리한 것을 말한다.

(16) 고추씨기름

고추씨로부터 채취한 원료유지를 식용에 적합하도록 처리한 것을 말한다.

(17) 기타 식물성유지

단일 식물성 원료로부터 채취한 원료유지를 식용에 적합하도록 처리한 것 또는 압착방법으로 착유하고 남은 박으로부터 채취한 원료유지를 식용에 적합하도록 정제 처리한 것을 말한다. 다만, 다른 기준 및 규격이 정하여져 있는 것은 그 기준 · 규격에 의한다.

7 - 2 동물성 유지류(*축산물, 다만 어유, 기타동물성유지 제외)

동물성 유지류라 함은 유지를 함유한 동물성원료로부터 얻은 원료유지나 이를 원료로 하여 제조 · 가공한 것으로 식용우지, 식용돈지 등을 말한다.

(1) 식용우지

원료우지를 식용에 적합하도록 처리한 것을 말한다.

(2) 식용돈지

원료돈지를 식용에 적합하도록 처리한 것을 말한다.

(3) 원료우지

생지방(소의 지방조직으로 원료우지의 원료)을 가공하여 용출한 것으로 식용우지의 원료를 말한다.

(4) 원료돈지

생지방(돼지의 지방조직으로 원료돈지의 원료)을 가공하여 용출한 것으로 식용돈지의 원료를 말한다.

(5) 어유

수산물 중 어류, 갑각류, 연체류로부터 채취한 원료유지를 식용에 적합하게 처리한 것을 말한다.

(6) 기타동물성유지

단일 동물성 원료로부터 채취한 원료유지를 식용에 적합하도록 처리한 것으로 식품유형 (1)~(5)에 해당되지 않는 것을 말한다.

7 - 3 식용유지가공품

식용유지가공품이라 함은 식물성유지 또는 동물성유지를 주원료로 하여 식품 또는 식품첨가물을 가하여 제조 · 가공한 것으로 혼합식용유, 향미유, 가공유지, 쇼트닝, 마가린, 식물성크림, 모조치즈 등을 말한다.

(1) 혼합식용유

이 고시에서 제품유형이 정하여진 2종 이상의 식용유지(다만, 압착한 참기름, 압착한 들기름, 향미유 제외)를 단순히 혼합한 것을 말한다.

(2) 향미유

식용유지(다만, 압착참기름, 초임계추출참기름, 압착들기름, 초임계추출들기름은 제외)에 향신료, 향료, 천연추출물, 조미료 등을 혼합한 것(식용유지 50% 이상)으로서, 조리 또는 가공 시 식품에 풍미를 부여하기 위하여 사용하는 것을 말한다.

(3) 가공유지

식물성유지 또는 동물성유지에 수소첨가, 분별 또는 에스테르 교환의 방법에 의하여 유지의 물리, 화학적 성질을 변화시킨 것으로 식용에 적합하도록 정제한 것을 말한다.

(4) 쇼트닝

식물성유지 또는 동물성유지를 그대로 또는 이에 식품첨가물을 가하여 가소성, 유화성 등의 가공성을 부여한 고체상 또는 유동상의 것을 말한다.

(5) 마가린

식물성유지 또는 동물성유지(유지방 포함)에 물, 식품, 식품첨가물 등을 혼합하고 유화시켜 만든 고체상 또는 유동상인 것을 말한다.(다만, 유지방을 원료로 할 때에는 제품의 지방함량에 대한 중량 비율로서 50% 미만일 것)

(6) 모조치즈

식용유지와 단백질 원료를 주원료로 하여 이에 식품 또는 식품첨가물을 가하여 유화시켜 제조한 것을 말한다.

(7) 식물성크림

식물성유지를 주원료로 하여 이에 당류 등 식품 또는 식품첨가물을 가하여 가공한 것으로서 케이크나 빵의 충전, 장식 또는 커피나 식품의 맛을 증진 등을 위하여 사용하는 것을 말한다.

(8) 기타 식용유지가공품

식물성유지 또는 동물성유지를 주원료(다만, 압착한 참기름, 압착한 들기름은 제외한다)로 하여 가공한 것을 말한다.

8. 면류

면류라 함은 곡분 또는 전분 등을 주원료로 하여 성형, 열처리, 건조 등을 한 것으로 생면, 숙면, 건면, 유탕면을 말한다.

(1) 생면

곡분 또는 전분을 주원료로 하여 성형한 후 바로 포장한 것이거나 표면만 건조시킨 것을 말한다.

(2) 숙면

곡분 또는 전분을 주원료로 하여 성형한 후 익힌 것 또는 면발의 성형과정 중 익힌 것을 말한다.

(3) 건면

생면 또는 숙면을 건조시킨 것으로 수분 15% 이하의 것을 말한다.

(4) 유탕면

생면, 숙면, 건면을 유탕처리한 것을 말한다.

9. 음료류

음료류라 함은 다류, 커피, 과일 · 채소류음료, 탄산음료류, 두유류, 발효음료류, 인삼 · 홍삼음료 등 음용을 목적으로 하는 것을 말한다.

9-1 다류

다류라 함은 식물성 원료를 주원료로 하여 제조 · 가공한 기호성 식품으로서 침출차, 액상차, 고형차를 말한다.

(1) 침출차

식물의 어린 싹이나 잎, 꽃, 줄기, 뿌리, 열매 또는 곡류 등을 주원료로 하여 가공한 것으로서 물에 침출하여 그 여액을 음용하는 기호성 식품을 말한다.

(2) 액상차

식물성 원료를 주원료로 하여 추출 등의 방법으로 가공한 것(추출액, 농축액 또는 분말)이거나 이에 식품 또는 식품첨가물을 가한 시럽상 또는 액상의 기호성 식품을 말한다.

(3) 고형차

식물성 원료를 주원료로 하여 가공한 것으로 분말 등 고형의 기호성 식품을 말한다.

9-2 커피

커피라 함은 커피원두를 가공한 것이거나 또는 이에 식품 또는 식품첨가물을 가한 것으로서 볶은 커피(커피원두를 볶은 것 또는 이를 분쇄한 것), 인스턴트커피(볶은 커피의 가용성추출액을 건조한 것), 조제커피, 액상커피(유가공품에 커피를 혼합하여 음용하도록 만든 것으로서 커피고형분이 0.5% 이상인 제품 포함)를 말한다.

9-3 과일 · 채소류음료

과일 · 채소류음료라 함은 과일 또는 채소를 주원료로 하여 가공한 것으로서 직접 또는 희석하여 음용하는 것으로 농축과 · 채즙, 과 · 채주스, 과 · 채음료를 말한다.

(1) 농축과 · 채즙(또는 과 · 채분)

과일즙, 채소즙 또는 이들을 혼합하여 50% 이하로 농축한 것 또는 이것을 분말화한 것을 말한다(다만, 원료로 사용되는 제품은 제외한다).

(2) 과 · 채주스

과일 또는 채소를 압착, 분쇄, 착즙 등 물리적으로 가공하여 얻은 과 · 채즙(농축과 · 채즙, 과 · 채즙 또는 과일분, 채소분, 과 · 채분을 환원한 과 · 채즙, 과 · 채퓨레 · 페이스트 포함) 또는 이에 식품 또는 식품첨가물을 가한 것(과 · 채즙 95% 이상)을 말한다.

(3) 과 · 채음료

농축과 · 채즙(또는 과 · 채분) 또는 과 · 채주스 등을 원료로 하여 가공한 것(과일즙, 채소즙 또는 과 · 채즙 10% 이상)을 말한다.

9-4 탄산음료류

탄산음료류라 함은 탄산가스를 함유한 탄산음료, 탄산수를 말한다.

(1) 탄산음료

먹는물에 식품 또는 식품첨가물과 탄산가스를 혼합한 것이거나 탄산수에 식품 또는 식품첨가물을 가한 것을 말한다.

(2) 탄산수

천연적으로 탄산가스를 함유하고 있는 물이거나 먹는물에 탄산가스를 가한 것을 말한다.

9-5 두유류

두유류라 함은 두류 및 두류가공품의 추출물이거나 이에 다른 식품이나 식품첨가물을 가하여 제조 · 가공한 것으로 원액두유, 가공두유를 말한다.

(1) 원액두유

두류로부터 추출한 유액(두류고형분 7% 이상)을 말한다.

(2) 가공두유

원액두유나 두류가공품의 추출액에 과일 · 채소즙(과실퓨레 포함) 또는 유, 유가공품, 곡류분말 등의 식품 또는 식품첨가물을 가한 것(두류고형분 1.4% 이상) 또는 이를 분말화한 것(두류고형분 50% 이상)을 말한다.

9-6 발효음료류

발효음료류라 함은 유가공품 또는 식물성원료를 유산균, 효모 등 미생물로 발효시켜 가공한 것을 말한다. 다만, 발효유류에 해당되지 않는 것을 말한다.

(1) 유산균음료

유가공품 또는 식물성 원료를 유산균으로 발효시켜 가공(살균을 포함한다)한 것을 말한다.

(2) 효모음료

유가공품 또는 식물성 원료를 효모로 발효시켜 가공(살균을 포함한다)한 것을 말한다.

(3) 기타발효음료

유가공품 또는 식물성 원료를 미생물 등으로 발효시켜 가공(살균을 포함한다)한 것을 말한다.

9-7 인삼 · 홍삼음료

인삼 · 홍삼음료라 함은 인삼, 홍삼 또는 가용성 인삼 · 홍삼성분에 식품 또는 식품첨가물 등을 가하여 제조한 것으로서 직접 음용하는 것을 말한다.

9-8 기타 음료

기타 음료라 함은 먹는물에 식품 또는 식품첨가물을 가하여 제조하거나 또는 동 · 식물성원료를 이용하여 음용할 수 있도록 가공한 것으로 다른 식품유형이 정하여지지 아니한 음료를 말한다.

(1) 혼합음료

먹는 물 또는 동 · 식물성 원료에 식품 또는 식품첨가물을 가하여 음용할 수 있도록 가공한 것을 말한다.

(2) 음료베이스

동 · 식물성원료를 이용하여 가공한 것이거나 이에 식품 또는 식품첨가물을 가한 것으로서, 먹는물 등과 혼합하여 음용하도록 만든 것을 말한다.

10. 특수영양식품

특수영양식품이라 함은 영유아, 비만자 또는 임산 · 수유부 등 특별한 영양관리가 필요한 특정 대상을 위하여 식품과 영양성분을 배합하는 등의 방법으로 제조 · 가공한 것으로 조제유류, 영아용 조제식, 성장기용 조제식, 영유아용 이유식, 체중조절용 조제식품, 임산 · 수유부용 식품을 말한다.

10-1 조제유류(*축산물)

조제유류라 함은 원유 또는 유가공품을 주원료로 하고 이에 영유아의 성장 발육에 필요한 무기질, 비타민 등 영양성분을 첨가하여 모유의 성분과 유사하게 가공한 것을 말한다.

(1) 영아용 조제유

원유 또는 유가공품을 원료로 하여 모유의 수유가 어려운 경우 대용의 용도로 모유의 성분과 유사하게 제조가공한 분말상(유성분 60.0% 이상) 또는 그대로 먹을 수 있는 액상(유성분 9.0% 이상)의 것을 말한다.

(2) 성장기용 조제유

생후 6개월 이상 된 영유아용으로 가공한 분말상(유성분 60.0% 이상) 또는 액상(유성분 9.0% 이상)의 것을 말한다.

10-2 영아용 조제식

영아용 조제식이라 함은 분리대두단백 또는 기타의 식품에서 분리한 단백질을 단백원으로 하여 영아의 정상적인 성장발육에 적합하도록 기타의 식품, 무기질, 비타민 등 영양성분을 첨가하여 모유 또는 조제유의 수유가 어려운 경우 대용의 용도로 분말상 또는 액상으로 제조·가공한 것을 말한다. 다만, 조제유류는 제외한다.

10-3 성장기용 조제식

성장기용 조제식이라 함은 분리대두단백 등 단백질함유식품을 원료로 생후 6개월부터의 영아, 유아의 정상적인 성장발육에 필요한 무기질, 비타민 등 영양성분을 첨가하여 이유식의 섭취 시 액상으로 사용할 수 있도록 분말상 또는 액상으로 제조·가공한 것을 말한다. 다만, 조제유류는 제외한다.

10-4 영유아용 이유식

영유아용 이유식이라 함은 영유아의 이유기 또는 성장기에 일반식품으로의 적응을 도모할 목적으로 제조·가공한 죽, 미음 또는 퓨레, 페이스트상의 제품(또는 물, 우유 등과 혼합하여 이러한 상태가 되는 제품)을 말한다.

10-5 체중조절용 조제식품

체중조절용 조제식품이라 함은 체중의 감소 또는 증가가 필요한 사람을 위해 식사의 일부 또는 전부를 대신할 수 있도록 필요한 영양성분을 가감하여 조제된 식품을 말한다.

10-6 임산·수유부용 식품

임산·수유부용 식품이라 함은 임신과 출산, 수유로 인하여 일반인과 다른 영양요구량을 가진 임산부 및 수유부의 식사 일부 또는 전부를 대신할 목적으로 제조·가공한 것을 말한다.

11. 특수의료용도식품

특수의료용도식품이라 함은 정상적으로 섭취, 소화, 흡수 또는 대사할 수 있는 능력이 제한되거나 질병, 수술 등의 임상적 상태로 인하여 일반인과 생리적으로 특별히 다른 영양요구량을 가지고 있어 충분한 영양공급이 필요하거나 일부 영양성분의 제한 또는 보충이 필요한 사람에게 식사의 일부 또는 전부를 대신할 목적으로 경구 또는 경관급식을 통하여 공급할 수 있도록 제조·가공된 식품을 말한다.

11-1 표준형 영양조제식품

표준형 영양조제식품이라 함은 질병, 수술 등의 임상적 상태로 인하여 일반인과 생리적으로 특별히 다른 영양요구량을 가지거나 체력 유지·회복이 필요한 사람에게 식사를 대신하거나 보충하여 영양을 균형 있게 공급할 수 있도록 이 고시에서 정한 표준형 영양조제식품의 성분기준에 따라 제조·가공한 것으로서, 액상·겔 형태의 것 또는 물이나 음식과 혼합하여 섭취할 수 있는 분말·과립 형태의 것을 말한다.

(1) 일반 환자용 균형영양조제식품

환자의 체력이 저하되는 것을 방지하거나 또는 질병, 수술 등의 사유로 저하된 체력을 신속히 회복하기 위해 균형 있는 영양을 충분하게 제공할 수 있도록 영양성분을 조합하는 등의 방법으로 제조·가공한 것을 말하며, (2)~(5)에 해당하는 식품은 제외한다.

(2) 당뇨환자용 영양조제식품

당뇨병환자 또는 고혈당환자 등 혈당 관리가 필요한 환자에게 적합하도록 당질, 포화지방 등 섭취 관리가 필요한 성분을 조정하여 제조·가공한 것을 말한다.

(3) 신장질환자용 영양조제식품

신장질환으로 인해 단백질과 전해질의 섭취조절이 필요한 신장질환환자의 영양요구에 맞추어 영양성분을 조정하여 제조·가공한 것을 말한다.

(4) 장질환자용 단백가수분해 영양조제식품

장질환으로 인해 영양성분의 소화·흡수 기능이 저하된 환자에게 적합하도록 단백질을 가수분해하거나 가수분해된 단백질을 사용하고 필요한 영양성분을 균형 있게 조합하여 제조·가공한 것을 말한다.

(5) 열량 및 영양공급용 식품

질환으로 인한 과대사 또는 영양불량으로 인해 열량 및 영양성분을 추가적으로 제공할 필요가 있는 환자를 위하여 단독 또는 다른 식품과 혼합하여 섭취할 수 있도록 제조·가공한 것을 말한다.

(6) 연하곤란자용 점도조절식품

식품섭취가 어려운 연하곤란자의 기도흡인의 위험을 감소시키기 위하여 사용하는 것으로, 식품에 첨가하여 점도를 증진시키는 제품을 말한다.

11-2 맞춤형 영양조제식품

맞춤형 영양조제식품이라 함은 선천적·후천적 질병, 수술 등 일시적 또는 만성적 임상상태로 인하여 일반인과 생리적으로 특별히 다른 영양요구량을 가지거나 체력 유지·회복에 필요한 사람을 대상으로 식사를 대신하거나 보충하여 영양을 균형 있게 공급할 수 있도록 제조자가 과학적 입증자료를 토대로 제조·가공한 것으로서, 액상·겔 형태의 것 또는 물이나 음식과 혼합하여 섭취할 수 있는 분말·과립 형태의 것을 말한다.

(1) 선천성 대사질환자용 조제식품

유전자의 이상으로 태어날 때부터 생화학적 대사결함이 있어 물질대사효소의 불능 또는 물질의 이송결함 등으로 유해물질이 축적되거나 필요한 물질이 결핍되는 환자를 위하여, 체내에서 대사되지 않는 성분을 제거 또는 제한하거나 다른 필요한 성분을 첨가하여 제조·가공한 것을 말한다.

(2) 영유아용 특수조제식품

미숙아 등 정상적인 영유아와 생리적 영양요구량이 상당히 다른 영유아 또는 우유단백질에 과민하거나 알레르기증상이 있는 영유아를 대상으로 모유 또는 조제유류를 대신하기 위해 영유아의 성장발육에 필요한 영양성분을 조제하여 제조·가공한 것을 말한다. 다만, 조제유류, 영아용 조제식, 성장기용 조제식, 영유아용 이유식으로 분류되는 것은 제외한다.

(3) 기타 환자용 영양조제식품

환자의 질환별 특성을 고려하여 환자에게 필요한 영양성분을 균형 있게 제공할 수 있도록 영양성분을 조정하여 제조·가공한 것으로 11-1～11-2의 다른 식품유형에 해당하지 않는 것을 말한다.

11-3 식단형 식사관리식품

식단형 식사관리식품이라 함은 영양성분 섭취관리가 필요한 만성질환자 등이 편리하게 식사관리를 할 수 있도록 질환별 영양요구에 적합하게 제조된 것으로서, 조리된 식품이거나 조리된 식품을 조합하여 도시락 또는 식단형태로 구성한 것, 소비자가 직접 조리하여 섭취하도록 손질된 식재료를 조합하여 조리법과 함께 동봉한 것 또는 조리된 식품과 손질된 식재료를 조합하여 제조한 것을 말한다.

(1) 당뇨환자용 식단형 식품

당뇨병환자 등 당질 섭취관리가 필요한 사람의 영양요구에 맞추어 당질, 포화지방 등의 섭취를 관리하면서 탄수화물, 지방, 단백질 등 주요 영양성분을 균형 있게 섭취할 수 있도록 적절한 재료를 선정하고 이를 영양요구에 맞게 구성하여 한끼 식사 전체를 대신할 수 있도록 제조·가공한 제품을 말한다.

(2) 신장질환자용 식단형 식품

신장병으로 인해 단백질과 전해질의 섭취조절이 필요한 환자의 영양요구에 맞추어 칼륨, 인, 나트륨 및 단백질 등의 섭취관리가 가능하도록 적절한 재료를 선정하고 이를 영양요구에 맞게 구성하여 한끼 식사 전체를 대신할 수 있도록 제조·가공한 제품을 말한다.

12. 장류

장류라 함은 동·식물성 원료에 누룩균 등을 배양하거나 메주 등을 주원료로 하여 식염 등을 섞어 발효·숙성시킨 것을 제조·가공한 것으로 한식메주, 개량메주, 한식간장, 양조간장, 산분해간장, 효소분해간장, 혼합간장, 한식된장, 된장, 고추장, 춘장, 청국장, 혼합장 등을 말한다.

(1) 한식메주

대두를 주원료로 하여 찌거나 삶아 성형하여 발효시킨 것을 말한다.

(2) 개량메주

대두를 주원료로 하여 원료를 찌거나 삶은 후 선별된 종균을 이용하여 발효시킨 것을 말한다.

(3) 한식간장

메주를 주원료로 하여 식염수 등을 섞어 발효·숙성시킨 후 그 여액을 가공한 것을 말한다.

(4) 양조간장

대두, 탈지대두 또는 곡류 등에 누룩균 등을 배양하여 식염수 등을 섞어 발효·숙성시킨 후 그 여액을 가공한 것을 말한다.

(5) 산분해간장

단백질을 함유한 원료를 산으로 가수분해한 후 그 여액을 가공한 것을 말한다.

(6) 효소분해간장

단백질을 함유한 원료를 효소로 가수분해한 후 그 여액을 가공한 것을 말한다.

(7) 혼합간장

한식간장 또는 양조간장에 산분해간장 또는 효소분해간장을 혼합하여 가공한 것이나 산분해간장 원액에 단백질 또는 탄수화물 원료를 가하여 발효·숙성시킨 여액을 가공한 것 또는 이의 원액에 양조간장 원액이나 산분해간장 원액 등을 혼합하여 가공한 것을 말한다.

(8) 한식된장

한식메주에 식염수를 가하여 발효한 후 여액을 분리한 것을 말한다.

(9) 된장

대두, 쌀, 보리, 밀 또는 탈지대두 등을 주원료로 하여 누룩균 등을 배양한 후 식염을 혼합하여 발효·숙성시킨 것 또는 메주를 식염수에 담가 발효하고 여액을 분리하여 가공한 것을 말한다.

(10) 고추장

두류 또는 곡류 등을 주원료로 하여 누룩균 등을 배양한 후 고춧가루(6% 이상), 식염 등을 가하여 발효·숙성하거나 숙성 후 고춧가루(6% 이상), 식염 등을 가한 것을 말한다.

(11) 춘장

대두, 쌀, 보리, 밀 또는 탈지대두 등을 주원료로 하여 누룩균 등을 배양한 후 식염, 카라멜색소 등을 가하여 발효·숙성하거나 숙성 후 식염, 카라멜색소 등을 가한 것을 말한다.

(12) 청국장

두류를 주원료로 하여 바실루스(Bacillus)속균으로 발효시켜 제조한 것이거나, 이를 고춧가루, 마늘 등으로 조미한 것으로 페이스트, 환, 분말 등을 말한다.

(13) 혼합장

간장, 된장, 고추장, 춘장 또는 청국장 등을 주원료로 하거나 이에 식품 또는 식품첨가물을 혼합하여 제조 · 가공한 것으로 조미된장, 조미고추장 또는 그 외 혼합하여 가공된 장류(장류 50% 이상이어야 한다)를 말한다.

(14) 기타장류

식품유형 (3)~(10)에 해당하지 아니하는 간장, 된장, 고추장을 말한다.

13. 조미식품

조미식품이라 함은 식품을 제조 · 가공 · 조리함에 있어 풍미를 돋우기 위한 목적으로 사용되는 것으로 식초, 소스류, 카레, 고춧가루 또는 실고추, 향신료가공품, 식염을 말한다.

13-1 식초

식초라 함은 곡류, 과실류, 주류 등을 주원료로 하여 발효시켜 제조하거나 이에 곡물당화액, 과실착즙액 등을 혼합 · 숙성하여 만든 발효식초와 빙초산 또는 초산을 먹는물로 희석하여 만든 희석초산을 말한다.

(1) 발효식초

과실 · 곡물술덧(주요), 과실주, 과실착즙액, 곡물주, 곡물당화액, 주정 또는 당류 등을 원료로 하여 초산발효한 액과 이에 과실착즙액 또는 곡물당화액 등을 혼합 · 숙성한 것을 말한다. 이 중 감을 초산발효한 액을 감식초라 한다.

(2) 희석초산

빙초산 또는 초산을 먹는물로 희석하여 만든 액을 말한다.

13-2 소스류

소스류라 함은 동 · 식물성 원료에 향신료, 장류, 당류, 식염, 식초, 식용유지 등을 가하여 가공한 것으로 식품의 조리 전 · 후에 풍미증진을 목적으로 사용되는 것을 말한다.

(1) 복합조미식품

식품에 당류, 식염, 향신료, 단백가수분해물, 효모 또는 그 추출물, 식품첨가물 등을 혼합하여 수분 함량이 8% 이하가 되도록 분말, 과립 또는 고형상 등으로 가공한 것으로 식품에 특유의 맛과 향을 부여하기 위해 사용하는 것을 말한다.

(2) 마요네즈

식용유지와 난황 또는 전란을 사용하고 또한 식초 또는 과즙, 난황, 난백, 단백가수분해물, 식염, 당류, 향신료 등의 원료를 사용하여 유화 등의 방법으로 제조한 것을 말한다.

(3) 토마토케첩

토마토 또는 토마토 농축물(가용성 고형분 25% 기준으로 20% 이상이어야 한다)을 주원료로 하여
이에 당류, 식초, 식염, 향신료, 구연산 등을 가하여 제조한 것을 말한다.

(4) 소스

동·식물성 원료에 향신료, 장류, 당류, 식염, 식초 등을 가하여 혼합한 것이거나 또는 이를 발효·
숙성시킨 것을 말한다. 다만, 따로 기준 및 규격이 정하여져 있는 것은 제외한다.

13-3 카레(커리)

카레(커리)라 함은 향신료를 원료로 한 카레(커리)분 또는 이에 식품이나 식품첨가물 등을 가하여
만든 것을 말한다.

(1) 카레(커리)분

심황(강황), 생강, 고수(코리앤더), 쿠민 등의 천연 향신식물을 원료로 하여 건조·분말로 가공한
것을 말한다.

(2) 카레(커리)

카레(커리)분에 식품이나 식품첨가물 등을 가하여 만든 것(고형 또는 분말제품은 카레(커리)분 5%
이상, 액상제품은 카레(커리)분 1% 이상이어야 한다)을 말한다.

13-4 고춧가루 또는 실고추

고춧가루 또는 실고추라 함은 가짓과에 속하는 고추 또는 그 변종의 성숙한 열매를 건조한 후 가루
로 한 것이거나 실모양으로 절단한 것을 말한다.

(1) 고춧가루

가짓과에 속하는 고추 또는 그 변종의 성숙한 열매를 건조한 후 가루로 한 것을 말한다.

(2) 실고추

가짓과에 속하는 고추 또는 그 변종의 성숙한 열매를 건조한 후 실모양으로 절단한 것을 말한다.

13-5 향신료가공품

향신료가공품이라 함은 향신식물(고추, 마늘, 생강 포함)의 잎, 줄기, 열매, 뿌리 등을 단순가공한
것이거나 이에 식품 또는 식품첨가물을 혼합하여 가공한 것으로 다른 식품의 풍미를 높이기 위하
여 사용하는 것을 말한다. 다만, 따로 기준 및 규격이 정하여져 있는 것은 제외한다.

(1) 천연향신료

향신식물을 분말 등으로 가공한 것을 말한다.

(2) 향신료조제품

천연향신료에 식품 또는 식품첨가물을 혼합하여 가공한 것을 말한다.

13-6 식염

식염이란 해수(해양심층수 포함)나 암염, 호수염 등으로부터 얻은 염화나트륨이 주성분인 결정체를 재처리하거나 가공한 것 또는 해수를 결정화하거나 정제·결정화한 것을 말한다.

(1) 천일염

염전에서 해수를 자연 증발시켜 얻은 염화나트륨이 주성분인 결정체와 이를 분쇄, 세척, 탈수 또는 건조한 염을 말한다.

(2) 재제소금(재제조소금)

원료 소금(100%)을 정제수, 해수 또는 해수농축액 등으로 용해, 여과, 침전, 재결정, 탈수의 과정을 거쳐 제조한 소금을 말한다.

(3) 태움·용융소금

원료 소금(100%)을 태움·용융 등의 방법으로 그 원형을 변형한 소금을 말한다. 다만, 원료 소금을 세척, 분쇄, 압축의 방법으로 가공한 것은 제외한다.

(4) 정제소금

해수(해양심층수 포함)를 농축·정제한 농축함수 또는 원료소금(100%)을 용해한 물을 증발설비 등에 넣어 제조한 소금을 말한다.

(5) 기타소금

식염 중 위 식품유형 (1)부터 (4) 이외의 소금으로 암염이나 호수염 등을 식용에 적합하도록 가공하여 분말, 결정형 등으로 제조한 소금을 말한다.

(6) 가공소금

유형이 상이한 식염을 서로 혼합하거나 천일염, 재제소금, 태움·용융소금, 정제소금, 기타소금을 50% 이상 사용하여 식품 또는 식품첨가물을 가하여 가공한 소금을 말한다.

14. 절임류 또는 조림류

절임류 또는 조림류라 함은 동·식물성 원료에 식염, 식초, 당류 또는 장류를 가하여 절이거나 가열한 것으로 김치류, 절임류, 조림류를 말한다.

14-1 김치류

김치류라 함은 배추 등 채소류를 주원료로 하여 절임, 양념혼합공정을 거쳐 그대로 또는 발효시켜 가공한 김치와 김치를 제조하기 위해 사용하는 김칫속을 말한다.

(1) 김칫속

식물성 원료에 고춧가루, 당류, 식염 등을 가하여 혼합한 것으로 채소류 등에 첨가, 혼합하여 김치를 만드는데 사용하는 것을 말한다.

(2) 김치

배추 등 채소류를 주원료로 하여 절임, 양념혼합과정 등을 거쳐 그대로 또는 발효시킨 것이거나 이를 가공한 것을 말한다.

14-2 절임류

절임류라 함은 채소류, 과일류, 향신료, 야생식물류, 수산물 등을 주원료로 하여 식염, 식초, 당류 또는 장류 등에 절인 후 그대로 또는 이에 다른 식품을 가하여 가공한 절임식품 및 당절임을 말한다. 다만, 따로 기준 및 규격이 정하여져 있는 것은 제외한다.

(1) 절임식품

주원료를 식염, 장류, 식초 등에 절이거나 이를 혼합하여 조미 · 가공한 것을 말한다.

(2) 당절임

주원료를 꿀, 설탕 등 당류에 절이거나 이에 식품 또는 식품첨가물을 가하여 가공한 것을 말한다. 수분함량이 10% 이하인 것은 건조당절임이라고 말한다.

14-3 조림류

조림류라 함은 동 · 식물성원료를 주원료로 하여 식염, 장류, 당류 등을 첨가하고 가열하여 조리거나 볶은 것 또는 이를 조미 가공한 것을 말한다.

15. 주류

주류라 함은 곡류 등의 전분질원료나 과실 등의 당질원료를 주된 원료로 하여 발효, 증류 등의 방법으로 제조 · 가공한 발효주류, 증류주류, 기타주류, 주정 등 주세법에서 규정한 주류를 말한다.

15-1 발효주류

발효주류란 곡류 등의 전분질원료나 과실 등의 당질원료를 주된 원료로 하여 발효시켜 제조한 탁주, 약주, 청주, 맥주, 과실주를 말한다.

(1) 탁주

탁주라 함은 전분질 원료(발아 곡류 제외)와 국(麴), 물을 주된 원료로 하여 발효시킨 술덧을 혼탁하게 제성한 것 또는 그 발효 · 제성 과정에 탄산가스 등을 첨가한 것을 말한다.

(2) 약주

약주라 함은 전분질 원료(발아 곡류 제외)와 국(麴), 식물성 원료, 물 등을 원료로 하여 발효시킨 술덧을 여과하여 제성한 것 또는 발효 · 제성 과정에 당분, 과실 · 채소류, 주정 등을 첨가한 것을 말한다.

(3) 청주

청주라 함은 곡류 중 쌀(찹쌀 포함), 국(麴), 물을 원료로 하여 발효시킨 술덧을 여과하여 제성한 것 또는 발효 · 제성 과정에 주정 등을 첨가한 것을 말한다.

(4) 맥주

　맥주라 함은 발아한 맥류, 홉, 전분질 원료, 물 등을 원료로 하여 발효시켜 제성하거나 여과하여 제성한 것 또는 발효·제성 과정에 녹말이 포함된 재료, 당분, 캐러멜, 탄산가스, 주정 등을 혼합한 것을 말한다.

(5) 과실주

　과실주라 함은 과실 또는 과실에 당분을 첨가하여 발효하거나 술덧에 과실즙, 탄산가스, 주류 등을 혼합하고 여과·제성한 것을 말한다.

15-2 증류주류

　증류주류란 곡류 등의 전분질원료나 과실 등의 당질원료를 주된 원료로 하여 발효시킨 후 증류하여 그대로 또는 나무통에 저장하여 제조한 것을 말한다.

(1) 소주

　소주라 함은 전분질 원료, 국(麴), 물 등을 원료로 발효시켜 연속식증류 이외의 방법으로 증류한 것 또는 주정을 물로 희석하거나 이에 첨가물 등을 혼합하여 희석한 것을 말한다. 다만, 발아시킨 곡류를 원료의 전부 또는 일부로 한 것, 곡류에 물을 뿌려 섞어 밀봉·발효시켜 증류한 것 또는 자작나무 숯으로 여과한 것은 제외한다.

(2) 위스키

　위스키라 함은 발아된 곡류와 물을 원료로 하거나 발아된 곡류와 물, 곡류를 원료로 하여 발효시킨 술덧을 증류하여 나무통에 1년 이상 저장한 것 또는 이에 주정, 첨가재료를 혼합한 것을 말한다.

(3) 브랜디

　브랜디라 함은 과실주(과실주 지게미 포함)를 증류하여 나무통에 1년 이상 저장한 것 또는 이에 주정, 첨가재료를 혼합한 것을 말한다.

(4) 일반증류주

　일반증류주라 함은 고량주, 럼, 진, 보드카, 데킬라 등과 같이 전분, 당분이 포함된 원료를 발효시켜 증류하거나 증류주를 서로 혼합하여 제조한 것으로서 소주, 위스키 또는 브랜디에 해당하지 않는 것을 말한다.

(5) 리큐르

　리큐르라 함은 증류주류에 속하는 주류 중 불휘발분이 2도 이상의 것을 말한다.

15-3 기타 주류

　기타 주류라 함은 15-1 발효주류, 15-2 증류주류 또는 15-4 주정에 속하지 않는 주류를 말한다.

15-4 주정

주정이라 함은 전분질 원료 또는 당질 원료를 발효시켜 증류한 것이나 조주정을 증류한 것으로 희석하여 음용 할 수 있는 에탄올을 말한다. 단, 불순물이 포함되어 있어서 직접 음용 할 수는 없으나 정제하면 음용 할 수 있는 조주정(粗酒精)은 제외한다.

16. 농산가공식품류

농산가공식품류라 함은 농산물을 주원료로 하여 가공한 전분류, 밀가루류, 땅콩 또는 견과류가공품류, 시리얼류, 찐쌀, 효소식품 등을 말한다. 다만, 따로 기준 및 규격이 정하여진 것은 제외한다.

16-1 전분류

전분류라 함은 전분질 원료를 사용하여 마쇄, 사별, 분리 등의 과정을 거쳐 얻은 것이거나 이에 식품 또는 식품첨가물을 가하여 가공한 것을 말한다.

(1) 전분

감자, 고구마 등의 전분질원료를 사용하여 마쇄, 사별, 분리 등의 과정을 거쳐 얻은 분말을 말한다.

(2) 전분가공품

전분을 가공한 것이거나, 이에 식품 또는 식품첨가물을 가하여 가공한 것을 말한다.

16-2 밀가루류

밀가루류라 함은 밀을 선별, 가수, 분쇄, 분리 등의 과정을 거쳐 얻은 분말 또는 이에 영양강화의 목적으로 식품 또는 식품첨가물을 가한 것을 말한다.

(1) 밀가루

밀을 선별, 가수, 분쇄, 분리 등의 과정을 거쳐 얻은 분말로 전립밀가루, 혼합밀가루, 세몰리나 등의 밀가루를 포함한다.

(2) 영양강화 밀가루

밀가루에 영양강화의 목적으로 식품 또는 식품첨가물을 가한 밀가루를 말한다.

16-3 땅콩 또는 견과류가공품류

땅콩 또는 견과류가공품류라 함은 땅콩 또는 견과류를 단순가공하거나 이에 식품 또는 식품첨가물을 가하여 가공한 땅콩버터, 땅콩 또는 견과류가공품을 말한다.

(1) 땅콩버터

땅콩을 볶아 분쇄하여 식품, 식품첨가물을 가하여 가공한 것을 말한다.

(2) 땅콩 또는 견과류가공품

땅콩 또는 견과류를 단순가공하거나 이를 주원료로 하여 설탕, 식용유지 등의 식품이나 식품첨가물을 가하여 가공한 것을 말한다.

16 – 4 시리얼류

시리얼류라 함은 옥수수, 밀, 쌀 등의 곡류를 주원료로 하여 비타민류 및 무기질류 등 영양성분을 강화, 가공한 것으로 필요에 따라 채소, 과일, 견과류 등을 넣어 제조 · 가공한 것을 말한다.

16 – 5 찐쌀

찐쌀이라 함은 벼를 익힌 후 건조하여 도정한 것이거나, 쌀을 익혀서 건조한 것을 말한다.

16 – 6 효소식품

효소식품이라 함은 식물성 원료에 식용미생물을 배양시켜 효소를 다량 함유하게 하거나 식품에서 효소함유부분을 추출한 것 또는 이를 주원료로 하여 가공한 것을 말한다.

16 – 7 기타 농산가공품류

기타 농산가공품이라 함은 과일, 채소, 곡류, 두류, 서류, 버섯 등 농산물을 가공한 것을 말한다. 다만, 따로 기준 및 규격이 정하여진 것은 제외한다.

(1) 과 · 채가공품

과일류, 채소류 또는 버섯류를 주원료로 하여 제조 · 가공하거나 이에 식품 또는 식품첨가물을 가하여 가공한 것을 말한다.

(2) 곡류가공품

쌀, 밀, 옥수수 등 곡류를 주원료로 하여 제조 · 가공하거나 이에 식품 또는 식품첨가물을 가하여 가공한 것을 말한다.

(3) 두류가공품

콩, 녹두, 팥 등 두류를 주원료로 하여 제조 · 가공하거나 이에 식품 또는 식품첨가물을 가하여 가공한 것을 말한다.

(4) 서류가공품

감자, 고구마, 토란 등 서류를 주원료로 하여 제조 · 가공하거나 이에 식품 또는 식품첨가물을 가하여 가공한 것을 말한다.

(5) 기타 농산가공품

농산물을 주원료로 하여 제조 · 가공하거나 이에 식품 또는 식품첨가물을 가하여 가공한 것으로서 다른 유형에 속하지 않는 것을 말한다.

17. 식육가공품 및 포장육

식육가공품 및 포장육이라 함은 식육 또는 식육가공품을 주원료로 하여 가공한 햄류, 소시지류, 베이컨류, 건조저장육류, 양념육류, 식육추출가공품, 식육함유가공품, 포장육을 말한다.

17 - 1 햄류(*축산물)
햄류라 함은 식육 또는 식육가공품을 부위에 따라 분류하여 정형 염지한 후 숙성, 건조한 것, 훈연, 가열처리한 것이거나 식육의 고깃덩어리에 식품 또는 식품첨가물을 가한 후 숙성, 건조한 것이거나 훈연 또는 가열처리하여 가공한 것을 말한다.

(1) 햄
식육을 부위에 따라 분류하여 정형 염지한 후 숙성 · 건조하거나 훈연 또는 가열처리하여 가공한 것을 말한다(뼈나 껍질이 있는 것도 포함한다).

(2) 생햄
식육의 부위를 염지한 것이나 이에 식품첨가물을 가하여 저온에서 훈연 또는 숙성 · 건조한 것을 말한다(뼈나 껍질이 있는 것도 포함한다).

(3) 프레스햄
식육의 고깃덩어리를 염지한 것이나 이에 식품 또는 식품첨가물을 가한 후 숙성 · 건조하거나 훈연 또는 가열처리한 것으로 육함량 75% 이상, 전분 8% 이하의 것을 말한다.

17 - 2 소시지류(*축산물)
소시지류라 함은 식육이나 식육가공품을 그대로 또는 염지하여 분쇄 세절한 것에 식품 또는 식품첨가물을 가한 후 훈연 또는 가열처리한 것이거나, 저온에서 발효시켜 숙성 또는 건조처리한 것이거나, 또는 케이싱에 충전하여 냉장 · 냉동한 것을 말한다.(육함량 70% 이상, 전분 10% 이하의 것).

(1) 소시지
식육(육함량 중 10% 미만의 알류를 혼합한 것도 포함)에 다른 식품 또는 식품첨가물을 가한 후 숙성 · 건조시킨 것, 훈연 또는 가열처리한 것 또는 케이싱에 충전 후 냉장 · 냉동한 것을 말한다.

(2) 발효소시지
식육에 다른 식품 또는 식품첨가물을 가하여 저온에서 훈연 또는 훈연하지 않고 발효시켜 숙성 또는 건조처리한 것을 말한다.

(3) 혼합소시지
식육(전체 육함량 중 20% 미만의 어육 또는 알류를 혼합한 것도 포함)에 다른 식품 또는 식품첨가물을 가한 후 숙성 · 건조시킨 것, 훈연 또는 가열처리한 것을 말한다.

17-3 베이컨류(*축산물)

베이컨류라 함은 돼지의 복부육(삼겹살) 또는 특정부위육(등심육, 어깨부위육)을 정형한 것을 염지한 후 그대로 또는 식품 또는 식품첨가물을 가하여 훈연하거나 가열처리한 것을 말한다.

17-4 건조저장육류(*축산물)

건조저장육류라 함은 식육을 그대로 또는 이에 식품 또는 식품첨가물을 가하여 건조하거나 열처리하여 건조한 것을 말한다(육함량 85% 이상의 것).

17-5 양념육류(*축산물)

양념육류라 함은 식육 또는 식육가공품에 식품 또는 식품첨가물을 가하여 양념하거나 이를 가열 등 가공한 것을 말한다.

(1) 양념육

식육이나 식육가공품에 식품 또는 식품첨가물을 가하여 양념한 것이거나 식육을 그대로 또는 양념하여 가열처리한 것으로 편육, 수육 등을 포함한다(육함량 60% 이상).

(2) 분쇄가공육제품

식육(내장은 제외한다)을 세절 또는 분쇄하여 이에 식품 또는 식품첨가물을 가한 후 냉장, 냉동한 것이거나 이를 훈연 또는 열처리한 것으로서 햄버거패티·미트볼·돈가스 등을 말한다(육함량 50% 이상의 것).

(3) 갈비가공품

식육의 갈비부위(뼈가 붙어 있는 것에 한한다)를 정형하여 식품 또는 식품첨가물을 가하거나 가열 등의 가공처리를 한 것을 말한다.

(4) 천연케이싱

돈장, 양장 등 가축의 내장을 소금 또는 소금용액으로 염(수)장 하여 식육이나 식육가공품을 담을 수 있도록 가공 처리한 것을 말한다.

17-6 식육추출가공품(*축산물)

식육추출가공품이라 함은 식육을 주원료로 하여 물로 추출한 것이거나 이에 식품 또는 식품첨가물을 가하여 가공한 것을 말한다.

17-7 식육함유가공품

식육함유가공품이라 함은 식육을 주원료로 하여 제조·가공한 것으로 식품유형 17-1~17-6에 해당되지 않는 것을 말한다.

17-8 포장육(*축산물)

판매를 목적으로 식육을 절단(세절 또는 분쇄를 포함한다)하여 포장한 상태로 냉장 또는 냉동한 것으로서 화학적 합성품 등 첨가물 또는 다른 식품을 첨가하지 아니한 것을 말한다(육함량 100%).

18. 알가공품류

18-1 알가공품(*축산물)

알가공품이라 함은 알 또는 알가공품을 원료로 하여 식품 또는 식품첨가물을 가한 것이거나 이를 가공한 전란액, 난황액, 난백액, 전란분, 난황분, 난백분, 알가열제품, 피단을 말한다.

(1) 전란액

알의 전 내용물이거나 이에 식염, 당류 등을 가한 것 또는 이를 냉동한 것을 말한다(알내용물 80% 이상).

(2) 난황액

알의 노른자이거나 이에 식염 및 당류 등을 가한 것 또는 이를 냉동한 것을 말한다(알내용물 80% 이상).

(3) 난백액

알의 흰자이거나 이에 식염 및 당류 등을 가한 것 또는 이를 냉동한 것을 말한다(알내용물 80% 이상).

(4) 전란분

알의 전 내용물을 분말로 한 것을 말한다(알 내용물 90% 이상).

(5) 난황분

알의 노른자를 분말로 한 것을 말한다(알 내용물 90% 이상).

(6) 난백분

알의 흰자를 분말로 한 것을 말한다(알 내용물 90% 이상).

(7) 알가열제품

알을 그대로 또는 이에 식품이나 식품첨가물을 가하여 가열처리공정을 거친 것과 알을 삶은 후 그대로 또는 껍질을 제거하여 식품 또는 식품첨가물을 가하여 조리거나 가공한 것을 말한다(알 내용물 30% 이상).

(8) 피단

알껍질 외부로부터 조미·향신료 등을 알 내용물에 침투시켜 특유의 맛과 단단한 조직을 갖도록 숙성한 것을 말한다(알 내용물 90% 이상).

18-2 알함유가공품

알함유가공품이라 함은 알을 주원료로 하여 제조 · 가공한 것으로 식품유형 18-1에 해당되지 않는 것을 말한다.

19. 유가공품

유가공품류라 함은 원유를 주원료로 하여 가공한 우유류, 가공유류, 산양유, 발효유류, 버터유, 농축유류, 유크림류, 버터류, 치즈류, 분유류, 유청류, 유당, 유단백가수분해식품, 유함유가공품을 말한다. 다만, 커피고형분이 0.5% 이상 함유된 음용을 목적으로 하는 제품은 제외한다.

19-1 우유류(*축산물)

우유류라 함은 원유를 살균 또는 멸균처리한 것(원유의 유지방분을 부분 제거한 것 포함)이거나 유지방 성분을 조정한 것 또는 유가공품으로 원유성분과 유사하게 환원한 것을 말한다.

(1) 우유

유를 살균 또는 멸균처리한 것을 말한다(원유 100%).

(2) 환원유

유가공품으로 원유성분과 유사하게 환원하여 살균 또는 멸균처리한 것으로 무지유고형분 8% 이상의 것을 말한다.

19-2 가공유류(*축산물)

가공유류라 함은 원유 또는 유가공품에 식품 또는 식품첨가물을 가한 액상의 것을 말한다. 다만 커피 고형분이 0.5% 이상인 제품은 제외한다.

(1) 강화우유

우유류에 비타민 또는 무기질을 강화할 목적으로 식품첨가물을 가한 것을 말한다(우유류 100%, 단, 식품첨가물 제외).

(2) 유산균첨가우유

우유류에 유산균을 첨가한 것을 말한다(우유류 100%, 단, 유산균 제외).

(3) 유당분해우유

원유의 유당을 분해 또는 제거한 것이나, 이에 비타민, 무기질을 강화한 것으로 살균 또는 멸균처리한 것을 말한다.

(4) 가공유

유 또는 유가공품에 식품 또는 식품첨가물을 가한 것으로 식품유형 (1)~(3)에 정하여지지 아니한 가공유류를 말한다.

19-3 산양유(*축산물)

산양유라 함은 산양의 원유를 살균 또는 멸균 처리한 것을 말한다(산양의 원유 100%).

19-4 발효유류(*축산물)

발효유류라 함은 원유 또는 유가공품을 유산균 또는 효모로 발효시킨 것이거나, 이에 식품 또는 식품첨가물을 가한 것을 말한다.

(1) 발효유

원유 또는 유가공품을 발효시킨 것이거나, 이에 식품 또는 식품첨가물을 가한 것으로 무지유고형분 3% 이상의 것을 말한다.

(2) 농후발효유

원유 또는 유가공품을 발효시킨 것이거나, 이에 식품 또는 식품첨가물을 가한 것으로 무지유고형분 8% 이상의 호상 또는 액상의 것을 말한다.

(3) 크림발효유

원유 또는 유가공품을 발효시킨 것이거나, 이에 식품 또는 식품첨가물을 가한 것으로 무지유고형분 3% 이상, 유지방 8% 이상의 것을 말한다.

(4) 농후크림발효유

원유 또는 유가공품을 발효시킨 것이거나, 이에 식품 또는 식품첨가물을 가한 것으로 무지유고형분 8% 이상, 유지방 8% 이상의 것을 말한다.

(5) 발효버터유

버터유를 발효시킨 것으로 무지유고형분 8% 이상의 것을 말한다.

(6) 발효유분말

원유 또는 유가공품을 발효시킨 것이거나 이에 식품 또는 식품첨가물을 가하여 분말화한 것으로 유고형분 85% 이상의 것을 말한다.

19-5 버터유(*축산물)

버터유라 함은 우유의 크림에서 버터를 제조하고 남은 것을 살균 또는 멸균 처리한 것이거나 이를 분말화한 것을 말한다(원료 버터유 100%).

19-6 농축유류(*축산물)

농축유류라 함은 원유 또는 우유류를 그대로 농축한 것이거나 원유 또는 우유류에 식품 또는 식품첨가물을 가하여 농축한 것을 말한다.

(1) 농축우유

원유를 그대로 농축한 것을 말한다.

(2) 탈지농축우유

원유의 유지방분을 0.5% 이하로 조정하여 농축한 것을 말한다.

(3) 가당연유

원유에 당류를 가하여 농축한 것을 말한다.

(4) 가당탈지연유

원유의 유지방분을 0.5% 이하로 조정한 후 당류를 가하여 농축한 것을 말한다.

(5) 가공연유

원유 또는 우유류에 식품 또는 식품첨가물을 가하여 농축한 것을 말한다.

19 – 7 유크림류(*축산물)

유크림류라 함은 원유 또는 우유류에서 분리한 유지방분이거나 이에 식품 또는 식품첨가물을 가한 것을 말한다.

(1) 유크림

원유 또는 우유류에서 분리한 유지방분으로 유지방분 30% 이상의 것을 말한다.

(2) 가공유크림

유크림에 식품 또는 식품첨가물을 가하여 가공한 것으로 유지방분 18% 이상(분말 제품의 경우 50% 이상)의 것을 말한다.

19 – 8 버터류(*축산물)

버터류라 함은 원유, 우유류 등에서 유지방분을 분리한 것이거나 발효시킨 것을 그대로 또는 이에 식품이나 식품첨가물을 가하여 교반, 연압 등 가공한 것을 말한다.

(1) 버터

원유, 우유류 등에서 유지방분을 분리한 것 또는 발효시킨 것을 교반하여 연압한 것을 말한다(식염이나 식용색소를 가한 것 포함).

(2) 가공버터

버터의 제조 · 가공 중 또는 제조 · 가공이 완료된 버터에 식품 또는 식품 첨가물을 가하여 교반, 연압 등 가공한 것을 말한다.

(3) 버터오일

버터 또는 유크림에서 수분과 무지유고형분을 제거한 것을 말한다.

19 – 9 치즈류(*축산물)

치즈류라 함은 원유 또는 유가공품에 유산균, 응유효소, 유기산 등을 가하여 응고, 가열, 농축 등의 공정을 거쳐 제조 · 가공한 자연치즈 및 가공치즈를 말한다.

(1) 자연치즈

원유 또는 유가공품에 유산균, 응유효소, 유기산 등을 가하여 응고시킨 후 유청을 제거하여 제조한 것을 말한다. 또한, 유청 또는 유청에 원유, 유가공품 등을 가한 것을 농축하거나 가열 응고시켜 제조한 것도 포함한다.

(2) 가공치즈

자연치즈를 원료로 하여 이에 유가공품, 다른 식품 또는 식품첨가물을 가한 후 유화 또는 유화시키지 않고 가공한 것으로 자연치즈 유래 유고형분 18% 이상인 것을 말한다.

19 – 10 분유류(*축산물)

분유류라 함은 원유 또는 탈지유를 그대로 또는 이에 식품 또는 식품첨가물을 가하여 가공한 분말상의 것을 말한다.

(1) 전지분유

원유에서 수분을 제거하여 분말화한 것을 말한다(원유 100%).

(2) 탈지분유

탈지유(유지방 0.5% 이하)에서 수분을 제거하여 분말화한 것을 말한다(탈지유 100%).

(3) 가당분유

원유에 당류(설탕, 과당, 포도당, 올리고당류)를 가하여 분말화한 것을 말한다(원유 100%, 첨가한 당류는 제외).

(4) 혼합분유

원유, 전지분유, 탈지유 또는 탈지분유에 곡분, 곡류가공품, 코코아가공품, 유청, 유청분말 등의 식품 또는 식품첨가물을 가하여 가공한 분말상의 것으로 원유, 전지분유, 탈지유 또는 탈지분유(유고형분으로서) 50% 이상의 것을 말한다.

19 – 11 유청류(*축산물)

1) 정의

유청류라 함은 원유, 우유를 유산균으로 발효시키거나 효소 또는 산을 가하여 생산된 생유청을 그대로 또는 탈염 · 탈지 등의 처리를 한 후 살균 · 멸균 또는 농축한 것이거나 분말 상태로 한 것을 말한다.(생유청 100%).

(1) 유청

생유청을 살균 또는 멸균처리한 것을 말한다.

(2) 농축유청

생유청을 농축한 것을 말한다.

(3) 유청단백분말

생유청에서 유당이나 무기질 등을 제거하여 분말화 한 것을 말한다.

19 – 12 유당(*축산물)

유당이라 함은 탈지유 또는 유청에서 탄수화물 성분을 분리하여 분말화한 것을 말한다(원유 또는 유가공품 100%).

19 – 13 유단백가수분해식품(*축산물)

유단백가수분해식품이라 함은 유단백을 효소 또는 산으로 가수분해하여 가공한 것 또는 이에 식품 또는 식품첨가물을 가한 것을 말한다.

19 – 14 유함유가공품

유함유가공품이라 함은 원유 또는 유가공품을 주원료로 하여 제조·가공한 것으로, 식품유형 19 – 1 ~19 – 13에 해당하지 않는 것을 말한다.

20. 수산가공식품류

수산가공식품류라 함은 수산물을 주원료로 분쇄, 건조 등의 공정을 거치거나 이에 식품 또는 식품첨가물을 가하여 제조·가공한 것으로 어육가공품류, 젓갈류, 건포류, 조미김 등을 말한다.

20 – 1 어육가공품류

어육가공품류라 함은 어육을 주원료로 하여 식품 또는 식품첨가물을 가하여 제조·가공한 것으로 어육살, 연육, 어육반제품, 어묵, 어육소시지 등을 말한다.

(1) 어육살

어류의 살을 채취, 가공한 어육살로서 부형제와 보존료(소브산 및 소브산칼륨 제외) 등 식품첨가물을 일절 첨가하지 아니한 것을 말한다.

(2) 연육

어류의 살을 채취·가공한 어육살에 염, 당류, 인산염 등을 가한 것을 말한다.

(3) 어육반제품

어육의 염(鹽)에 녹는 단백질을 용출시킨 고기풀에 식품 또는 식품첨가물을 가한 것으로서 열처리하지 아니한 것을 말한다.

(4) 어묵

어육 중 염(鹽)에 녹는 단백실을 용출시킨 고기풀에 식품 또는 식품첨가물을 가하여 제조·가공한 것을 말한다.

(5) 어육소시지

어육이나 어육 및 식육을 염지하여 훈연한 것 또는 어육이나 어육 및 식육 등을 케이싱에 충전하여 열처리한 것을 말한다(다만, 어육의 함량이 식육의 함량보다 많아야 한다).

(6) 기타 어육가공품

식품유형 (1)~(5)에 정하여지지 아니한 어육가공품류를 말한다.

20-2 젓갈류

젓갈류라 함은 어류, 갑각류, 연체류, 극피류 등에 식염을 가하여 발효 숙성한 것 또는 이를 분리한 여액에 식품 또는 식품첨가물을 가하여 가공한 젓갈, 양념젓갈, 액젓, 조미액젓을 말한다.

(1) 젓갈

어류, 갑각류, 연체류, 극피류 등의 전체 또는 일부분에 식염('식해'의 경우 식염 및 곡류 등)을 가하여 발효 숙성시킨 것(생물로 기준할 때 60% 이상)을 말한다.

(2) 양념젓갈

젓갈에 고춧가루, 조미료 등을 가하여 양념한 것을 말한다.

(3) 액젓

젓갈을 여과하거나 분리한 액 또는 이에 여과·분리하고 남은 것을 재발효 또는 숙성시킨 후 여과 하거나 분리한 액을 혼합한 것을 말한다.

(4) 조미액젓

액젓에 염수 또는 조미료 등을 가한 것을 말한다.

20-3 건포류

건포류라 함은 어류, 연체류 등의 수산물을 건조한 것이거나 이를 조미 등으로 가공한 조미건어포, 건어포 등을 말한다.

(1) 조미건어포

어류 또는 연체류 등을 조미, 건조 등으로 가공한 것을 말한다.

(2) 건어포

어류 또는 연체류 등을 건조한 것이거나 이를 절단한 것을 말한다.

(3) 기타 건포류

식품유형 (1)~(2)에 정하여지지 아니한 것을 말한다.

20-4 조미김

조미김이라 함은 마른김(얼구운김 포함)을 굽거나, 식용유지, 조미료, 식염 등으로 조미·가공한 것을 말한다.

20-5 한천

우무를 동결탈수하거나 압착 탈수하여 건조시킨 식품을 말한다.

20-6 기타 수산물가공품

기타 수산물가공품이라 함은 수산물을 주원료로 하여 가공한 것을 말한다. 다만, 따로 기준 및 규격이 정하여져 있는 것은 제외한다.

21. 동물성가공식품류

동물성가공식품류라 함은 「축산물 위생관리법」에서 정하고 있는 가축 이외 동물의 식육, 알 또는 동물성 원료를 주원료로 하여 가공한 기타식육 또는 기타알제품, 곤충가공식품, 자라가공식품, 추출가공식품 등을 말한다. 다만, 따로 기준 및 규격이 정하여진 것은 제외한다.

21-1 기타 식육 또는 기타 알제품

기타 식육 또는 기타 알제품이라 함은 「축산물 위생관리법」에서 정하는 가축에 해당하지 않는 동물의 식육 또는 알 또는 식용가능 동물의 가식부위를 주원료로 하여 가공한 것을 말한다.

(1) 기타 식육 또는 기타 알

식용을 목적으로 생산한 동물의 알, 지육, 정육, 내장 또는 기타 가식부분을 말한다.

(2) 기타 동물성 가공식품

식용을 목적으로 생산한 동물의 식육, 알 또는 가식부위를 주원료로 하여 가공한 것을 말한다.

21-2 곤충가공식품

곤충가공식품이라 함은 식용곤충을 건조, 분말 등으로 가공한 것이거나 이에 식품 또는 식품첨가물을 가하여 가공한 것을 말한다.

21-3 자라가공식품

자라가공식품이라 함은 식용으로 양식한 자라를 가공한 것을 말한다.

(1) 자라분말

자라의 가식부위를 건조하여 분말화한 것을 말한다.

(2) 자라분말제품

자라분말을 주원료(30.0% 이상)로 하여 제조·가공한 것을 말한다.

(3) 자라유제품

자라로부터 채취한 자라유 또는 이를 주원료(98.0% 이상)로 하여 제조·가공한 것을 말한다.

21 – 4 추출가공식품

　추출가공식품이라 함은 식용동물성소재를 주원료로 하여 물로 추출한 것이거나 이에 식품 또는 식품첨가물을 가하여 가공한 것을 말한다. 다만, 따로 기준 및 규격이 정하여진 것은 제외한다.

22. 벌꿀 및 화분가공품류

벌꿀 및 화분가공품류라 함은 꿀벌들이 채집하여 벌집에 저장한 자연물 또는 이를 가공한 것으로 벌꿀류, 로열젤리류, 화분가공식품을 말한다.

22 – 1 벌꿀류

　벌꿀류라 함은 꿀벌들이 꽃꿀, 수액 등 자연물을 채집하여 벌집에 저장한 것 또는 이를 채밀한 것을 말한다.

(1) 벌집꿀

　꿀벌들이 꽃꿀, 수액 등 자연물을 채집하여 벌집 속에 저장한 후 벌집의 전체 또는 일부를 봉한 것 또는 이에 벌꿀을 가한 것으로 벌집 고유의 형태를 유지하고 있는 것을 말한다.

(2) 벌꿀

　꿀벌들이 꽃꿀, 수액 등 자연물을 채집하여 벌집에 저장한 것을 채밀, 숙성시킨 것을 말한다.

(3) 사양벌집꿀

　꿀벌을 설탕으로 사양한 후 채취한 벌집꿀 또는 이에 벌꿀이나 사양벌꿀을 가한 것으로 벌집 고유의 형태를 유지하고 있는 것을 말한다.

(4) 사양벌꿀

　꿀벌을 설탕으로 사양한 후 채밀, 숙성시킨 것을 말한다.

22 – 2 로열젤리류

　로열젤리류라 함은 일벌의 인두선에서 분비되는 분비물을 그대로 또는 이를 가공한 것을 말한다.

(1) 로열젤리

　일벌의 인두선에서 분비되는 분비물인 로열젤리를 식용에 적합하도록 이물을 제거한 것이거나 이를 건조한 것을 말한다.

(2) 로열젤리제품

　로열젤리를 제조 · 가공한 것을 말한다.

22 – 3 화분가공식품

　화분식품이라 함은 화분을 껍질 파쇄, 추출, 농축, 정제 등의 공정을 거친 것이거나 이를 가공한 것을 말한다.

(1) 가공화분

　　꿀벌 또는 인공적으로 채취한 화분에서 이물을 제거하고 껍질을 파쇄한 것 또는 효소처리하여 추출한 것을 농축하거나 분말화한 것을 말한다.

(2) 화분함유제품

　　화분(30.0% 이상) 또는 화분추출물(고형분으로서 10.0% 이상)을 주원료로 하여 제조·가공한 것을 말한다.

23. 즉석식품류

즉석식품류라 함은 바로 섭취하거나 가열 등 간단한 조리과정을 거쳐 섭취하는 것으로 생식류, 만두, 즉석섭취·편의식품류를 말한다. 다만, 따로 기준 및 규격이 정하여져 있는 것은 제외한다.

23-1 생식류

　　생식류라 함은 동·식물성 원료를 주원료로 하여 건조 등 가공한 것으로 이를 그대로 또는 물 등과 혼합하여 섭취할 수 있도록 한 것을 말한다. 다만, 따로 기준 및 규격이 정하여져 있는 것은 제외한다.

(1) 생식제품

　　동·식물성 원료를 영양성분의 파괴, 효소의 불활성화, 전분의 호화 등이 최소화되도록 건조한 생식원료가 80% 이상인 것을 말한다.

(2) 생식함유제품

　　동·식물성 원료를 영양성분의 파괴, 효소의 불활성화, 전분의 호화 등이 최소화되도록 건조한 생식원료가 50% 이상인 것을 말한다.

23-2 즉석섭취·편의식품류

　　즉석섭취·편의식품류라 함은 소비자가 별도의 조리과정 없이 그대로 또는 단순조리과정을 거쳐 섭취할 수 있도록 제조·가공·포장한 즉석섭취식품, 신선편의식품, 즉석조리식품, 간편조리세트를 말한다. 다만, 따로 기준 및 규격이 정하여져 있는 것은 제외한다.

(1) 신선편의식품

　　농·임산물을 세척, 박피, 절단 또는 세절 등의 가공공정을 거치거나 이에 단순히 식품 또는 식품첨가물을 가한 것으로서 그대로 섭취할 수 있는 샐러드, 새싹채소 등의 식품을 말한다.

(2) 즉석섭취식품

　　동·식물성 원료를 식품이나 식품첨가물을 가하여 제조·가공한 것으로서 더 이상의 가열, 조리과정 없이 그대로 섭취할 수 있는 도시락, 김밥, 햄버거, 선식 등의 식품을 말한다.

(3) 즉석조리식품

동·식물성 원료에 식품이나 식품첨가물을 가하여 제조·가공한 것으로서 단순가열 등의 가열조리과정을 거치면 섭취할 수 있도록 제조된 국, 탕, 수프, 순대 등의 식품을 말한다. 다만, 간편조리세트에 속하는 것은 제외한다.

(4) 간편조리세트

조리되지 않은 손질된 농·축·수산물과 가공식품 등 조리에 필요한 정량의 식재료와 양념 및 조리법으로 구성되어, 제공되는 조리법에 따라 소비자가 가정에서 간편하게 조리하여 섭취할 수 있도록 제조한 제품을 말한다.

23 – 3 만두류

만두류란 곡분 또는 전분을 주원료로 반죽하여 성형한 만두피에 고기, 야채, 두부, 김치 등 다양한 원료로 제조한 소를 넣고 빚어 만든 것을 말한다.

(1) 만두

식육, 채소류 등의 혼합물을 만두피 등으로 성형한 것을 말한다.

(2) 만두피

곡분 또는 전분을 주원료로 반죽 및 성형한 것으로 소를 담아 만두를 제조할 수 있도록 제조된 것을 말한다.

24. 기타 식품류

24 – 1 효모식품

효모식품이라 함은 식용효모를 분리, 정제하여 건조하거나 이를 가공한 것 또는 식용 효모균주를 분리, 정제한 후 자가소화, 효소분해, 열수추출 등의 방법에 의해 추출한 식용효모추출물을 주원료로 하여 제조한 것을 말한다.

24 – 2 기타 가공품

'제5. 식품별 기준 및 규격' 중 1. 과자류, 빵류 또는 떡류 내지 23. 즉석식품류에 해당되지 않는 식품으로서, 해당 식품의 정의, 제조·가공기준, 주원료, 성상, 제품명 및 용도 등이 개별 기준 및 규격에 부적합한 제품은 제외한다.

기출 및 예상문제

333

01 식품 제조

[곡류 및 서류 제조]

01 D.E(Dextrose Equivalent)란 무엇인지 간단히 서술하시오.

(예상문제)

해답

D.E란 당화율을 뜻하는 용어로 전분의 가수분해 정도를 표시하는 수치이다.

$$D.E = \frac{포도당}{고형분} \times 100$$

02 전분당 제조 시 amylase, glucoamylase에 의해 나타나는 D.E와 점도 변화에 대해 쓰시오.

(2009, 2016 기출)

해답

전분당 제조 시에는 amylase와 glucoamylase에 의해 분해되어 D.E가 증가하고 점도는 감소한다.

03 다음 문장의 빈칸을 채우시오. (2011 기출)

> 엿당이 ( )에 의해 분해되어 ( )이 생성되고, D.E=( )이 높아지면
> 감미도가 ( )지고, 점도는 ( )진다.

해답
maltase, 포도당, (포도당/고형분)×100, 높아, 낮아

04 전분의 산, 효소 당화과정 중 분해되어 생성되는 중간생성물(A), A가 α-amylase에 의해 점도가 감소하게 되는 공정 이름(B), glucoamylase에 의해 포도당이 형성되는 공정이름 (C)를 쓰시오. (2011, 2020 기출)

해답
A : 덱스트린, B : 액화, C : 당화

05 밀의 제분 과정에서 밀기울과 배젖을 분리하는 공정은 무엇인지 서술하시오. (2014 기출)

해답 ··

밀의 제분과정 중에는 조질공정과 컨디셔닝 공정을 통해 밀기울과 배젖을 분리한다.

- 조질(Tempering)은 밀의 수분을 조절하여 45℃ 이하로 가열하는 공정으로 외피와 배젖을 효과적으로 분리할 수 있다.
- 컨디셔닝(Conditioning)은 조질 시 온도를 45℃ 이상으로 높여서 그 효과를 극대화시키는 것이다. 컨디셔닝을 한 후 원료밀을 가열하고 냉각시키면 밀이 팽창·수축되어 밀기울과 배젖의 분리가 더욱 용이해진다.

06 **전분의 노화를 억제하는 방법을 3가지 이상 기술하시오.** (2014 기출)

①

②

③

해답 ··

- 노화가 가장 잘 발생하는 온도는 0℃이다. 원료를 60℃ 이상 −20℃ 이하로 유지시키면 노화가 억제된다.
- 수분함량 30~60%는 노화가 일어나기 쉬우므로 수분함량을 30% 이하, 60% 이상으로 유지한다.
- 대부분의 염류는 노화를 억제하므로 황산염을 제외한 염류를 첨가한다.
- 당은 탈수작용으로 노화를 억제하므로 당을 첨가한다.
- 알칼리성은 노화를 억제하므로 pH를 높여준다.

07 **전분의 호화에 영향을 미치는 조건을 설명하시오.** (2020 기출)

- 수분 : 수분의 함량이 많을수록 잘 일어난다.
- 전분의 종류 : 전분입자가 작은 쌀(68~78℃), 옥수수(62~70℃) 등 곡류전분은 입자가 큰 감자 (53~63℃), 고구마(59~66℃)등 서류전분보다 호화온도가 높다.
- 온도 : 온도가 높을수록 호화시간이 빠르다.
- pH : 알칼리성에서 팽윤을 촉진하여 호화가 촉진되며 산성에서는 전분입자가 분해되어 점도가 감소한다.
- 염류 : 대부분 염류는 팽윤제로 호화를 촉진하지만 황산염은 호화를 억제한다.
- 당(탄수화물) : 당을 첨가하면 호화온도가 상승하고 호화속도는 감소한다.

08 전분을 포도당으로 만드는 공정에서 액화된 상태의 glucoamylase와 pullulanase를 함께 넣었다. 이때 glucoamylase만 넣을 경우에는 어떤 변화가 일어나는지 서술하시오.

(2017 기출)

해답

Pullulanase는 α-1,6 결합을 특이적으로 가수분해하는 효소이다. 이에 glucoamylase만 단독으로 첨가 시에는 포도당 제조시간이 동시첨가 시보다 길어진다.

09 액화와 당화 시 첨가하는 효소를 각각 쓰시오.

(2014, 2019 기출)

- 액화 시 :
- 당화 시 :

해답

- 액화 시에는 α-amylase
- 당화 시에는 β-amylase 첨가

10 전분을 당화시키는 기술 중 효소당화법과 산당화법의 특성을 비교하여 설명하시오.

(예상문제)

해답

구분	효소당화법	산당화법
원료전분	정제할 필요 없음	완전정제 필요
당화전분농도	50%	약 25%
분해한도	97~99%	약 90%
당화시간	48~72시간	약 60분
당화설비	특별한 설비 필요 없음	내산 · 내압설비 필요
당화액 상태	쓴맛이 없고 착색물이 생성되지 않음	쓴맛이 강하며 착색물이 생성
당화액 정제	산당화보다 약간 더 필요	활성탄 0.2~0.3% 이온교환수지
관리	보온(55℃) 시 중화 필요 없음	중화가 필요
수율	결정포도당으로 80% 이상, 분말포도당으로 100%	결정 포도당으로서 약 70%

11 다음의 효소가 식품가공에서 활용되는 분야를 쓰시오.

(2013 기출)

- α – amylase :

- β – amylase :

- glucoamylase :

해답

- α – amylase : 산당화엿, 코지 제조
- β – amylase : 맥아엿, 식혜
- glucoamylase : 포도당 제조

 TIP
- α – amylase : α – 1,4 – glucan 결합을 비특이적으로 가수분해
- β – amylase : α – 1,4 – glucan 결합을 비환원성 말단에서부터 maltose 단위로 규칙적 가수분해
- glucoamylase : α – 1,4 – glucan 결합을 비환원성 말단에서부터 glucose 단위로 규칙적 가수분해

12 밀가루 대신 전분으로 빵을 만들 때의 특성과 원인성분은 무엇인지 쓰시오. (2015 기출)

> **해답**

밀가루 대신 전분으로 빵을 만들게 되면 밀가루 빵에 비하여 부피감이 작고 퍽퍽한 식감의 빵이 만들어진다. 이는 전분에는 글루텐이 존재하지 않는 대신 전분 속의 amylose와 almylopectin이 호화됨으로써 발생되는 현상이다.

13 밀가루 대신 전분으로 빵을 만들 때의 물리적 특성 변화와 원리에 대해 쓰시오. (2018 기출)

> **해답**

전분으로 빵의 제조 시 가열로 인한 온도 증가에 따라 전분이 호화하면서 빵의 맛과 색 변화를 가져온다. 하지만 밀가루에 비해 글루텐 함량이 낮아 빵의 팽창력이 약하다.

14 밀가루 20g에 10mL의 물을 넣어 습부량(wet gluten)을 측정한 결과가 4g일 때 습부율은 몇 %인지 계산하시오. (2011기출)

> **해답**

$$습부율 = \frac{습부량}{밀가루중량} \times 100 = \frac{4}{20} \times 100 = 20\%$$

15 100g의 밀가루를 건조하여 15g의 글루텐을 얻었다. 이 밀가루의 건부율을 구하고, 제과용이나 튀김용으로 적합한지 판정 여부를 건부율과 연관하여 설명하시오. (2009 기출)

해답

▼ 밀가루의 품질과 용도

종류	건부량	습부량	원료밀	용도
강력분	13% 이상	40% 이상	유리질 밀	식빵
중력분	10~13%	30~40%	중간질 밀	면류
박력분	10% 이하	30% 이하	분상질 밀	과자

- 건부율(%) = $\left(\dfrac{건부량}{밀가루중량}\right) \times 100$

  $= \left(\dfrac{15\text{g}}{100\text{g}}\right) \times 100 = 15\%$

- 건부율이 13% 이상이면 강력분에 해당하는데, 해당 밀가루의 경우 건부율이 15%이므로 강력분에 해당한다. 강력분은 식빵 등의 제조에 적합하고 과자나 튀김용 밀가루의 경우 박력분으로 만드는 것이 적합하므로 해당 밀가루는 튀김용으로 적합하지 않다.

16 밀가루의 숙성공정 시 과산화벤조일, 아조디카르본아미드, 이산화염소 등의 밀가루 개량제를 사용하는데, 밀가루 개량제를 첨가했을 때의 장점은 무엇인지 간략히 서술하시오. (예상문제)

해답

밀가루 개량제 첨가 시 밀가루가 산화되며 표백이 되는 시간이 줄어든다. 시간감소로 인한 저장비용 절감효과가 있고 가공효율을 높일 수 있다.

17 밀의 제분과정 중 조질에 해당하는 과정은 2가지로 구분된다. 조질의 2단계 명칭 및 역할을 기술하시오.

(예상문제)

해답

밀의 제분과정 중 조질은 템퍼링과 컨디셔닝을 통해 밀의 외피와 배유를 도정하기 좋은 상태로 만들기 위해 물성을 변화시키는 공정이다.

• 1단계 템퍼링(Tempering) : 밀의 수분함량을 15% 전후로 상향시킨다.
• 2단계 컨디셔닝(Conditioning) : 수분을 상향조정한 밀을 45°에서 2~3시간 방치시킴으로써 템퍼링의 효과를 높이는 단계이다. 컨디셔닝을 진행한 원료밀을 가열한 후 냉각시키면 밀이 팽창과 수축을 반복하며 외피와 배유의 분리가 용이해진다.

18 150kg의 밀을 제분하고자 한다. 이때 Tempering과정에서 밀의 수분함량을 11%에서 16%로 상향시키고자 한다. 첨가해야 하는 수분의 양을 구하시오.

(예상문제)

해답

$$수분함량 = \frac{원료밀 \times (목표수분함량 - 현재수분함량)}{100 - 목표수분함량} = \frac{150 \times (16-11)}{100-16} = 5.5970 ≒ 5.60kg$$

[두류 제조]

19 두부 제조 시 두부를 마쇄하여 두미(콩물)를 만든 후 100℃에서 10~15분간 가열 살균한다. 이때 가열살균의 온도와 시간에 따라 생길 수 있는 현상에 대해 각각 서술하시오.

(2014, 2016 기출)

해답

- 고온에서 장시간 가열할 경우 단백질의 변성으로 두부의 수율이 감소하고 단단해지며 지방의 산패로 인해 두부맛의 변질을 가져온다.
- 저온에서 단시간 가열할 경우 콩 비린내를 발생시키는 lipoxygenase를 불활성화시키지 못해 콩 비린내가 발생하며 트립신 저해제가 불활성화되지 않아 영양상의 문제가 발생한다.

20 두부의 마쇄과정 중 마쇄가 충분하지 못하였을 때의 문제점을 기술하시오. (예상문제)

해답

두부 제조 시에는 원료 콩의 10배 내외의 물을 넣고 마쇄하게 되는데, 너무 미세하게 마쇄하게 되면 이후 비지를 분리하기가 어렵고 비지가 체를 막아버리게 된다. 또 마쇄가 충분하지 못했을 때에는 비지가 많이 나와 두부수율이 감소한다.

21 두부의 침지과정에서 침치의 목적 및 침지를 짧게 하였을 때와 길게 하였을 때의 단점을 기술하시오.

(예상문제)

해답

침지는 원료 콩에 물을 충분히 흡수하게 함으로써 마쇄를 용이하게 하는 것을 목적으로 한다. 고온에서 침지 시 물의 흡수가 빠르고 저온에서 침지 시 흡수가 늦어진다.

콩이 너무 장시간 침지될 때에는 발아가 시작되고 콩의 수용성 성분물질이 분해되며 콩 단백질이 변성되어 응고 상태를 불량하게 한다. 반면에 침지시간이 부족하면 팽윤이 부족하여 단백질 및 고형분의 추출이 어렵고 마쇄가 잘 이루어지지 않는다.

22 두부의 제조공정 중 빈칸을 채워 공정과정을 완성하고 두부 제조 시 첨가하는 응고제를 2가지 이상 기술하시오.(단, (다)의 경우 생성되는 물질을 쓰시오.)

(2014 기출)

> 콩-(가)-마쇄-두미-증자-(나)-(다)-응고-(라)-응고-정형-절단-두부

- 가 :
- 나 :
- 다 :
- 라 :
- 응고제 :

해답

- 두부의 제조공정

  가 : 수침(또는 침지)　　　　나 : 여과

  다 : 두유　　　　　　　　　라 : 탈수

- 응고제 : 염화마그네슘($MgCl_2$), 황산칼슘($CaSO_4$), 염화칼슘($CaCl_2$) Glucono-δ-lactone

23 두부 제조와 가장 밀접한 단백질은 무엇인지 쓰시오. (예상문제)

해답

두부의 주단백질은 글리시닌과 알부민으로 이 단백질의 응고로 두부를 제조한다.
- 밀단백질 : 글루테닌, 글리아딘
- 두부단백질 : 글리시닌, 알부민
- 우유단백질 : 카제인

24 탄산칼슘을 응고제로 사용할 경우 두유의 변화에 대해 서술하시오. (2019 기출)

해답

- 탄산칼슘은 난용성으로 물에 잘 녹지 않아 사용이 불편하고 수율이 매우 낮아 두부 제조 시 주로 사용하지 않는다.
- 두부응고제별 장단점

응고제	장점	단점
염화마그네슘	반응이 빠르고 보수력이 좋으며 맛이 뛰어나고 급두부 제조에 좋음	압착 시 물배출이 어려움
황산칼슘	색상이 좋으며 조직이 연한 두부 생산에 좋고 수율이 좋음. 가격이 저렴함	난용성이므로 물에 잘 녹지 않아 사용이 불편하고 맛 기호도가 낮음
염화칼슘	응고 시간이 빠르고 압착 시 물 배출에 용이함	수율이 낮고 두부가 단단해지며 조직감이 거칢
글루코노델타락톤	응고력이 우수하며 수율이 높음	조직이 연하고 신맛이 잔존함

[과일 및 채소 제조]

25 김치를 만들기 위해 원료배추 20kg을 전처리하였더니 배추의 폐기율은 20%(w/w)였다. 전처리된 배추를 절임한 다음 세척·탈수하여 얻어진 절임배추의 무게는 12kg이었고 이때 절임배추의 염 함량도는 2%(w/w)였다. 절임공정 중 절임수율과 원료배추의 수득률을 계산하시오.

(2010, 2015 기출)

해답

절임수율은 절임공정에서 투입된 원료배추에 대한 절임배추의 비율이며, 수득률은 다듬기 전 원료에서 세척·탈수된 절임배추까지의 순수한 배추만의 변화율을 의미한다.

- 절임수율
  - 원료배추 : 20kg, 폐기율 20%(w/w) → 전처리 배추의 양 : 16kg
  - 절임수율 $=\left(\dfrac{\text{절임 배추}}{\text{전처리 배추의 양}}\right)\times 100=\dfrac{12}{16}\times 100=75(\%)$

- 수득률
  - 원료배추 : 20kg
  - 절임배추의 순수배추의 양 : $12\text{kg}-(12\text{kg}\times 0.02)=11.76\text{kg}$
  - $\therefore$ 수득률 $=\dfrac{11.76}{20}\times 100=58.8(\%)$

26 공장에서 김치 제조 시 염도가 2.0%인 절임김치가 1,000kg일 때 김치 양념의 양은 100kg 으로 가정한다. 최종 염도가 2.5%인 김치 10,000kg을 만들기 위해 필요한 절임 배추의 양, 김치 속 양념양, 소금첨가량을 구하시오.

(2013 기출)

해답

- 절임 배추의 무게 : x, 김치 속 양념의 무게 : $0.1x$, 소금의 첨가량 : y
- 전체 배추의 무게

  $x + 0.1x + y = 10,000$

  $1.1x + y = 10,000 + y$
- 총 소금량 = 절임배추의 소금량 + 소금 첨가량

  $0.025 \times 10,000\text{kg} = (0.02 \times x) + y$

  $0.02x + y = 250$
- $1.1x + y = 10,000 \rightarrow y = 10,000 - 1.1x$

  $0.02x + y = 250 \rightarrow y = 250 - 0.02x$

∴ $10,000 - 1.1x = 250 - 0.02x$

∴ $x = 9,027.78\text{kg}, \ 0.1x = 902.78\text{kg}, \ y = 69.44\text{kg}$

27 고추를 1년 동안 저장해도 색을 유지되게 하려면 어떤 방법을 사용해야 하는지 설명하시오.

(2009 기출)

해답

- 온도 : 농산물은 수확 후에도 호흡으로 인한 생리대사가 일어난다. 이에 호흡 및 저장에 의한 수분의 손실을 감소시키기 위해 8~10℃의 저온으로 옮겨야 한다. 더 낮은 온도에서 보관 시에는 초기 안전성은 유지되지만 장기간 보존 시 냉해의 위험이 있으므로 8~10℃에 보관하는 것이 효과적이다.
- 습도 : 주변 환경에 따른 수분손실을 방지하기 위해 상대습도 95% 상태로 유지하여야 한다.
- 포장 : 0.03mm의 PE(Poly Ethylene) 필름으로 포장해야 한다.

28 감귤통조림 제조 시 속껍질을 제거하는 산박피법과 알칼리박피법의 박피조건을 비교하시오.

(2009 기출)

해답

감귤통조림 제조 시 속껍질을 제거하는 공정은 백탁의 원인물질인 hesperidine과 펙틴의 제거를 위한 공정이다.

구분	산박피법	알칼리박피법
온도조건	20℃	30~40℃
시간조건	30~60분	10~15분
사용용액	1~3%, HCl	1~3%, NaOH

29 냉동식품(채소류)을 냉동 저장하려고 하는데, blanching 하면 좋은 점에 대해 서술하시오.

(2009, 2018 기출)

해답

데치기(blanching)의 목적
- 식품 원료에 들어 있는 산화 효소 불활성화 및 미생물 살균효과로 장기보존에 용이
- 변색 및 변패의 방지로 품질 유지
- 이미 · 이취의 제거로 품질 향상
- 조직을 유연화

30 통조림 외관 변형 원인을 기술하시오.

(2010 기출)

해답

구분	현상	원인
Flipper	한쪽 면이 부풀어 누르면 소리가 나고 원상태로 복귀	충진과다, 탈기부족
Springer	한쪽 면이 심하게 부풀어 누르면 반대편이 튀어나옴	가스 형성, 세균, 충진과다
Swell	관의 상하면이 부풀어 있는 것	살균부족, 밀봉불량에 의한 세균오염
Buckled can	관내압이 외압보다 커 일부 접합부분이 돌출한 변형	가열살균 후 급격한 감압
Panelled can	관내압이 외압보다 낮아 찌그러진 위축 변형	가압냉각 시
Pin hole	관에 작은 구멍이 생겨 내용물이 유출된 것	포장재의 불량

31 **식품 통조림의 팽창 원인을 쓰시오.** (2011, 2013, 2018 기출)

해답

탈기부족, 충진과다, 살균부족, 냉각부족

32 **통조림 제조 시 탈기의 목적과 효과를 기술하시오.** (2011 기출)

• 목적 :

• 효과 :

해답

• 목적 : 통조림 제조 중 헤드스페이스 및 식품 중 산소를 제거하는 공정이다.
• 효과
  − 가열살균 시 열 전달을 균일하게 하고 내압을 낮춰 파손을 방지한다.
  − 호기성미생물의 생육 억제로 보존기간을 향상시킨다.
  − 식품의 화학 변화를 억제한다.
  − 용기의 부식 및 주석의 용출을 방지한다.

33 산성통조림인 복숭아나 배의 가열 시 붉은색이 나타나는 이유를 쓰시오.

(2013, 2014, 2016, 2020 기출)

해답

과일과 채소에는 안토시아닌의 전구물질이며 성장촉진역할을 하는 무색의 류코안토시아닌(leucoanthocyanin)이 다량 함유되어 있다. 통조림을 가열한 후 냉각이 적절히 이루어지지 않고 35~45℃에서 장시간 머무를 시 류코안토시아닌이 시아닌(cyanin)으로 변하며 제품의 홍변을 일으킨다.

34 통조림의 탈기방법 종류에 대해 설명하시오.

(예상문제)

해답

탈기법의 종류
- 가열탈기법 : 가밀봉한 채 가열탈기 후 밀봉
- 열간충진법 : 뜨거운 식품을 담고 즉시 밀봉
- 진공탈기법 : 진공하에서 밀봉
- 치환탈기법 : 질소 등 불활성 가스로 공기치환

35 토마토퓨레의 제조 공정 중 열법에 대해 설명하시오. (2011 기출)

해답

토마토퓨레 제조법에는 열법과 냉법 두 가지가 있다.
열법은 토마토를 거칠게 분쇄한 후 증기를 쬐거나 가열 등의 가열처리를 통해 토마토 주스를 추출하여 생산하는 방법이다. 가열에 의해 효소 파괴와 동시 아포로토펙틴이 펙틴으로 전환하여 점조도가 높아지는 장점이 있다. 다만 가열처리과정에서 비타민 C 등의 미량영양소가 파괴되는 단점이 존재한다.

36 과일잼의 가당 후 농축공정 진행 시 농축률이 높아질수록 온도가 고온으로 상승하게 된다. 과일잼이 고온에서 장시간 존재할 때 나타나는 변화를 간단히 서술하시오. (예상문제)

해답

농축이란 식품 중의 수분을 제거하여 농도를 높이는 조작이다. 과일잼 제조 시에는 가당 후 수분을 제거하여 당도 및 농도를 높이기 위해서 농축공정을 진행하게 되는데, 이때 고온에서 장시간 농축하게 되면 방향성분이 휘발하면서 이취를 나타내고, 색소가 분해되고 가열로 인한 갈변반응이 일어나 색의 저하를 가져온다. 더불어 펙틴이 분해되어 젤리화하는 힘이 감소하게 되므로 잼을 농축 시 고온에서 장시간 머무르지 않도록 주의해야 한다.

37 감의 떫은맛을 없애는 공정의 이름과 성분 이름을 쓰시오. (2013 기출)

해답

감의 떫은맛을 없애는 공정에서는 탈삽법을 쓰는데 감에서 떫은맛을 내는 성분인 가용성 탄닌 (tannin)을 불용성 탄닌으로 변화시키는 것이 원리이다. 탈삽법에는 열탕법, 알코올법, 탄산법 등 이 사용된다.

38 감의 탈삽법 3가지를 쓰시오. (2014 기출)

①
②
③

해답

감의 떫은맛을 없애는 방법으로 가용성 탄닌을 불용성 탄닌으로 변화시키는 것
① 열탕법 : 감을 35~40℃의 물속에 12~24시간 유지
② 알코올법 : 감을 알코올과 함께 밀폐용기에 넣어서 탈삽
③ 탄산법 : 밀폐된 용기에 공기를 CO_2로 치환시켜 탈삽

39 통조림 살균지표 균 이름과 살균지표 효소는 무엇인지 쓰시오. (2013 기출)

해답

Clostridium botulinum, Phosphatase

40 과일 건조 시 유황 훈증하는 목적은 무엇인지 쓰시오. (2013, 2018 기출)

해답

표면의 세포가 파괴되어 건조에 도움, 강력한 표백작용으로 산화에 의한 갈변 방지, 미생물 번식 억제, 고유 빛깔 유지

41 적포도를 HCl−methanol에 담갔을 때 추출되는 적포도 성분, HCl−methanol에 의해 추출된 색, NaOH 주입 시 색 변화를 기술하시오. (2013 기출)

해답

• 추출되는 적포도의 색소 성분 : 안토시아닌
• HCl-methanol에 의해 추출된 색 : 적색
• NaOH 주입 시 색 변화 : 청색

42 통조림의 저온살균(100℃ 이하)이 가능한 한계 pH를 적고, 저온살균이 가능한 이유를 설명하시오. (2014 기출)

해답

저온살균의 한계 pH는 4.5이다. pH 4.5 이하인 산성에서는 대부분의 병원성 미생물이나 식품 변질을 일으키는 미생물이 생육을 할 수 없다. 이에 pH 4.5 이하인 식품에서 생육 가능한 곰팡이나 효모류의 살균을 목적으로 하기에 100℃ 이하의 저온살균이 가능하다.

43 배, 복숭아 등의 산성 통조림을 만들기 위한 가열 시에 제품이 붉은색으로 변하는 홍변이 일어난다. 이러한 현상의 원인은 무엇인지 기술하시오. (2020 기출)

해답 ··

과일과 채소에는 안토시아닌의 전구물질이며 성장촉진 역할을 하는 무색의 류코안토시아닌 (Leucoanthocyanin)이 다량 함유되어 있다. 통조림을 가열 후 냉각이 적절히 이루어지지 않고 35~45℃에서 장시간 머무르면 류코안토시아닌이 시아닌(Cyanin)으로 변하며 제품의 홍변을 일으키는 원인이 된다.

44 분무건조법에서 병류식과 향류식에 대하여 간단히 설명하시오. (2015 기출)

해답 ··

분무건조법은 주로 액체식품을 직경 10~200μm의 입자 크기로 분무하여 표면적이 극대화된 상태에서 열풍과 접촉시킴으로써 신속하게 건조시키는 방법이다. 열풍의 방향에 따라 병류식과 향류식이 있다.
- 병류식 : 열풍방향과 식품의 방향이 같음
- 향류식 : 열풍방향과 식품의 방향이 엇갈림

45 채소류 등은 수확 후에도 호흡작용을 한다. 이러한 농산물의 저장을 위한 저장방법 및 저장고 내 기체와 온도의 조절방법은 무엇인지 쓰시오. (2018 기출)

해답

CA(Controlled atmosphere 저장법)
과채류는 수확 후에도 호흡에 따른 호흡열이 발생하고 품온이 상승하여 추숙과정이 나타나므로 저장 시 CO_2와 O_2를 각각 4~5%로 조절하고 온도를 저온으로 하여 호흡을 억제하여 선도를 유지하는 방법이다. 온도는 $0℃$ 부근에서 호흡이 가장 억제되므로 온도를 낮게 유지한다.

46 가스치환법에 사용되는 기체 2가지와 역할을 쓰시오. (2016 기출)

①

②

해답

가스치환법에 사용되는 기체와 역할

산소	적색육의 변색방지와 혐기성 미생물의 성장억제 목적으로 사용
이산화탄소	호기성 미생물과 곰팡이의 성장 및 산화를 억제
질소	불활성가스로 식품의 산화를 방지하며 플라스틱 필름을 통해 확산되는 속도가 느려 충전 및 서포팅 가스로 사용
수소, 헬륨	분자량이 작아 주로 포장으로 인한 가스 누설검지를 위해 사용

47 젤리화에 필요한 조건 및 생성된 젤리의 강도에 영향을 미치는 요인을 기술하시오.

(예상문제)

> **해답**

- 젤리화에 필요한 조건 : 과실 중 펙틴(1~1.5%), 유기산(0.3%, pH 2.8~3.3), 당(60~65%)에 의해 형성된다.
- 젤리의 강도에 영향을 미치는 요인 : 젤리(jelly)의 강도는 pectin의 농도, pectin의 ester화 정도, pectin의 결합도에 의해 결정된다.

48 저메톡실 펙틴의 젤화 기작을 서술하시오.

(2019 기출)

> **해답**

저메톡실 펙틴은 메톡실기 함량이 7% 이하인 것으로 Ca^{2+}, Mg^{2+} 등 다가이온이 산기와 결합하여 망상구조를 형성하며 펙틴젤리가 만들어진다.

49 저메톡실 펙틴을 정의하고, 저메톡실 펙틴 젤리를 제조하기 위해 필요한 첨가물과 사용 목적을 간단하게 설명하시오.

(2009 기출)

> **해답**

- 저메톡실 펙틴 : methyl기를 7% 함유한 펙틴
- 첨가물 : Ca^{2+}, Mg^{2+} 등의 다가이온
- 사용 목적 : 산기와 이온결합하여 3차원의 망상구조 형성을 용이하게 한다.

[유지 제조]

50 유지가공 시 수소를 첨가해주는 목적은 무엇인지 간단히 기술하시오. (예상문제)

해답

불포화 지방산이 많은 액체유의 경우에는 수소를 첨가하여 고체지방으로 가공해주는 공정을 거친다. 이를 통해 유지의 불포화도를 감소시켜 산화 안전성을 증가시키고, 가소성과 경도를 부여하여 물리적 성질을 개선하며, 냄새·맛·풍미를 개선할 수 있다.

51 식품 중에 퓨란(furan)이 생성되는 주요 경로와 제품 중 잔류하지 않는 이유를 설명하시오.

(2009, 2012, 2020 기출)

해답

- 주요 경로 : 퓨란은 무색의 휘발성 액체로 식품조리 시 구성성분인 탄수화물, 단백질, 지질을 가열할 때 생성되므로 식품제조공정이나 조리 시에 손쉽게 생성된다.
- 하지만 퓨란은 휘발성의 액체이기 때문에 조리가공 중에 생성되었더라도 공기 중으로 쉽게 휘발되기 때문에 최종 완제품이나 조리된 식품에서 잔존하는 경우는 낮다. 하지만 지질이 섞인 물질 속에서는 휘발되지 못하기 때문에 주의하여야 한다.

52 유지의 정제과정 중 탈납공정(winterization)의 정의와 목적을 기술하시오. (예상문제)

해답

탈납공정은 유지를 냉각시켜 발생되는 고체 결정체를 제거하는 공정으로 저온에서 보관되는 샐러드유 제조 시의 지방결정체 생성방지 및 제거를 위해 진행하는 공정이다.

53 유지를 고온가열할 때 발생하는 현상을 물리적, 화학적으로 각각 기술하시오.

(2012, 2021 기출)

• 물리적 변화 :

• 화학적 변화 :

해답

• 물리적 변화
  − 점도가 높아진다.
  − 어둡게 변색이 일어난다.
• 화학적 변화
  − 중합체가 형성된다.
  − 발연점이 낮아진다.
  − 카르보닐 화합물이 형성된다.
  − 이주점이 낮아지고 색도 탁해진다.

54 품질열화를 최대한 줄일 수 있는 방법을 기술하시오. (2012 기출)

해답

- 튀김유를 과도하게 사용하지 않고 자주 교체하여 발연점 저하 및 변색을 방지한다.
- 발연점이 높게 유지될 수 있도록 관리하며 과도한 사용으로 발연점이 낮아질 시에는 튀김유를 교체한다.

55 상어간유와 식물성유에 많이 함유되어 있는 불포화 탄화수소를 쓰시오. (2014 기출)

해답

스쿠알렌 : 상어간유와 쌀겨, 맥아 등 식물성유에 많이 함유되어 있는 불포화 탄화수소이다.

56 요오드가의 정의와 목적에 대해 쓰시오. (2016 기출)

- 정의 :
- 목적 :

해답

- 정의 : 100g의 유지가 흡수하는 I_2의 g수
- 목적 : 2중결합에 첨가되는 요오드의 양으로 불포화도를 측정하는 것을 목표로 한다.
- 2중결합 수에 비례하여 증가하므로 고체지방은 50 이하, 불건성유는 100 이하, 건성유 130 이상, 반건성유는 100~130 정도로 측정된다.

57 유지의 측정요소인 TBA가에 대해서 설명하시오. (2016 기출)

해답

유지의 산패를 측정하는 척도 중 하나로 유지의 산화 시에 생성되는 malonaldehyde의 양으로 나타낸다.

[유제품 제조]

58 원유의 수유검사방법을 기술하시오. (2019 기출)

해답

관능검사, 알코올검사, 적정산도검사, 비중검사, 지방검사, 세균검사, 항생물질검사, 유방염유검사, phosphatase 시험 등

59 우유 200mL의 비중을 측정할 때 15℃에서 비중계 눈금이 31을 나타냈다고 한다. 우유의 비중을 측정하는 계산과정과 답을 쓰시오. (2009, 2017, 2021 기출)

해답

$$비중 = 1 + \left(\frac{눈금}{1,000} \right) = 1 + 0.031 = 1.031$$

60 원유의 선별방법 중 하나인 알코올검사법에 대해 설명하시오.   (2016 기출)

해답

원유의 알코올 실험의 경우 우유의 신선도를 판단하기 위한 방법 중 하나로 알코올의 탈수작용으로 인해 산도가 높은 우유는 카제인이 응고되는 원리를 이용하였다. 정상유의 pH 범위는 6.4~6.6 정도이며 우유의 pH가 비정상적으로 낮은 경우는 부적합한 것으로 판단한다.

61 우유나 주스 같은 유동성 식품의 제조 시 장치를 청소, 세척하는 CIP 방법이란 무엇인지 쓰시오.   (2009 기출)

해답

CIP란 Cleaning In Place로 고정되어 움직이긴 힘든 장치를 세정하는 방법이다. 유동성 식품의 경우 파이프를 통해 식품이 이동하게 된다. 이때에는 설비를 이동하거나 분해하지 않고 설치된 상태에서 세척제와 물을 흘려 세정한다.

62 우유의 품질관리 시험법 중 phosphatase 검사의 목적과 원리를 쓰시오.   (2010 기출)

• 목적 :

• 원리 :

해답 ....

- 목적 : 저온살균유의 살균 여부를 판정하기 위한 시험법이다.
- 원리 : Phosphatase는 61.7℃에서 30분 가열로 완전 불활성되는 효소이다. 이에 phosphatase의 잔류 여부로 살균 여부를 판정한다.

63 원유 균질화의 개념과 목적을 기술하시오.   (2011 기출)

- 개념 :

- 목적 :

해답 ....

- 개념 : 균질화는 균질기의 미세한 구멍을 약 2,000psi의 압력으로 통과시킬 때 받는 전단력에 의해 우유지방구가 0.1~2μm로 형성되는 공정을 뜻한다.
- 목적 : 균질화는 지방구의 미세화를 통해 크림층의 생성을 방지하고, 점도를 향상시키며, 조직을 연성화시키고 소화력을 향상시킨다.

64 지방이 3.5%인 원유 2,000kg을 0.1% 지방 탈지유에 혼합시켜 지방 2.5% 표준화 우유를 만들고자 한다. 이때 첨가해야 할 탈지유의 양을 계산하시오.   (예상문제)

해답

첨가해야 할 탈지유의 양 : 833.33kg

- 우유의 표준화공정

원유 지방률 > 목표 지방률 : 탈지유 첨가

$$y = \frac{x(p-r)}{(r-q)}$$

여기서, p : 원유 지방률(%), q : 탈지유 지방률(%), r : 목표 지방률(%)

x : 원유 중량(kg), y : 탈지유 첨가량(kg)

- 탈지유의 양 계산

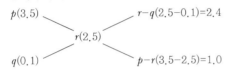

$$y = \frac{2,000 \times 1.0}{2.4} = 833.33\text{kg}$$

---

65 버터 제조공정 중 교동처리를 하는 이유는 무엇인지 쓰시오. (예상문제)

해답

교동(churning)은 크림을 교반하여 지방구에 기계적인 충격을 주는 공정이다. 이를 통해 지방구가 뭉쳐 버터 입자가 형성되면서 버터 밀크와 버터 입자가 분리될 수 있다.

66 알루미늄박 식품포장재로 버터를 포장할 때의 장점과 단점을 쓰시오. (2011 기출)

해답

과자 등의 포장에 주로 사용되는 알루미늄박 포장의 경우 녹이 슬지 않고 독성이 적으며 가열해도 제품의 영양이나 맛에 주는 영향이 적은 장점이 있어 과자나 버터 포장 시에 사용된다. 하지만 타 포장재에 비하여 가격이 비싸며 포장재의 변형이 쉽게 일어나는 단점이 있다.

67 연유 제조 시 가당을 하는 목적과 진공농축을 하는 이유를 기술하시오. (2013 기출)

해답

- 가당의 목적 : 16~17%의 설탕을 첨가하여 단맛을 부여하고, 세균번식을 억제하며 제품의 보존성을 부여한다.
- 진공농축의 이유 : 진공상태에서 비가열 농축을 진행하기에 영양성분의 변화가 적으며 풍미를 유지할 수 있다. 농축속도가 빨라 산업에 이용하기에 적절하다.

68 원유의 3가지 살균조건을 간단히 설명하시오. (예상문제)

①

②

③

해답

① 저온장시간살균법(LTLT : Low Temperature Long Time pasteurization) : 63~65℃, 30분
② 고온단시간살균법(HTST : High Temperature Short Time pasteurization) : 72~75℃, 15~20초
③ 초고온순간멸균법(UHT : Ultra High Temperature sterilization) : 130~150℃, 0.5~5초

69 아이스크림 cone 과자 내부를 왜 초콜릿으로 코팅하는지 쓰시오. (2018 기출)

해답

초콜릿 코팅을 통해 아이스크림 속의 수분이 과자 내부로 흡수되는 것을 방지한다.

70 아이스크림의 over run이란 무엇이며 최적의 over run 조건을 기술하시오. (예상문제)

해답

• 정의 : 증용률(over run)이란 아이스크림의 조직감을 좋게 하기 위해 동결기 내 교반에 의한 기 포형성으로 용적을 증가시키는 것을 뜻하며, 부피의 증가율을 말한다.
• 최적 over run : 80~100%의 상태를 최적의 over run으로 본다.

[축산·수산식품 제조]

71 우리나라 소도체의 육질등급과 육량등급 판정기준에 대해 서술하시오. (2013 기출)

① 육질등급 :

② 육량등급 :

해답

① 육질등급 : 도체의 품질을 나타내는 등급으로 근내지방도, 육색, 성숙도, 조직감, 지방색에 따라 1^{++}, 1^{+}, 1, 2, 3의 5개 등급으로 구분한다.
② 육량등급 : 도체의 정육한 양을 추정 계산하여 나타내는 등급으로 등지방 두께, 배최장근단면적, 도체의 크기 및 중량에 따라 A, B, C의 3개 등급으로 구분한다.

72 소고기를 도축하기 전 측정한 무게가 750kg이었다. 도축 후 머리, 꼬리, 다리 및 내장을 제거한 무게가 525kg이었고 여기에서 분리한 뼈의 무게가 150kg이었다면 이 소고기의 도체율과 정육률을 구하시오. (예상문제)

해답

도체율 : 70%, 정육률 : 71.43%

- 지육 : 머리, 꼬리, 다리 및 내장을 제거한 도체

$$도체율(\%) = \frac{도체중량(지육중량)}{생체중량} \times 100$$

$$= \frac{525}{750} \times 100 = 70\%$$

- 정육 : 지육으로부터 뼈를 분리한 고기

$$정육률(\%) = \frac{도체중량 - 골중량}{도체중량} \times 100$$

$$= \frac{525 - 150}{525} \times 100 = 71.4285 ≒ 71.43\%$$

73 DFD육이란 무엇인지 간단히 기술하시오. (예상문제)

해답

D(dark), F(firm), D(dry)한 고기를 뜻하는 말로 도체의 색이 지나치게 검고 단단하고 건조한 경우를 뜻한다.

74 햄이나 소시지 제조과정에서 가열과 급랭의 목적을 쓰시오. (2013 기출)

- 가열의 목적 :

- 급랭의 목적 :

해답 --

- 가열의 목적 : 원료육에 함유된 기생충과 미생물을 사멸하는 살균효과, 풍미와 보존성의 향상, 원료육의 탄력성 부여, 육색 고정
- 급랭의 목적 : 수분 증발을 막아 햄 표면의 주름 방지, 호열성 세균 생육 억제, 결착력과 보수력의 증가

75 돼지고기의 전수분이 69.6%이고, 유리수는 22.4%일 때 결합수와 보수력의 함량을 구하시오.

(2011, 2021 기출)

해답 --

- 전수분＝결합수＋유리수

  69.6%＝결합수＋22.4%

  결합수＝47.2%

- 보수력＝축육이 수분을 유지하는 능력

$$= \frac{총수분\ 함량 - 유리수\ 함량}{결합수의\ 양} \times 100$$

$$= \frac{69.6 - 22.4}{69.6} \times 100$$

$$= 67.81609 \cdots$$

$$≒ 67.8\%$$

> **TIP** 보수력 $= \dfrac{(총수분\ 함량) - (자유수\ 함량)}{(총수분\ 함량)} \times 100$

76 식육 연화제로 사용되는 효소를 쓰시오. (2014 기출)

해답

- Papain : 파파야에서 추출
- Actinidin : 키위에서 추출
- Bromelain : 파인애플에서 추출
- Picin : 무화과에서 추출

77 육제품 제조 시 결착제를 첨가하는 이유와 사용되는 결착제의 종류를 쓰시오. (2017 기출)

- 결착제 첨가 이유 :

- 결착제의 종류 :

해답

- 결착제 첨가 이유
  - 육조직을 결착시켜 조직감과 식감을 개선하며, 원료육의 사용을 줄인다.
  - 열처리 시 단백질이 수축하는 것을 방지하여 유수분리를 막아준다.
  - 유화안전성을 높여준다.
- 결착제의 종류 : 난백, 콜라겐, 밀단백, 대두단백, 전분, 콘시럽, 아가, 섬유소 등

78 육류의 저온단축 발생 조건 및 영향을 설명하시오. (2018 기출)

해답

육류의 도살 후 사후강직이 완료되지 않은 상태에서 5℃ 이하의 저온으로 급랭하였을 때 골격근이 심하게 수축하여 고기가 질겨지는 현상을 저온단축이라 한다.

79 지육의 온도가 20℃이고, 자연대류상태인 냉각실의 온도가 –20℃라고 가정한다. 이때 동결속도를 수정한 후 온도가 –20℃인 지육을 자연대류상태인 해동실(20℃)에서 해동시킬 때 해동속도를 측정하였더니 동결속도보다 상당히 느리다는 것을 알 수 있었다. 동일한 외부환경조건에서도 동결속도와 해동속도가 다른 이유는 무엇인지 쓰시오. (2009, 2013 기출)

해답

해동 시에는 –20℃인 지육의 온도를 상승시키는 데 쓰이는 에너지와 더불어 빙결정을 해동시키는 융해잠열로도 에너지가 소모되기 때문에 온도 하강에만 에너지를 사용하는 동결에 비하여 온도 상승의 속도가 느리다.

> **TIP** 지육의 냉각
> - 예비냉각 : 미생물의 증식을 억제하기 위해 냉각수나 얼음조각을 뿌려 가능한 한 최단시간에 10℃ 이하가 되도록 온도를 내린 후 15℃로 유지한다.
> - 냉장실의 온도는 0~10℃, 습도는 80~90%, 유속은 0.1~0.2/초를 유지한다.
> - 냉동 시 –23~–16℃, 5~6시간의 저온급속동결 후 –20℃로 유지하며 저장한다.

80 건조수산물 중 동건품, 염건품, 자건품, 소건품에 대해 쓰시오. (2010 기출)

- 동건품 :

- 염건품 :

- 자건품 :

- 소건품 :

해답

- 동건품 : 수산물을 저온 동결한 후 융해하며 건조한 것
- 염건품 : 수산물을 소금에 절여 건조한 것
- 자건품 : 수산물을 자숙한 후 건조한 것
- 소건품 : 수산물을 조미하지 않고 그대로 건조한 것

[발효식품 제조]

81 와인의 제조공정에서 포도의 파쇄 시 아황산을 첨가하는 목적과 최종제품의 와인에서 아황산이 소실되는 이유를 쓰시오. (2009, 2011 기출)

- 아황산 첨가 목적 :

- 아황산 소실 이유 :

해답

- 아황산 첨가 목적 : 포도주의 유해균을 억제시키며 산화효소를 억제한다. 더불어 적포도주의 경우 과피로부터 색소의 추출을 촉진하며 백포도주에서는 산화효소에 의한 갈변을 방지한다.
- 아황산 소실 이유 : 와인 제조 시 메타중아황산칼륨 200~300ppm을 첨가하게 된다. 아황산칼륨은 가열에 의해 분해되기 때문에, 소량 첨가한 아황산칼륨은 기체 중으로 소실된다.

82 포도주의 품질을 결정하는 요소인 테루아르(Terroir) 3가지를 기술하시오.

(2015, 2019 기출)

①

②

③

해답

테루아르는 와인을 재배하기 위한 제반 자연조건을 총칭하는 말로 토양, 기후조건, 자연조건을 뜻한다.
① 토양 : 자갈, 모래, 석회석, 진흙 등이 혼합된 상태로 배수가 잘되는 땅
② 기후 : 일조량을 많이 받을 수 있으며 여름엔 화창하고 가을에는 건조한 곳이 좋다. 주변에 하천이 있어 배수가 잘 되어야 한다.
③ 자연조건 : 약간 경사진 지역이나 구릉지역이며 평균기온이 10~20℃인 온대성 지역이 좋다.

83 맥주 제조 시 맥아즙 자비의 목적 4가지를 기술하시오.

(2010 기출)

①

②

③

④

해답

① 가열을 통해 살균 및 효소를 불활성화시킨다.
② 맥아즙을 농축한다.
③ 단백질 등 맥주제조에 불필요한 성분들을 석출한다.
④ hop에서 맥주 특유의 맛과 향 성분을 추출한다.

84 맥주를 제조할 때 hop을 사용하는 이유 4가지를 쓰시오. (2012 기출)

①

②

③

④

해답

① humulon이 맥주 특유의 향기와 쓰쓸한 맛을 부여한다.
② hop의 탄닌 성분이 단백질과 결합하여 석출되므로 맥주의 청징에 도움을 준다.
③ 거품의 지속성을 높여준다.
④ 항균성을 부여한다.

85 맥주의 쓴맛을 내는 α-산의 주성분 3가지는 무엇인가? (2014 기출)

①

②

③

해답

① 후물론(humulone)
② 코후물론(cohumulone)
③ 아드후물론(adhumulone)

86 제빵 중 굽기 과정에서 오븐라이즈와 오븐스프링에 대해 설명하시오. (2010, 2018 기출)

• 오븐라이즈(oven rise) :

• 오븐스프링(oven spring) :

> **해답**

• 오븐라이즈(oven rise) : 제빵 중 반죽이 오븐에 투입되어 0~5분간 일어나는 현상이다. 이는 반죽 내부의 온도가 40~60℃에 도달하지 않아 반죽 내부의 효모가 사멸하지 않고 CO_2를 발생시킴으로써 일어나는 현상이다.
• 오븐스프링(oven spring) : 오븐에 들어간 후 5~8분이 지난 후 빵 반죽이 급격히 팽창되는 현상을 뜻한다. 이는 오븐의 온도상승으로 반죽의 내부 온도가 60~65℃가 되면 효모가 활성화되면서 생성되는 CO_2와 더불어 전분의 호화로 인한 팽창으로 빵 반죽이 완제품의 40% 정도까지 팽창하게 된다. 빵의 내부온도가 65℃ 이상으로 더 상승하게 되면 오븐스프링이 멈추게 된다.

87 장류에서 전분과 아미노산의 영향 및 역할은 무엇인지 쓰시오. (2010 기출)

> **해답**

• 전분은 미생물의 분해급원이 된다. 발효미생물에 의해 단당으로 분해되며 단맛을 제공한다.
• 단백질은 아미노산으로 분해되어 감칠맛과 풍미를 제공한다.

88 된장이 숙성된 뒤에 신맛이 나는 이유를 기술하시오. (2011 기출)

해답

① 맛의 상호작용에 의해 짠맛이 약할 시에는 신맛이 강해지므로 소금이 적게 들어간 경우 신맛이 강해진다.

② 소금이 적당량 들어갔을 시에는, 수분의 함량이 많을 때 신맛이 강해진다.

③ 과발효가 이루어져 유기산의 함량이 높을 때 신맛이 강해진다.

④ 콩이 덜 쑤어졌거나 원료의 혼합이 불충분하여 골고루 섞이지 않았을 때도 신맛이 강해진다.

89 요구르트와 코지에 사용되는 Starter를 두 가지씩 쓰시오. (2011 기출)

• 요구르트 :

• 코지 :

해답

• 요구르트 : *Lactobacillus bulgaricus, Lactobacillus acidiphilus, Lactobacillus casei*
• 코지 : *Aspergillus oryzae, Aspergillus sojae, Aspergillus niger*

90 간장의 짠맛과 감칠맛, 김치의 신맛과 짠맛이 나타내는 맛의 상호작용에 대해 쓰시오.

해답

간장 제조 시 짠맛과 감칠맛이 혼합되었을 때 감칠맛은 강해지는 대비효과를 나타내며 짠맛은 약해지는 억제효과가 나타난다. 김치 제조 시 신맛과 짠맛은 맛의 상쇄작용으로 인해 조화로운 맛을 나타낸다.

91 된장 곰팡이, 청국장의 세균을 1개씩 쓰고, 제조효소 2개를 적으시오.
(2014 기출)

- 된장 :
- 청국장 :
- 제조효소 :

해답

- 된장 : *Bacillus subtillis, Aspergillus oryzae*
- 청국장 : *Bacillus natto*
- 제조효소 : Amylase, Protease

92 청국장 제조에 많이 이용되는 고초균 이름과 생육 온도를 쓰시오. (2013 기출)

• 고초균 이름 :

• 생육 온도 :

해답

• 고초균 이름 : *Bacillus natto*
• 생육 온도 : 36℃에서 최적 생육온도를 가진다.

93 산 가수분해 간장을 발효 간장과 비교하여 장단점을 쓰시오. (2016 기출)

해답

구분	산 가수분해 간장	발효 간장
원료	탈지대두, 물, 염산	메주, 소금, 물
장점	• 탈지대두를 이용해 원료비 절감이 가능하다. • 간장덧 숙성기간을 단축시킨다. • 대량 생산이 가능하다.	발효로 인해 맛, 향, 풍미가 우수하다.
단점	• 맛, 향, 풍미가 부족하다. • 독성물질인 3−MCPD 생성리스크가 있다.	제조기간이 길다.

94 김치의 연부현상에 대하여 설명하시오.

(2016 기출)

해답

배추 김치를 발효 시 배추의 조직이 물러지는 현상을 연부현상이라고 한다. 이는 배추의 세포에 존재하는 다당류 펙틴이 분해되어 발생하는 현상으로 칼슘, 마그네슘을 사용하면 연부현상을 늦출수 있다.

95 차의 발효과정 중에 발생하는 오렌지색이나 붉은색을 나타내는 색소와 효소를 적으시오.

(2017 기출)

해답

차에서 떫은맛을 내는 성분인 catechin은 무색으로 존재하나 polyphenol oxidase에 의하여 산화되어 오렌지색이나 붉은색을 내게 된다.

96 젖산발효와 이상젖산발효의 차이점을 생산물 위주로 적고, 김치 포장팽창현상을 일으키는 미생물과 원인물질을 쓰시오.

(2017 기출)

젖산발효는 발효 시 젖산만을 생성하지만 이상젖산발효는 젖산, 에탄올, 초산, 이산화탄소, 수소를 생성한다. 이때 발생하는 이산화탄소로 인해 김치 포장팽창현상이 일어나며 김치발효에서 사용되는 대표적인 이상젖산 발효균은 *Leuconostoc mesenteroides*이다.

97 침채류인 김치발효에 관여하는 젖산균 3가지를 쓰시오. (2019 기출)

①

②

③

해답

발효 초기에는 *Leuconostoc mesenteroides*가 우점하며 발효후기에는 *Lactobacillus plantarum*, *Lactobacillus brevis* 등이 우점한다. 발효온도가 낮거나 식염농도가 높을수록 *Lactobacillus pediococcus*의 증식이 유리하다.

98 간장을 포함한 발효식품을 제조할 때, 발효조건을 준수하지 못하였을 경우 표면에 하얀색의 막이 생기는 경우가 있다. 이는 어떤 미생물의 영향이며 이를 방지하기 위해서는 어떤 방법을 취해야 하는지 기술하시오. (예상문제)

해답

간장을 발효시킬 때 ① 당 혹은 염농도가 낮거나, ② 용기가 제대로 살균되지 않았거나, ③ 간장의 가열이 제대로 일어나지 않았거나, ④ 혹은 여타의 오염으로 인해 잡균이 침투하여 발효가 제대로 일어나지 않았을 때 표면에 하얗게 막이 생기는 경우가 있는데, 이는 *Pichia* spp., *Hansenula* spp., *Candida* spp. 등의 산막효모에 의하여 생기는 산막이라 칭한다. 이러한 산막효모의 생성을 방지하기 위해서는 ① 제조 용기 및 기구의 살균을 철저하게 진행하여 잡균의 침입을 막아야 하며, ② 효모 생성을 방지하기 위해 호기조건이 생성되지 않도록 유지해야 한다.

[식품 제조공정]

99 100m³의 발효조를 이용하여 아미노산을 하루에 50ton 생산하려고 한다. 발효조는 몇 개를 사용해야 하는지 계산하시오. (단, 발효되는 정도 60%, 최종농도 100g/L, Cycle 30시간)

(2020 기출)

해답

- $100m^3 = 100,000L$, $50ton = 50,000,000g$, $30h = 1.25day$
- $\dfrac{100,000L \times 60\% \times 100g/L}{1.25day} \times x = 50,000,000g/day$

$$48x = 500$$
$$\therefore x = 10.42(\text{대})$$

100 식품 제조공장 기계의 torque는 무엇을 뜻하는지 쓰시오.

(2010 기출)

돌림힘을 뜻하는 torque는 물체의 회전축으로부터 일정한 거리에 존재하는 물체에 힘을 가하여 물체를 회전시키는 힘을 뜻한다. 회전축에서 힘을 가하는 위치까지의 변위와 가해진 힘을 곱하여 나타낸다.

101 식품 제조 중 수분을 제거하는 건조공정에는 대표적으로 열풍건조와 동결건조법이 있다. 열풍건조와 동결건조의 장단점 및 이때 수분의 흐름에 대하여 기술하시오. (예상문제)

구분	열풍건조	동결건조
장점	• 설비비용 및 운영비용이 낮음 • 단시간 내에 건조가 가능	• 맛과 향 등 미량영양소의 변화 최소화 • 영양성분의 손실 최소화 • 식품의 외관을 그대로 유지해 재용해성이 뛰어나므로 고품질의 건조물 생산가능
단점	• 비타민 무기질을 포함한 영양성분의 손실 • 단백질의 열변성 가능성 존재	• 설비비용 및 운영비용이 높음 • 열풍건조에 비하여 건조시간이 긺
수분의 흐름	수분이 바로 기체상으로 기화	수분이 동결된 후 감압을 통한 승화

102 어느 공장에서 물건을 만들 때 불량품일 확률이 5%라 한다. 이때 5개를 생산할 때 1개만 불량품일 확률을 구하시오. (2020 기출)

해답

- 하나의 제품 생산 시 불량일 확률 5%($\frac{5}{100}$)

  하나의 제품 생산 시 적합일 확률 95%($\frac{95}{100}$)

- 1번 제품이 불량이고 2, 3, 4, 5번 제품이 적합일 확률

  $\frac{5}{100} \times \frac{95}{100} \times \frac{95}{100} \times \frac{95}{100} \times \frac{95}{100}$

- 2번 제품이 불량이고 1, 3, 4, 5번 제품이 적합일 확률

  $\frac{95}{100} \times \frac{5}{100} \times \frac{95}{100} \times \frac{95}{100} \times \frac{95}{100}$

- 이러한 방식으로 1~5번 중 하나의 불량이 발생할 확률

  $5 \times \frac{5}{100} \times \left(\frac{95}{100}\right)^4 = 0.2036$

  $\therefore 0.2036 \times 100(\%) \fallingdotseq 20\%$

103 식품공장에서 11ton을 가공하는 데 batch 한 대 당 200kg 수용이 가능하며 40분이 걸린다. 8시간 일을 할 때와 10시간 일을 할 때 필요한 기계 대수는 얼마인지 구하시오.

(2013, 2021 기출)

해답

- 8시간

  40분 : $200 \times x =$ 480분 : 11,000

  $x = 4.58$

  ∴ 약 5대

- 10시간

  40분 : $200 \times x =$ 600분 : 11,000

  $x = 3.67$

  ∴ 약 4대

104 식품 제조공정 중 분쇄기의 3대 원리에 대하여 쓰시오. (2010, 2018 기출)

해답

압축력, 전단력, 충격력

105 진공농축기를 구성하는 3요소를 쓰시오. (2019 기출)

①

②

③

해답

① 가열장치
② 응축기
③ 진공장치

106 분무세척 시 분사압력이 강할 경우의 장점과 단점을 기술하시오. (2009 기출)

해답

노즐을 이용한 분무세척 시 분사압력을 강하게 분사하게 되면 표면에 강하게 잔존하는 오염물질이나 세균을 제거할 수 있는 장점이 있으나 기기설비 파손의 risk가 있으므로 적절한 압력을 사용하는 것이 바람직하다. 또 분사거리가 가깝거나 너무 멀 경우에는 오염물질이 완전히 제거되지 않는 risk가 존재한다.

107 Membrane filter의 장점과 단점을 기술하여라. *(2017 기출)*

• 장점 :

• 단점 :

해답

• 장점 : 가열 · 진공 · 응축 · 원심분리 등의 장치가 필요 없으므로 연속조작이 가능하다. 더불어 분리과정에서 상의 변화가 발생하지 않아 에너지 절약에도 도움이 되며, 비가열조건에서 조작이 가능하므로 영양성분의 손실이 최소화되어 제품의 품질에 긍정적인 영향을 준다.
• 단점 : 다른 장비에 비하여 가격이 비싸며 농축한계가 약 30% 정도로 더 정밀한 농축이 어렵다.

108 한외여과법에서 여과속도에 영향을 미치는 요인 2가지는 무엇인지 쓰시오. *(2014 기출)*

①

②

해답

온도, 유속, 압력, 유입 농도

109 한외여과(UF : Ultra Filtration)와 역삼투(RO : Reverse Osmosis)에 의한 막처리농축법을 가열농축공정방법과 비교해서 특징을 설명하시오.

(2017 기출)

해답

막처리농축법은 가열농축법과 비교하였을 때 열을 필요로 하지 않기 때문에 품질의 열화를 최소화하며 에너지의 소비량이 적다.
- 한외여과(UF : Ultra Filtration) : 용액에 압력을 가해서 반투과막을 통과시키는 조작이다.
- 역삼투(RO : Reverse Osmosis) : 농도가 낮은 용액의 용매가 농도가 높은 용액 쪽으로 흘러가는 삼투압을 반대로 이용하는 처리법이다. 농도가 높은 용액 쪽에서 압력을 가해주면 삼투압의 반대현상이 일어나 고농도 용액의 용매가 저농도 쪽으로 흘러가는 방법이다.

110 초임계 유체 추출이 적용 가능한 분야를 기입하고 그의 장점을 간단히 기술하시오.

(예상문제)

해답

초임계추출의 경우 무독성이며 저온에서 작업이 가능하므로 참기름, 들기름 등의 유지의 추출, 카페인의 추출을 통한 디카페인 커피제조 등에 사용된다.

111 냉동대구 fillet의 보관기한이 −20℃에서 240일, −15℃에서 90일, −10℃에서 40일, −5℃에서 15일일 때, −20℃에서 50일, −10℃에서 15일, −5℃에서 2일 경과 시 −15℃에서의 판매 가능한 최대 일수를 계산하시오.

(2019 기출)

해답

$$\frac{50}{240} + \frac{x}{90} + \frac{15}{40} + \frac{2}{15} < 1$$

∴ $x < 25.5$이므로 최대 25일간 판매가 가능하다.

02 식품 분석법

[미생물]

112 소시지에 대한 미생물실험을 하려고 한다. 미생물 검사 시 필요한 실험용액의 조제를 검체의 g 수와 사용되는 용액의 종류를 포함하여 기술하시오.

(2019 기출)

해답

동일한 소시지 5개의 시료에서 25g씩 채취한다. 채취한 검체에 멸균생리식염수, 멸균인산완충액을 225mL 가해 시험용액으로 하며, 희석액을 필요에 따라 10배, 100배, 1,000배 단계적으로 희석하여 사용한다.

113 오염된 식품에 대한 미생물 검사 중 총균수와 생균수를 분류하여 검사할 때가 있다. 총균수와 생균수의 차이를 설명하시오.

(2010 기출)

• 총균수 :

• 생균수 :

해답

• 총균수 : 총균수는 주로 일정량의 샘플을 슬라이드 글라스 위에 도말하고 건조시켜 염색한 후 현미경으로 검경하여 염색된 세균량 수를 측정하는 방법이다. 검경에 의한 분석이기에 분석시간이 짧게 걸리나 검체 중에 존재하는 사균까지 측정이 된다. 주로 원유 중 오염된 세균을 측정하기 위하여 사용된다.
• 생균수 : 표준한천배지에 검체를 배양한 후 발생한 세균 집락 수를 계산하여 검체 중에 살아 있는 생균을 측정하는 방법이다. 표준한천배지 혹은 건조필름이 사용되며 시료에 따라서 48~72시간이 소요된다.

114 미생물 실험에서 희석할 때 쓰는 용액 2가지와 시료에 지방이 많을 경우 첨가해주는 화학첨가물은 무엇인지 쓰시오.

(2014, 2018 기출)

• 희석용액 :

• 화학첨가물 :

해답

- 희석용액 : 멸균인산완충액, 멸균생리식염수
- 화학첨가물 : Tween 80과 같은 세균에 독성이 없는 계면활성제

115 홀 슬라이드 글라스(Hole Slide Glass) 사용 시 실험 명칭과 목적에 대해 쓰시오.

(2016 기출)

해답

현적배양(hanging-drop culture)에 사용하며, 한 방울의 배양액에서 미생물이나 조직을 현미경으로 관찰하며 배양하는 데 사용된다.

116 그람염색 시 그람양성균과 그람음성균의 색 변화를 쓰시오.

(2010, 2021 기출)

해답

그람염색은 crystal violet에 의해 그람양성균과 음성균을 모두 염색한 후 알코올 탈색을 진행하는데, 이때 20여 개 층의 peptidoglycan과 teichoic acid로 단단하게 구성된 세포벽을 가진 그람양성균은 탈색이 되지 않아 보라색을 나타낸다. 알코올 염색 후 safranin을 이용하여 대조염색을 하게 되면 2~3개 층의 peptidoglycan과 lipopolysaccharide로 구성된 세포벽을 가진 그람음성균은 이때 대조염색이 되어 분홍색을 나타내게 된다.

117 다음은 식품샘플의 오염도를 측정하기 위하여 일반세균 colony를 측정한 수치이다. 분석결과를 이용해 해당 샘플의 세균 수를 계산하시오. (2014 기출)

100배	1,000배	10,000배
250	30	2
256	40	4

해답

미생물 실험의 경우 평판당 15~300개의 집락을 생성한 평판을 택하여 집락 수를 계산하는 것을 원칙으로 하므로 해당 시험에서 10,000배의 분석결과는 계산하지 않는다.

$$\frac{\sum C}{\{(1 \times n1) + (0.1 \times n2)\} \times d}$$

여기서, N : 식품 g 또는 mL당 세균 집락 수(단위 : CFU/mL 또는 CFU/g)

C : 모든 평판에 계산된 유효 집락 수의 합

$n1$: 첫 번째 희석배수에서 계산된 유효평판의 수

$n2$: 두 번째 희석배수에서 계산된 유효평판의 수

d : 첫 번째 희석배수에서 계산된 유효평판의 희석배수

$$\frac{250 + 256 + 30 + 40}{\{(1 \times 2) + (0.1 \times 2)\} \times 10^{-2}} = \frac{576}{0.022} = 26,181$$

∴ 26,000 CFU/g

* CFU(Colony Forming Unit) : 콜로니 형성 단위를 뜻하는 미생물을 수치화하는 단위

118 가열하여 섭취하는 냉동식품에 대한 미생물검사를 실시하였다. 검사결과가 다음 표와 같을 때 해당 제품의 적부 여부를 판단하시오. (단, 해당 제품은 발효식품 및 유산균이 첨가되지 않은 제품이다.) (2021 기출)

구분	1번	2번	3번	4번	5번
세균수(CFU/g)	910,000	1,106,000	1,121,000	1,213,000	824,000
대장균수(CFU/g)	0	5	0	0	0

해답

세균수 기준 초과로 부적합하다.

5개의 샘플 중 총 3개의 샘플(2번, 3번, 4번)이 가열하여 섭취하는 냉동식품 기준규격 중 허용기준치(m)를 초과하므로 해당 제품은 기준규격에 부적합한 제품이다. 대장균의 경우 2번 샘플에서 허용기준치를 초과하였지만 최대 허용시료수(c)를 넘지 않았으므로 대장균 기준은 적합하다.

> **TIP** 가열하여 섭취하는 냉동식품의 미생물 허용기준
> ① 세균수 : $n=5$, $c=2$, $m=1,000,000$, $M=5,000,000$(살균제품은 $n=5$, $c=2$, $m=100,000$, $M=500,000$, 다만, 발효제품, 발효제품 첨가 또는 유산균 첨가제품은 제외한다)
> ② 대장균군 : $n=5$, $c=2$, $m=10$, $M=100$(살균제품에 해당된다)
> ③ 대장균 : $n=5$, $c=2$, $m=0$, $M=10$(다만, 살균제품은 제외한다)
> ④ 유산균수 : 표시량 이상(유산균 첨가제품에 해당된다)

119 김밥에 오염된 균을 표준평판배양법으로 희석하여 배양한 결과 colony 수가 다음과 같을 때, g당 균수를 계산하시오.

(2009 기출)

구분	1회	2회	3회
1,000배	2,600	3,400	3,000
10,000배	200	250	300

해답

$$(\text{CFU/g}) = \frac{200+250+300}{(0.1 \times 3) \times 10^{-3}} = 2,500,000 \text{CFU/g}$$

120 다음은 그람염색에 사용되는 시약이다. 이를 사용 순서대로 나열하시오. (2020 기출)

> 알코올, 크리스탈 바이올렛, 사프라닌, 요오드용액

해답

크리스탈바이올렛 → 요오드용액 → 알코올 → 사프라닌

> 1) 크리스탈 바이올렛 : 그람양성과 그람음성세균을 모두 자색으로 염색한다.
> 2) 요오드 용액 : 매염제인 요오드를 이용해 색소를 세포막에 고정한다. 크리스탈 바이올렛과 요오드의 반응으로 복합체가 형성되며 색소가 고정된다.
> 3) 알코올 : 탈색처리를 한다. 이때 그람음성세균은 얇은 세포막으로 인해 보라색의 크리스탈 바이올렛 색소가 탈색되지만, 그람 양성균은 세포벽 내의 두꺼운 펩티도글리칸층으로 인해 크리스탈 바이올렛이 완전히 탈색되지 않는다.
> 4) 사프라닌 : 대조염색과정이다. 분홍색의 사프라닌으로 염색하게 되면, 탈색이 되어 있는 그람음성균만이 분홍색으로 염색이 된다.
> ※ 최종적으로 현미경 검경 시 그람양성균은 보라색, 그람음성균은 분홍색으로 관찰된다.

121 혐기성 세균 배양방법 3가지를 쓰시오. (2015 기출)

①
②
③

해답

Anaerobic jar법, Gas-pak법, 유동파라핀을 이용한 공기차단법, 환원물질(포도당, 티오글리콜레이트) 첨가법, 질소가스 배양법, 천자 배양법

122 미생물증식곡선 그래프를 그리고, 각 해당하는 시기를 구분하여 적으시오. (2014 기출)

해답

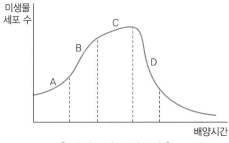

여기서, A : 유도기(잠복기)
B : 대수기(증식기)
C : 정지기(정상기)
D : 사멸기(감수기)

❚ **미생물의 증식곡선** ❚

- A : 유도기(lag phase, induction period)
  - 미생물이 증식을 준비하는 시기
  - 효소, RNA는 증가, DNA는 일정
  - 초기접종균수를 증가하거나 대수증식기균을 접종하면 기간이 단축
- B : 대수기(logarithmic phase)
  - 대수적으로 증식하는 시기
  - RNA 일정, DNA 증가
  - 세포질 합성 속도와 세포 수 증가속도가 비례
  - 세대시간, 세포의 크기 일정
  - 생리적 활성이 크고 예민
  - 증식속도는 영양, 온도, pH, 산소 등에 따라 변화
- C : 정지기(stationary phase)
  - 영양물질의 고갈로 증식 수와 사멸 수가 같다.
  - 세포 수 최대
  - 포자형성시기
- D : 사멸기(death phase)
  - 생균 수보다 사멸균 수가 많아짐
  - 자기소화(autolysis)로 균체분해

123 미생물 시험 검체를 채취할 때 멸균 면봉으로 몇 cm² 까지 채취해야 하는지 쓰시오.

(2014 기출)

해답

고체표면검체 : 검체표면의 일정면적(10×10, 100cm²)을 일정량(1~5mL)의 희석액으로 적신 멸균거즈와 면봉 등으로 닦아내어 일정량(10~100mL)의 희석액을 넣고 강하게 진탕하여 부착균의 현탁액을 조제하여 시험용액으로 한다.

[8. 일반시험법 ▶ 4. 미생물시험법 ▶ 4.3 시험용액의 제조]
1) 액상검체 : 채취된 검체를 강하게 진탕하여 혼합한 것을 시험용액으로 한다.
2) 반유동상검체 : 채취된 검체를 멸균 유리봉 또는 시약스푼 등으로 잘 혼합한 후 그 일정량(10~25mL)을 멸균용기에 취해 9배 양의 희석액과 혼합한 것을 시험용액으로 한다.
3) 고체검체 : 채취된 검체의 일정량(10~25g)을 멸균된 가위와 칼 등으로 잘게 자른 후 희석액을 가해 균질기를 이용해서 가능한 한 저온으로 균질화한다. 여기에 희석액을 가해서 일정량(100~250mL)으로 한 것을 시험용액으로 한다.
4) 고체표면검체 : 검체표면의 일정면적(보통 100cm²)을 일정량(1~5mL)의 희석액으로 적신 멸균거즈와 면봉 등으로 닦아내어 일정량(10~100mL)의 희석액을 넣고 강하게 진탕하여 부착균의 현탁액을 조제하여 시험용액으로 한다.
5) 분말상검체 : 검체를 멸균 유리봉과 멸균 시약스푼 등으로 잘 혼합한 후 그 일정량(10~25g)을 멸균용기에 취해 9배 양의 희석액과 혼합한 것을 시험용액으로 한다.
6) 버터와 아이스크림류 : 검체 일정량(10~25g)을 멸균용기에 취해 40℃ 이하의 온탕에서 15분 내에 용해시킨 후 희석액을 가하여 100~250mL로 한 것을 시험용액으로 한다.
7) 캡슐제품류 : 캡슐을 포함하여 검체의 일정량(10~25g)을 취한 후 9배 양의 희석액을 가해 균질기 등을 이용하여 균질화한 것을 시험용액으로 한다.
8) 냉동식품류 : 냉동상태의 검체를 포장된 상태 그대로 40℃ 이하에서 될 수 있는 대로 단시간에 녹여 용기, 포장의 표면을 70% 알코올 솜으로 잘 닦은 후 상기 1)~7)의 방법으로 시험용액을 조제한다.
9) 칼·도마 및 식기류 : 멸균한 탈지면에 희석액을 적셔, 검사하고자 하는 기구의 표면을 완전히 닦아낸 탈지면을 멸균용기에 넣고 적당량의 희석액과 혼합한 것을 시험용액으로 사용한다.

124 Hurdle technology(combined technology)의 정의와 장점 및 허들기술을 사용한 예시를 서술하시오.

(2012, 2016, 2020 기출)

- 허들기술의 정의 :

- 장점 :

- 사용 예시 :

해답

- 허들기술의 정의 : 식품 품질변화에 영향을 미치는 여러 가지 장애요인들을 단일 장벽으로는 제거할 수 없을 때 두 가지 이상의 제어허들을 두어 장애요인을 제거하는 식품저장기술이다.
- 장점 : 두 가지 이상의 허들제어 시 더 낮은 온도 살균에서도 세균의 제어가 가능하므로, 영양소 및 기능성 파괴의 최소화를 가져올 수 있다.
- 사용 예시 : 항균박테리아, PH, 수분함량, 당도, 염도, 저장온도, 초고압, 감마선 조사 등의 장벽은 중복 사용

125 식품품질과 관련하여 허들 기술의 개념을 쓰시오.

(2020 기출)

해답

식품품질에 영향을 미치는 여러 가지 장애요인들을 단일 장벽으로는 제거할 수 없을 때 두 가지 이상의 제어허들을 두어 장애요인을 제거하는 식품저장기술이다. 두 가지 이상의 허들을 동시에 적용하면 성분변화를 최소화할 수 있기 때문에 식품 저장 시 자주 사용되는 기술이다.

126 L-글루타민산나트륨을 발효하는 미생물 속명을 라틴어로 쓰고, L-글루타민산나트륨의
제조과정에서 페니실린을 첨가하는 이유를 쓰시오. (2017 기출)

해답

- *Corynebacterium glutamicum*
- 글루탐산발효 시 페니실린을 첨가하면 세포막 투과성이 증가하여 Glutamic Acid의 세포 외 분비
  가 촉진되므로 정상발효로의 회복이 빠르기 때문에, 이러한 막투과성을 높이기 위하여 페니실린
  을 첨가해 준다. 그러므로 페니실린 첨가 시에는 비오틴의 제한 없이 대량의 글루탐산 생산을 가
  능하게 한다.

127 미생물 검체 채취 시 드라이아이스를 사용하면 안 되는 이유를 쓰시오. (2018, 2021 기출)

해답

냉동검체 이동 시 냉동장비를 이용할 수 없는 경우에는 드라이아이스 등으로 냉동상태를 유지하며
운반할 수 있다. 하지만 냉장검체의 이동 시에는 검체가 동결될 수 있으므로 드라이아이스의 사용
에 주의하여야 한다. 또한 드라이아이스의 승화 시 발생하는 이산화탄소는 미생물의 번식을 억제
하는 효과가 있어 미생물 분석결과에 영향을 미칠 수 있다.

128 포도당 1kg으로부터 얻을 수 있는 이론적인 에탄올의 양과 초산의 양을 계산하시오.

(2015, 2021 기출)

해답

- 초산의 생성기작

  $C_6H_{12}O_6 \rightarrow 2C_2H_5OH + 2CO_2 + 56kcal$

  $C_2H_5OH + O \rightarrow CH_2COOH + H_2O + 114kcal$

- C_2H_5OH의 분자량 : 46g, CH_3COOH의 분자량 60g

〈에탄올의 양〉

$1,000g \times \dfrac{1mol}{180g} = 5.56mol$

→ 1분자의 포도당 발효 시 2분자의 에탄올이 생성되므로 5.56mol 포도당 발효 시에는 11.12mol 의 에탄올이 생성

$11.12mol \times \dfrac{46g}{1mol} = 511.52g$ C_2H_5OH

〈초산의 양〉

1분자의 포도당 발효 시 분자의 초산이 생성되므로 5.56mol 포도당 발효 시에는 11.12mol 초산이 생성

$11.12mol \times 60g over 1mol = 667.2g$ CH_2COOH

129 효모에 의한 알코올 발효의 반응식(Gay-Lussac)을 쓰고 포도당 100kg으로부터 이론상 몇 kg의 에틸알코올이 생성되는지 계산하시오.

(2009 기출)

해답

- Gay−Lussac 반응식 : $C_6H_{12}O_6 \rightarrow 2C_2H_5OH + 2CO_2$
- $C_6H_{12}O_6$의 분자량 180, C_2H_5OH의 분자량 : 46
- 포도당 1분자 발효 시 2분자의 에틸알코올 생성

  $100kg\ C_6H_{12}O_6 \times \dfrac{1mol}{0.18kg} = 555.55mol\ C_6H_{12}O_6$이므로 100kg의 포도당 발효 시

  $2 \times 555.55 = 1,111.1mol$의 C_2H_5OH이 생성된다.

  $1,111.1mol \times \dfrac{0.46kg}{1mol} = 51.1106kg$

[식품의 rheology 및 관능]

130 rheology 특성 2가지와 성질을 설명하시오. (2011, 2021 기출)

해답

rheology란 식품의 경도, 탄성, 점성 등 질감과 관련된 식품의 변형과 유동성 등의 물리적인 성질이다.

- 소성(plasticity) : 외부 힘에 의해 변형된 후 외부 힘을 제거해도 원상태로 되돌아가지 않는 성질(버터, 마가린, 생크림)을 말한다.
- 탄성(elasticity) : 고무줄이나 젤리 등과 같이 외부 힘에 의해 변형된 후 외부 힘을 제거하게 되면 원상태로 되돌아가려는 성질을 말한다.
- 점탄성(viscoelasticity) : 껌이나 빵반죽과 같이 외부 힘이 작용 시 점성유동과 탄성변형이 동시에 발생하는 성질을 말한다.

131 뉴턴, 비뉴턴유체의 특징과 이에 해당하는 식품 2가지를 쓰시오. (2016 기출)

- 뉴턴유체 :

- 비뉴턴유체 :

해답

- 뉴턴유체 : 전단력에 대하여 전단속도가 비례적으로 증감하는 것을 뉴턴유체라 하며 단일물질, 저분자로 구성된 물, 청량음료, 식용유 등의 묽은 용액이 뉴턴유체의 성질을 갖는다.
- 비뉴턴유체 : 뉴턴유체 성질이 없어 전단력과 전단속도가 비례하지 않는 유체로 Colloid 용액, 토마토케첩, 버터 등이 해당된다.

132 전단응력과 전단속도와의 관계로부터 뉴턴유체와 시간독립성, 비뉴턴유체의 유동속도의 관계를 그래프로 그리고 이들의 특성을 간단히 설명하시오. *(2010 기출)*

 해답

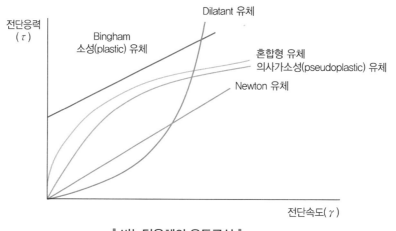

▌ 비뉴턴유체의 유동곡선 ▌

- 뉴턴유체 : 전단력에 대하여 속도가 비례적으로 증감하는 것을 뉴턴유체라 하며 단일물질, 저분자로 구성된 물, 청량음료, 식용유 등의 묽은 용액이 뉴턴유체의 성질을 갖는다.
- 비뉴턴유체 : 뉴턴 유체 성질이 없어 전단력과 전단속도 사이의 유동곡선이 곡선을 나타내는 유체로 Colloid 용액, 토마토케첩, 버터 등이 해당된다.

133 뉴턴유체와 비뉴턴유체의 전단속도·전단응력 관계 유동곡선을 그리고 뉴턴, 딜레이턴트, 의가소성, 빙햄유체의 예를 1가지씩 쓰시오. (2011 기출)

해답

· 전단속도·전단응력 관계 유동곡선

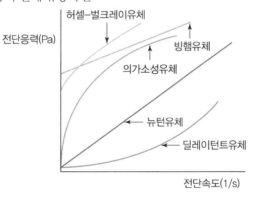

· 유체의 종류
 – 뉴턴 : 물, 주스, 청량음료 등
 – 딜레이턴트 : 슬러리, 녹말전분, 땅콩버터
 – 의가소성 : 연유, 시럽, 페인트 등
 – 빙햄유체 : 치약, 마요네즈

134 레이놀즈수 관속을 흐르는 유체는 원형 직선관에서 레이놀즈수가 (　　　) 이하이면 층류, (　　　) 이상이면 난류이다.
(2012 기출)

해답

2,100, 4,000

레이놀즈수는 점성력에 대한 관성력의 크기를 나타내는 수이다. 레이놀즈수를 이용해서 난류와 층류를 구분할 수 있는데, 레이놀즈수가 4,000 이상이면 난류를 나타내며 값이 클수록 유체의 흐름은 비주기적이며 무질서해진다. 레이놀즈수가 2,100 이하이면 층류를 나타내는데, 층류의 액체는 유체가 흐트러지지 않고 일정한 흐름을 나타낸다.

135 레이놀즈수가 난류일 때 관의 지름, 관의 유속, 점도, 밀도를 설명하시오.
(2015 기출)

해답

$$Re = \frac{d \cdot \rho \cdot v}{\mu}$$

여기서, Re : 레이놀즈수, μ : 관의 점도

d : 관의 지름, ρ : 공기의 밀도, v : 관의 유속

관의 지름이 넓을수록, 밀도는 높을수록, 관의 유속이 빠를수록, 점도가 낮을수록, 유체유동은 불안정해지며 난류가 된다.

136 texture(텍스처)의 정의와 반고체 식품의 texture를 구성하는 1 · 2차 기계적 특성을 쓰시오.

(2010 기출)

• 텍스처의 정의 :

• 1차 기계적 특성 :

• 2차 기계적 특성 :

해답

• 텍스처의 정의 : 텍스처란 식품의 구성요소가 가지는 물리 · 구조적 특징인 유체 변형성이 경험과 생리적 감각이라는 여러 가지 요소가 복잡하게 작용하여 나타나는 것으로, 이를 심리적 작용에 의하여 감지한다.
• 1 · 2차 기계적 특성

	1차 특성	2차 특성
기계적 특성	경도, 응집성, 점성, 탄성, 부착성	부서짐성, 씹힘성, 검성
기타 특성	수분함량, 지방함량	유상(oily), 기름진 정도(greasy)

• 텍스처의 2차 특성이란 1차적 특성들이 복합적으로 작용하여 생기는 특성이다.

137 텍스처의 1차적 특징인 경도, 응집성, 탄력성, 부착성의 의미를 쓰시오.

(2016 기출)

해답

• 경도 : 일정한 변형에 도달하는 데 필요한 힘
• 응집성 : 물체가 있는 그대로의 형태를 유지하려는 힘
• 탄력성 : 변형된 시료에 힘이 제거된 후에 시료가 원래의 상태로 돌아가려는 성질
• 부착성 : probe가 시료에서 떼어지는 데 필요한 힘

138 아래 자료는 관능검사 중 어떤 검사법이며 목적과 최소 패널 수를 쓰시오. *(2020 기출)*

> **[설문지]**
> 당신 앞에는 3개의 검체로 이루어진 검사 Set가 있다. 하나는 R로 표시되어 있고 둘은 검체 번호가 기입되어 있다. R을 먼저 맛본 후, 번호가 기입된 두 검체를 맛보고 R과 동일한 검체를 선택하여 그 검체에 ✓표를 하여라.
>
> 116 910
> ( ) ( )

해답

다음 검사법은 일-이점 검사법(Duo-trio Test)이다. 일-이점 검사법이란 기준 검체와 주어진 검체 사이의 유사성 여부를 판단하기 위해 주로 사용한다. 특히, 정기적 생산검체처럼 기준검체가 검사원에게 잘 알려져 있는 경우에 사용이 용이하며 삼점검사가 적합하지 않을 경우에 사용된다. 하지만 후미가 많이 남는 시료의 경우에는 사용하기에 적합하지 않다. 검체 간의 차이가 큰 경우에는 최소 12명의 패널로 검사가 가능하지만 차이가 크지 않을 경우에는 20~40명의 패널이 적합하다.

139 식품의 기준 및 규격에 의하여 성상(관능평가)의 분석 시 이용되는 감각 5가지와 시험조작 항목 4가지를 쓰고, 조작 항목별 공통으로 적용되는 기준을 쓰시오. *(2017 기출)*

• 5가지 감각 :

• 시험조작항목 :

• 공통기준 :

해답

• 5가지 감각 : 시각, 후각, 미각, 촉각, 청각
• 시험조작항목 : 색깔, 풍미, 조직감, 외관
• 공통기준 : 채점한 결과가 평균 3점 이상이고, 1점 항목이 없어야 한다.

140 관능검사 중 후광효과의 개념과 방지법을 설명하시오. (2017 기출)

해답

후광효과란 시료에서 2가지 이상의 항목을 평가할 때 서로의 순위가 서로 영향을 미치는 것이다. 예를 들어, 전체적인 기호도가 높이 평가된 제품의 경우 다른 특성, 즉 색, 맛, 향미 등도 전반적으로 다 좋게 평가될 수 있는 것이다. 이를 방지하기 위해서는 특별히 중요하게 판단하고자 하는 특성을 따로 분리하여 개별적으로 평가해야 한다.

141 아래 자료를 보고 관능검사 중 어떤 검사법이며 목적과 최소패널 수를 쓰시오. (2016 기출)

> **[설문지]**
> 시료 R을 먼저 맛 본 후에 두 시료를 오른쪽에서 왼쪽 순으로 두신 후 다음 질문에 답해주시기 바랍니다.
> 1. 기준 검사물 R과 같다고 생각되는 것에 ✔표 해주시기 바랍니다.
>
>   317   941
>   ( )   ( )

해답

종합적 차이검사 중의 하나인 일 – 이점검사로 기준시료 하나와 2개의 시료를 제시하여 두 시료 가운데 기준시료와 동일한 시료를 고르게 하는 방법으로 최소 12명 이상의 패널이 필요하다.

142 식품의 관능평가 방법 중 시간-강도 분석이 실시되는 목적은 무엇인지 쓰시오. (2013 기출)

[해답]

제품의 관능적 특성의 강도가 시간에 따라 변화하는 양상을 조사하여 제품의 특성을 평가한다.

143 식품공장에서 관능검사를 실시하는 목적 5가지를 쓰시오.　　　　　　　　(2011 기출)

①

②

③

④

⑤

[해답]

관능평가 이용의 목적

• 신제품개발 시 개발된 신제품과 유사제품과의 관능적 품질 차이 조사

• 신제품에 대한 소비자 기호도 조사

• 제품의 품질을 개선하고자 할 때 기존제품에 비하여 신제품의 품질이 향상되었는지 판단

• 원가절감 및 공정개선 : 제품의 원가를 절감할 목적으로 원료의 일부를 변경하였을 때, 기존제품
  과의 차이 여부 조사

• 생산공정 중 또는 최종제품의 유통 중 품질이 일정하게 유지되고 있는지를 평가

• 유통기한 설정 시 관능적 품질변화 판단

144 관능검사의 4가지 척도는 무엇인가?

(2010 기출)

①

②

③

④

해답

- 명목척도(명명) · 서수척도(서열)
- 간격척도(등간) · 비율척도(등비)

[수분]

145 식품 중 수분의 존재상태 중 자유수에 대해 설명하시오.

(예상문제)

해답

식품 중의 물은 자유수와 결합수로 존재한다. 자유수는 화학반응이 일어날 수 있는 용매로 작용하며 끓는점과 녹는점이 높은 특징을 가진다. 비열이 크며, 미생물이 쉽게 이용할 수 있는 물로 건조에 의해 쉽게 제거된다.

146 등온흡습곡선의 정의를 쓰고, 그래프상 가로축과 세로축의 의미를 표시해 그래프를 그리시오.

(2009 기출)

해답

- 정의 : 식품 중 수분은 특정온도에서 상대습도와 평형에 이르게 되는 평형수분함량을 갖게 되며 이러한 수분함량을 그래프로 나타낸 것이 등온흡습·탈습곡선이다.
- 그래프(가로축 상대습도, 세로축 수분함량)

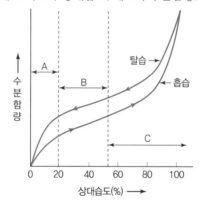

‖ 등온 흡습 · 탈습 곡선 ‖

147 다음은 식품의 등온흡습곡선이다. 다음에서 흡습곡선과 탈습곡선을 찾아서 표시하시오.

(2020 기출)

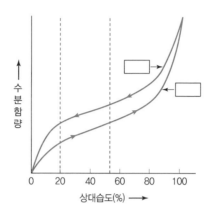

해답

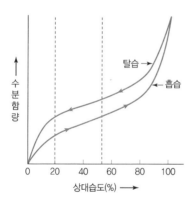

148 등온흡습곡선 그리고 이력현상의 정의와 그 발생이유에 대하여 서술하시오. (2019 기출)

(해답)

등온흡습곡선이란 상대습도와 식품수분함량과의 관계를 나타낸 그래프이다. 그래프에서 동일한 수분활성도에서 흡습곡선과 탈습곡선이 달리 나타나는 것을 히스테리시스현상(이력현상)이라 하는데, 이는 물분자의 수소결합에 따른 결합력 때문으로 탈습과정에서 조직체의 수축으로 흡착장소가 줄어들어 가역적인 흡수가 진행되지 않고 항상 탈습곡선이 높게 나타나는 이유이다.

149 30%의 수분과 25%의 설탕을 함유하고 있는 식품의 수분활성도를 구하시오. (단, 분자량은 $H_2O=18$, $C_{12}H_{22}O_{11}=342$) (2015, 2018 기출)

(해답)

$$Aw = \frac{Mw}{Mw + Ms}$$

여기서, Mw : 용매의 몰수, Ms : 용질의 몰수

Mw = 용매의 몰수 = 30% 수분의 몰수 = 30g 수분으로 가정

$$= 30g \times \frac{1mol}{18g} = \frac{30}{18} mol$$

Ms = 용질의 몰수 = 25% 수분의 몰수 = 20g 수분으로 가정

$$= 25g \times \frac{1mol}{342g} = \frac{25}{342} mol$$

$$\therefore Aw = \frac{\dfrac{30}{18}}{\left(\dfrac{30}{18}\right) + \left(\dfrac{25}{342}\right)} = 0.9579831933 \fallingdotseq 0.958$$

150 20%의 포도당, 설탕, 소금이 담겨 있는 물이 있다. 수분활성도가 큰 순서대로 쓰시오.

(2010, 2015, 2021 기출)

해답

설탕 > 포도당 > 소금

$H_2O ≒ 18g/mol$, $C_6H_{12}O_6 ≒ 180g/mol$, $C_{12}H_{22}O_{11} ≒ 342g/mol$, $NaCl ≒ 58g/mol$

용질이 20% 존재하기에 수분이 80% 존재한다고 예상

- 20% 포도당 $\dfrac{\dfrac{80}{18}}{\dfrac{80}{18} + \dfrac{20}{180}} ≒ 0.9756$

- 20% 설탕 $\dfrac{\dfrac{80}{18}}{\dfrac{80}{18} + \dfrac{20}{342}} ≒ 0.9870$

- 20% 소금 $\dfrac{\dfrac{80}{18}}{\dfrac{80}{18} + \dfrac{20}{58}} ≒ 0.928$

∴ 0.9870 > 0.9756 > 0.928

151 수분활성도(Activity of water)를 구하는 공식 2가지를 쓰시오. (2016 기출)

해답

- $Aw = \dfrac{P(\text{식품이 나타내는 수증기압})}{P0(\text{순수한 물의 수증기압})}$
- $Aw = \dfrac{Mw(\text{용매의 몰수})}{(Mw(\text{용매의 몰수}) + Ms(\text{용질의 몰수}))}$

152 액상 식품의 조성을 확인하였더니 포도당(분자량 180) 18%, 비타민 A(분자량 286) 5.5%, 비타민 C(분자량 176) 1%, 스테아린산(분자량 284) 3.5%, 나머지는 물(분자량 18)이었다. 이때 이 식품의 수분활성도는 얼마인지 쓰시오. (2020 기출)

해답

$$A_w = \dfrac{\dfrac{72}{18}}{\dfrac{18}{180} + \dfrac{1}{176} + \dfrac{72}{18}} = 0.974259618 \fallingdotseq 0.97$$

∴ 0.97

이때, 소수성인 스테아린산과 비타민 A는 물에 녹지 않기 때문에 이를 제외한 수용성 성분들을 용질로 계산한다.

153 이상유체라고 가정하는 샘플이 있다. 이 샘플은 포도당(분자량 180) 10%, 비타민 C(분자량 176) 5%, 전분(분자량 3,000,000) 40%, 물 45%로 구성되어 있다고 할 때, 이 샘플의 수분활성도를 구하시오.(단, 소수 셋째 자리에서 반올림하여 둘째 자리까지 구하시오.)

(2020 기출)

해답

$$Aw = \frac{\dfrac{45}{18}}{\left(\dfrac{10}{1,480}\right)+\left(\dfrac{5}{176}\right)+\left(\dfrac{40}{3,000,000}\right)+\left(\dfrac{45}{18}\right)} = 0.97$$

∴ 0.97

154 A와 B는 같은 수분함량이다. 그런데 보존기간은 A가 훨씬 길다. 그 이유를 수분활성도를 근거로 하여 설명하시오.

(2012 기출)

해답

• 수분은 식품에 자유수와 결합수 형태로 존재한다. 결합수는 식품성분과 이온결합하여 존재하기에 미생물이 이용할 수 없는 수분이며, 자유수는 화학반응이 일어날 수 있는 용매로 미생물이 이용할 수 있는 수분이다. A와 B의 수분함량이 같은 것은 수분의 총량이 같은 것이지만 A의 보존기간이 길다는 것은 A는 결합수 형태의 수분의 함량이 높고 자유수 형태의 수분함량이 적으며 수분활성도가 낮으므로 미생물로 인한 변질 가능성이 낮은 것으로 판단된다. B의 경우 자유수의 비율이 높아 수분활성도가 높으며 이로 인해 미생물로 인한 변질 가능성이 높아 보존기간이 더 낮은 것으로 보인다.

• 급속동결(quick freezing)은 동결 시 최대 빙결정 생성대를 통과하는 시간이 35분 이하로 단시간 내에 급속냉동시키는 기술을 뜻한다. 이 경우 동결시간이 단축되며 빙결정이 미세하고 균일하게 생성되어 세포의 파괴가 적고 Drip 발생량이 적은 것이 장점이다. 이에 반해 완만동결(slow freezing)은 최대빙결정생성대를 천천히 통과시키는 동결을 뜻한다. 완만동결 시에는 빙결정이 발생하여 세포 및 조직을 손상시켜 제품의 품질에 안 좋은 영향을 미친다.

155 얼음결정 그림을 보고 a, b 중 어느 것이 급속동결이고 완만동결인지 쓰시오. (2016 기출)

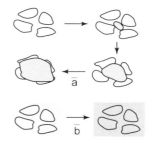

해답

a : 완만동결, b : 급속동결

156 다음 그림을 보고 적절한 용어를 기입하시오. (2020 기출)

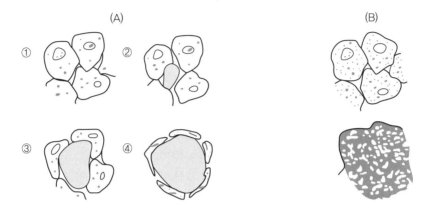

해답

(A) 완만냉동
(B) 급속냉동

157 고체와 액체식품의 냉점의 위치를 설명하시오. (2014, 2018 기출)

해답

통조림 살균 시 내용물이 고체식품일 때 냉점의 위치는 1/2 지점이고, 그 이유는 전도에 의한 열전달이 일어나기 때문이다. 액체식품일 때 냉점의 위치는 1/3 지점이고, 그 이유는 대류에 의한 열전달이 일어나기 때문이다.

158 표면경화의 특징에 대하여 기술하시오.

(2011, 2015 기출)

해답

식품을 건조할 때 건조속도가 지나치게 빠르면 식품 표면에 수분이 통과하기 어려운 피막이 형성되어 투과성이 낮아지는 현상을 표면경화(case hardening)라고 한다. 주로 수용성 당이나 단백질 함유제품에서 쉽게 일어나며 표면경화가 발생 시 식품 내부의 성분이 보존되어 식품 고유의 맛과 향은 변하지 않는 장점이 있으나 표면의 경화로 내부 수분의 건조속도가 저하되어 최종 목표 건조수준에 도달하는 속도가 늦어지거나 목표 건조수준에 도달하지 못할 수가 있다. 이를 방지하기 위해서는 건조할 때 공기의 온도와 습도를 조절하여 건조속도가 지나치게 빠르지 않도록 조절해야 한다.

159 인스턴트 커피의 가공방법 중 향미가 잘 보존되는 건조법 및 가격이 저렴한 건조법에 대하여 설명하시오.

(2012, 2015, 2018 기출)

해답

- 동결건조법 : 식품을 낮은 온도로 유지하며 건조하기 때문에 용질의 이동, 수축 현상, 표면경화 등이 거의 발생하지 않아 향미의 손실이 적고 영양성분의 유지에도 효율적이기 때문에 가장 우수한 건조방법 중의 하나이나 건조설비가 비싸다.
- 분무건조법 : 액체식품을 건조하는 데 주로 사용하는 방법으로 액체식품을 $10{\sim}200\mu$m의 입자 크기로 분무하면 표면이 극대화된 상태에서 열풍과 접촉하여 급속하게 분말화되면서 건조하는 방법이다. 고온에서 제조되기 때문에 향미의 손실이 크지만 설비 및 운영비용이 저렴하여 산업에서 많이 사용된다.

160 동결건조의 원리를 설명하고, 동결건조의 장점과 단점을 각각 두 가지씩 쓰시오.

(2009, 2018 기출)

- 원리 :

- 장점

  ①

  ②

- 단점

  ①

  ②

해답

- 원리 : 진공실 내부 압력을 5~10mmHg 이하로 떨어뜨린 진공상태에서 얼음을 승화시켜서 건조하는 방법이다. 얼음이 물의 상태를 거치지 않고 바로 승화되는 것이 특징이다. 식품을 낮은 온도로 유지하며 건조하므로 식품성분의 변화가 적으며, 재수화성도 좋기 때문에 고품질의 건조품을 얻을 수 있다.
- 장점 : 제품의 모양 변화가 적으며 열에 의한 성분의 손상도 적기 때문에 맛과 향이 유지되며 재수화성이 좋은 고품질의 건조품을 생산할 수 있다.
- 단점 : 설비 비용이 비싸며 압력을 유지하는 데 높은 에너지를 이용하므로 유지비가 다른 동결장치에 비하여 비싸다. 약 7~8시간 정도가 소요되기 때문에 타 장비에 비하여 시간이 오래 걸리는 것이 단점이다.

161 동결건조기에서 제품을 건조하는 데 중요한 역할을 하는 장치를 쓰시오.

(2010 기출)

①

②

③

해답

진공실, 진공펌프, 가열장치, 응축기

162 식품건조의 세 가지 단계에 대해서 설명하시오. (2012 기출)

- 1단계 :

- 2단계 :

- 3단계 :

해답

- 1단계 : 조절기간(settling down period) : 식품의 표면이 공기와 평형을 이루는 단계
- 2단계 : 항률건조기간(costant rate period) : 건조속도가 일정한 단계로 수분이 식품 내부에서 표면으로 이동하는 속도와 식품의 표면에서 수증기로 증발하는 속도가 같은 단계로 식품의 온도가 상승하지 않는다.
- 3단계 : 감률건조단계(falling rate period) : 건조속도가 점점 감소하는 단계로 식품의 표면이 마르기 시작하면서 식품 내부에서 표면으로의 수분 이동 속도가 감소하며 식품의 온도가 점점 증가한다.

163 수분함량 75%인 소고기 10kg이 있다. 처음온도 5℃, 최종온도 −20℃에서 동결률이 0.90이고 냉동잠열이 334kJ/kg일 때, 얼음의 총 잠열은 몇 kJ인지 구하시오. (2019, 2021 기출)

해답

총 잠열 = 질량 × 수분함량 × 동결률 × 냉동잠열
　　　　 = 10kg × 0.75 × 0.90 × 334kJ/kg = 2,254.5kJ

164 −10℃의 얼음 500g을 100℃ 수증기로 바꿀 때 필요한 열량은 얼마인지 계산하시오. (단, 물의 비열은 1kcal/kg · ℃, 얼음의 비열은 0.5kcal/kg · ℃, 기화열은 540kcal/kg, 얼음 열량은 80kcal/kg)

(2015 기출)

해답

열량 = 비열 × 질량 × 온도변화($Q = cm \Delta t$)

• −10℃ 얼음 → 0℃ 얼음

$$\frac{0.5\text{kcal}}{\text{kg} \cdot \text{℃}} \times 0.5\text{kg} \times 10\text{℃} = 2.5\text{kcal}$$

• 0℃ 얼음 → 0℃ 물

$$\frac{80\text{kcal}}{\text{kg}} \times 0.5\text{kg} = 40\text{kcal}$$

• 0℃ 물 → 100℃ 물

$$\frac{1\text{kcal}}{\text{kg} \cdot \text{℃}} \times 0.5\text{kg} \times 100\text{℃} = 50\text{kcal}$$

• 100℃ 물 → 100℃ 수증기

$$\frac{540\text{kcal}}{\text{kg}} \times 0.5\text{kg} = 270\text{kcal}$$

∴ $2.5 + 40 + 50 + 270 = 362.5(\text{kcal})$

165 25℃, 1톤 제품을 24시간 내에 −10℃로 동결하고자 할 때 냉동능력(냉동톤)은 얼마인지 계산하시오.(단, 1냉동톤은 3,320kcal/hr, 잠열은 79.68kcal/kg) (2010, 2020 기출)

해답

물의 비열 1kcal/kg, 얼음의 비열 0.5kcal/kg

• 25℃ 물 → 0℃ 물

$$1,000\text{kg} \times \frac{1\text{kcal}}{\text{kg}} \times 25 \times \frac{1}{24\text{h}} = 1,041.67\text{kcal/h}$$

• 0℃ 물 → 0℃ 얼음

$$1,000\text{kg} \times \frac{79.68\text{kcal}}{\text{kg}} \times \frac{1}{24\text{h}} = 3,320\text{kcal/h}$$

• 0℃ 얼음 → −10℃ 얼음

$$1,000\text{kg} \times \frac{0.5\text{kcal}}{\text{kg}} \times 10 \times \frac{1}{24\text{h}} = 208.33\text{kcal/h}$$

$$\therefore (\text{냉동톤}) = \frac{1,041.67 + 3,320 + 208.33}{3,320} = 1.38(\text{냉동톤})$$

166 열교환기에 사용되는 90℃ 온수는 1,000kg/h의 유량으로 열교환기에 들어가 40℃로 냉각되어 나온다. 기름의 유량은 5,000kg/h이고, 들어갈 때의 온도가 20℃라면 나올 때의 온도를 구하시오. (물 열용량 1.0kcal/kg·℃, 기름 열용량 0.5kcal/kg·℃)

(2013, 2020 기출)

해답

$$Q = c \cdot m \cdot \Delta t, \ Q_{물} = Q_{식용유}$$

$$1\frac{\text{kcal}}{\text{kg} \cdot ℃} \times \frac{1,000\text{kg}}{\text{h}} \times (90-40)℃ = 0.5\frac{\text{kcal}}{\text{kg} \cdot ℃} \times \frac{5,000\text{kg}}{\text{h}} \times (x-20)℃$$

$$\frac{50,000\text{kcal} \cdot \text{kg} \cdot ℃}{\text{kg} \cdot ℃ \cdot \text{h}} = \frac{2,500(x-20)\text{kcal} \cdot \text{kg} \cdot ℃}{\text{kg} \cdot ℃ \cdot \text{h}}$$

$$50,000\frac{\text{kcal}}{\text{h}} = 2,500(x-20)\frac{\text{kcal}}{\text{h}}$$

$$50,000 = 2,500x - 50,000$$

$$100,000 = 2,500x$$

$$x = 40℃$$

167 열교환기에 90℃의 뜨거운 물을 2,000kg/hr 속도로 통과시키고 반대 방향에서 20℃의 식용유를 4,500kg/hr의 속도로 투입시켰다. 물이 40℃로 냉각될 때 배출되는 식용유의 온도를 계산하시오.(단, 식용유의 열용량(CP)은 0.5kcal/kg · ℃이며 소수점 첫째 자리까지 답하시오.)

(2017 기출)

해답

$$1\frac{\text{kcal}}{\text{kg}\cdot\text{℃}}\times\frac{2,000\text{kg}}{\text{h}}\times(90-40)\text{℃}=0.5\frac{\text{kcal}}{\text{kg}\cdot\text{℃}}\times\frac{4,500\text{kg}}{\text{h}}\times(x-20)\text{℃}$$

$$\frac{2,000\times50\text{kcal}}{\text{h}}=\frac{0.5\times4,500\times(x-20)\text{kcal}}{\text{h}}$$

$$100,000=2,250\times(x-20)$$

$$100,000=2,250x-45,000$$

$$145,000=2,250x$$

$$x\fallingdotseq64.4\text{℃}$$

168 식품 농축 과정에서 나타나는 비말동반이란 무엇인지 설명하시오.

(2014 기출)

해답

농축과정 중 액체가 비말 형태의 액체방울이 되어 증기와 함께 동반되는 현상을 뜻한다. 농축과정 중 비말동반 현상의 발생은 농축량의 손실을 가져온다.

169 증발기에서 5% 소금물 10kg을 20% 농축시킬 때 증발시켜야 할 수분량을 구하시오.

(2011, 2013, 2019 기출)

해답

$10\text{kg} \times 5\% = (10 - x) \times 20\%$

$2.5 = 10 - x$

$x = 7.5(\text{kg})$

170 70% 수분을 지닌 어떤 식품 1kg에서 80% 수분을 건조시켰을 때 건조된 수분량, 건조 후 고형분 및 수분의 무게를 구하시오.

(2012 기출)

해답

- 건조 전 수분량 : $1\text{kg} \times 70\% = 0.7\text{kg}$
- 80% 수분 건조 : $0.7\text{kg} \times 80\% = 0.56\text{kg}$
- 건조 전(후) 고형분량 : $1\text{kg} \times 30\% = 0.3\text{kg}$
- 건조 후 수분량 : $0.7\text{kg} - 0.56\text{kg} = 0.14\text{kg}$

171 30% 용액 A와 15% 용액 B를 혼합하여 25% 용액을 만들었을 때의 혼합비를 구하시오.

(2011 기출)

해답

A : 30%, x(g)

B : 15%, y(g)

C : 25%, $x+y$(g)

$30x + 15y = 25(x+y)$

$5x = 10y$

$\dfrac{x}{y} = \dfrac{10}{5}$

$\therefore 2 : 1$

172 5% 설탕용액 1,000kg을 농축시켜 25% 설탕액으로 제조하려고 한다. 어느 정도로 증발시켜야 하는지 구하시오.

(2013 기출)

해답

$5\% \times 1,000 = 25\% \times (1,000 - x)$

$200 = 1,000 - x$

$\therefore\ x = 800\text{kg}$

173 35% 소금물 100mL를 5%의 소금물로 희석하려면 첨가해야 하는 물의 양은 몇 mL인지 계산하시오.

(2017 기출)

해답

$35\% \times 100\text{mL} = 5\% \times x\,\text{mL}$

$\therefore\ x\,\text{mL} = 700\text{mL}$

$\therefore$ 100mL의 물을 희석하는 것이므로 600mL의 물을 추가로 첨가해 주어야 한다.

174 25% NaCl 수용액 1,000mL를 만들기 위한 NaCl과 물의 양을 구하시오.

(2012 기출)

해답

$1,000\text{mL} \times \dfrac{25}{100} = 250\text{g}$

$\therefore$ NaCl 250g, 물 750g

175 5% 소금물 10kg을 증발시켜 20%로 만들려고 한다. 증발시킬 물의 양을 구하시오.

(2019 기출)

> **해답**

$10\text{kg} \times 5\% = (10 - x) \times 20\%$

$50 = 200 - 20x$

$20x = 150$

$x = 7.5(\text{kg})$

176 35% 소금물 100mL를 5%의 소금물로 희석하려면 첨가해야 하는 물의 양은 몇 mL인지 계산하시오.

(2014 기출)

> **해답**

$35\% \times 100\text{mL} = 5\% \times 700\text{mL}$

이미 100mL가 들어 있으므로 첨가해야 할 물의 양은 600(mL)

177 설탕물 3% 100kg에 설탕을 첨가하여 15%로 만들고자 한다. 첨가해야 할 설탕의 양은 몇 kg인지 계산하시오.(단, 첨가하는 설탕은 무수설탕이다.) (2014 기출)

해답

- 3% 설탕물에 $x$kg의 설탕을 첨가

$$\frac{3+x}{100+x} = 15\% = \frac{15}{100}$$

$$100(3+x) = 15(100+x)$$

$$300 + 100x = 1,500 + 15x$$

$$85x = 1,200$$

$$x = \frac{1,200}{85} = 14.1176(\text{kg})$$

$$\therefore\ x = 14.12(\text{kg})$$

[탄수화물]

178 보기의 mailard reaction에 참여하는 당을 갈변속도가 빠른 순서대로 나열하시오.

(2011 기출)

galactose, sucrose, arabinose, ribose, glucose, xylose, mannose

해답

- ribose > arabinose > xylose > galactose > mannose > glucose > sucrose
- 당의 종류에 따라 갈변속도가 달라지는 5탄당 > 6탄당(fructose > glucose) > 2당류 순이다.

> **TIP** maillard 반응에 영향을 주는 요인
>
> ① 온도 : Q10=3으로 온도가 10℃ 상승할 때 반응속도가 3배 정도 증가한다. 10℃ 이하에서 갈변은 억제되며 100℃ 이상에서 가열취가 발생한다.
> ② pH : 알칼리성일수록 갈변속도가 빨라지며 산성일수록 갈변속도가 느려진다.
> ③ 당의 종류 : 5탄당>6탄당>이당류 순서이며 6탄당은 과당>포도당 순이다.
> ④ Carbonyl 화합물 : aldehyde류와 furfural 유도체는 갈변이 쉽고 ketone류는 갈변이 어렵다.
> ⑤ 아미노산의 종류 : Lys, Arg 같은 염기성 아미노산이 반응이 빠르며 당과 아미노산 비율이 1 : 1일 때 갈변속도가 빠르다.
> ⑥ 수분활성도 : Aw 0.6~0.8의 중간 수분활성도에서 반응이 빠르다.
> ⑦ 금속 ion의 영향 : Fe나 Cu는 reductone의 산화에 촉매제로 갈변을 촉진한다.

179 효소적 갈변반응에서 갈변을 일으키는 원인 효소와 이를 방지하기 위한 방지법을 간단히 기술하시오.

(2009, 2011 기출)

- 갈변을 일으키는 효소

- 갈변 방지법

해답

- 갈변을 일으키는 효소

▼ 효소적 갈변

종류	특성
polyphenol oxidase	사과, 배, 고구마 등에 있는 catechin, gallic acid, chlorogenic acid 등을 산화하는 효소 $O-diphenol \xrightarrow{\text{poyphenol oxidase}} O-quinone \xrightarrow{\text{중합}} melanin$
tyrosinase	감자의 절단면은 tyrosinase에 의해 melanin 색소 생성 $tyrosine \xrightarrow{\text{tyrosinase}} DOPA \longrightarrow DOPA\ quinone \xrightarrow{\text{비효소적}} melanin$

• 갈변 방지법
 − Blanching(데치기) : 물에 2/3 정도 잠기게 하고 83℃ 정도로 2~3분 열처리하면 효소가 불활 성화된다.
 − 아황산염 : 아황산염의 환원성에 의해 pH 6.0에서 갈변 억제
 − 산소의 제거 : 진공처리, 탈기 등으로 산화 억제
 − 유기산 처리 : 구연산, 사과산, ascorbic acid 등으로 pH를 낮추어 효소 활성 억제
 − 식염수 처리 : Cl^-에 의해 효소 작용 억제
 − 물에 침지 : tyrosinase는 수용성으로 감자를 물에 넣어 두면 갈변이 일어나지 않는다.

180 전분의 노화원리를 구조적으로 설명하시오.

(2019 기출)

해답

전분의 노화는 호화전분(α−전분)을 실온에 완만 냉각하면 전분입자가 수소결합을 다시 형성해 생전분과는 다른 미셀구조를 형성하는데 이 현상을 노화 또는 β화라고 한다. 노화된 전분은 효소 의 작용을 받기 힘들게 되어 소화가 잘 되지 않는다.

181 전분의 노화에 미치는 조건을 설명하시오.

(예상문제)

해답

- 온도 : 노화가 가장 잘 발생되는 온도는 0℃ 정도이며 60℃ 이상 또는 −20℃ 이하에서는 노화가 발생되지 않는다(밥의 냉동저장).
- 수분함량 : 30~60%의 함수량이 노화되기 쉬우며 30% 이하 또는 60% 이상에서는 어렵다(비스킷, 건빵).
- pH : 알칼리성은 노화를 억제하고 산성은 노화를 촉진한다.
- 전분종류 : amylose가 많을수록, 전분입자가 작을수록 노화가 빠르다. 감자, 고구마 등 서류전분은 노화되기 어려우나 쌀, 옥수수 등 곡류전분은 노화되기 쉽다.
- 염류 : 대부분의 염류는 호화를 촉진하고 노화를 억제한다. 다만, 황산염은 반대로 노화를 촉진한다.
- 기타 : 당은 탈수제로 노화를 억제하며(양갱) 유화제도 노화를 억제한다.

182 당도가 12Brix인 복숭아 음료 5,500kg에 75Brix 액상과당을 첨가해 12.4Brix 복숭아 음료로 만들려고 한다. 75Brix 액상과당의 첨가량(a)과 1캔에 240mL, 200can/min으로 생산할 때의 소요되는 시간(b)을 구하시오.(단, 비중은 1.0408) (2012, 2019 기출)

해답

- (a) 35.14kg, (b) 110.82분
- 액상과당 첨가량(a)

  - 12Brix는 당의 농도가 12%, 즉 $\dfrac{12}{100}$ 를 뜻한다.

  - $(5,500 \times 0.12) + (x \times 0.75) = (5,500 + x) \times 0.124$

    $660 + 0.75x = 682 + 0.124x$

    $0.626x = 22$

    $x = 35.14\text{kg}$

- 분당 200캔 생산 시 소요시간(b)

  $$\text{소요시간} = (5,500 + 35.14)\text{kg} \times \frac{1캔}{240 \times 1.0408\text{g}} \times \frac{1분}{200캔}$$

  $$= 5,535.14\text{g} \times \frac{1캔}{249.732\text{g}} \times \frac{1분}{200캔} = 110.82\text{분}$$

[단백질]

183 기능성, 용해성에 따른 근육단백질의 분류 3가지와 근육의 수축 · 이완에 가장 밀접한 근육이 무엇인지 쓰시오.

(2018 기출)

해답

- 근원섬유 단백질, 근장 단백질, 결합 단백질
- 액틴, 미오신 : 가는 필라멘트인 액틴과 굵은 필라멘트인 미오신이 결합하여 액토미오신을 결합하는 것이 근육수축의 기본이다.

184 단백질 열변성의 3가지 요인과 열변성에 의한 단백질 변화에 대해 쓰시오.

(2012, 2021 기출)

- 단백질 열변성의 3가지 요인

- 열변성에 의한 단백질 변화

해답

- 단백질 열변성의 요인 : 온도, 수분함량, 전해질, pH 등이 영향을 미친다.
  - 온도 : 60~70℃ 사이에서 주로 일어남
  - 수분 : 수분이 많을수록 낮은 온도에서 변성이 일어남
  - 염류 : 단백질에 염을 넣으면 변성온도는 낮아지고 속도는 빨라짐
  - pH : 등전점에서 응고가 빠름
- 단백질이 열변성 시에는 용해도가 감소하고 효소활성이 감소하며 점도가 상승한다.

185 쌀, 메밀, 밤 등 시료 3가지가 있을 때 총 질소함량을 이용하여 조단백을 구하는 식을 적고, 각 질소계수가 5.95, 6.31, 5.30일 때 어떤 시료에 질소가 더 많이 함유되어 있는 아미노산을 함유하고 있는지 쓰고 그 이유를 적으시오. *(2011, 2018 기출)*

해답

- 조단백질량 : 총 질소량 × 6.25
- 질소계수는 식품 중의 단백질은 일정한 비율(약 16%)로 질소를 함유하고 있기 때문에 100/16으로 나누어서 환산계수를 6.25로 계산하여 조단백량을 계산한다. 식품별 개별 질소계수가 존재할 시에는 이를 따르고 개별 질소계수가 없을 경우에는 6.25를 질소계수로 사용한다. 아미노산의 비율이 높을수록 질소계수가 낮아지므로 질소계수가 낮은 밤의 아미노산 함량이 가장 높다.

186 Kjeldahl 질소정량법은 분해, 증류, 중화, 적정의 단계를 거친다. 다음은 증류 화학식을 나타낸 것이다. 빈칸을 채우시오. *(2014 기출)*

$$(NH_4)_2SO_4 + (\qquad) \rightarrow (\qquad) + (\qquad) + 2H_2O$$

해답

$$(NH_4)_2SO_4 + (2NaOH) \rightarrow (2NH_3) + (Na_2SO_4) + 2H_2O$$

187 단백질 3차 구조에서 side chain을 형성하는 힘 3가지를 쓰시오. (2011 기출)

①

②

③

해답

단백질의 3차 구조는 이온결합(정전기적 결합), 수소결합, 소수성결합, 이황화결합(disulfide bond)에 의해 구성된다.

> **TIP**
> • 1차 구조 : peptide 결합으로 인한 탈수축합
> • 2차 구조 : 수소결합
> • 4차 구조 : Van der Waals힘

188 킬달법을 통해 식품 중의 단백질을 정량하고자 한다. 주어진 시료 2g에서 측정된 질소량이 40mg이었을 때, 단백질의 함량은 얼마인지 계산하시오. (단, 질소계수는 6.25로 한다.) (2020 기출)

해답

질소계수란 식품의 질소 함량에서 단백질의 함량을 계산하는 데 사용되는 계수이다. 단백질식품은 다른 식품구성성분(탄수화물, 지방)과는 다르게 일정한 비율로 질소가 함유되어 있다. 이는 식품마다 다르지만 일반적으로 6.25를 사용하며, 이는 단백질 식품의 약 16%는 질소로 구성되어 있음을 의미한다($100 \div 16 = 6.25$). 그렇기에 시료에서의 질소량을 정량한 후 여기에 질소계수를 곱해주면 단백질의 함량을 역산할 수 있다.

$$\frac{0.04g}{2g} \times 100\% = 2\%$$

$$2\% \times 6.25 = 12.5g$$

189 단백질을 영양학적으로 평가하기 위해서 주로 생물가와 단백가를 이용한다. 단백질의 생물가와 단백가에 대하여 기술하시오.

(예상문제)

해답

- 생물가 : 섭취한 단백질 중에서 체내의 유지와 성장에 이용되는 부분의 비율을 뜻하며 흡수된 질소량과 체내에 보유된 질소량의 비율로 구한다. 섭취된 단백질의 아미노산 조성이 신체에 필요한 단백질 섭취 시 높은 생물가를 보이며 그렇지 않아 체내에서 배설되는 질소가 증가할 경우 낮은 단백가를 보인다.

$$생물가 = \frac{보유질소(N)의\ 양}{흡수질소(N)의\ 양} \times 100$$

- 단백가 : 식품 중 단백질의 영양학적 가치를 뜻하는 용어로 단백질 1g당 제한아미노산 양과 표준 단백질 1g당 해당 아미노산의 비를 구해 %로 나타낸 것이다. 여기서 제한아미노산이라 함은 사람의 몸속에서 합성할 수 없는 9개의 필수아미노산 중에서 결정된다. 한 개의 아미노산이 필요량보다 적으면 나머지 아미노산이 아무리 많아도 정상 단백질이 만들어지지 않는데, 이때 가장 양이 적은 필수아미노산이 그 영양가를 제한하는 제한아미노산이 된다.

$$단백가 = \frac{제1제한아미노산량}{비교단백질\ 중\ 동\ 아미노산량} \times 100$$

[지방]

190 Soxhlet 추출장비를 이용한 조지방을 분석 시 시료준비단계에서 무수황산나트륨을 첨가하는 이유는 무엇인지 쓰시오. (예상문제)

> **해답**

조지방 추출 시 검시시료에 수분이 많을 경우 무수황산나트륨을 이용하여 탈수를 진행한다. 검사시료를 무수황산나트륨과 함께 분쇄하여 건조기로 건조하면 황산염으로 인해 빠른 탈수효과를 볼 수 있다.

191 트랜스지방 함량(g/100g)을 구하는 공식을 쓰시오. (2009, 2018 기출)

> **해답**

트랜스지방 함량(g/100g) = (A×B)÷100
A : 조지방 함량(g/100g)
B : 트랜스지방산 함량(g/100g)

192 고체시료 7.24g을 취하여 Soxhlet 추출장비를 이용해 조지방을 측정하였다. 조지방을 추출하여 농축한 플라스크의 무게가 46.60027g이고 플라스크의 무게가 44.10024g일 때 조지방을 계산하시오.

(2018, 2021 기출)

해답

$$조지방(\%) = \frac{W_1 - W_0}{S} \times 100$$

$$= \frac{46.60027 - 44.10024}{7.24} \times 100$$

$$= 34.5308011 \quad \therefore \ 34.53\%$$

여기서, W_1 : 조지방을 추출하여 농축한 플라스크의 무게(g)

W_0 : 플라스크의 무게(g)

S : 시료의 채취량(g)

193 다음 그림의 장비의 원리 및 목적을 간단히 기술하시오. (2009, 2014 기출)

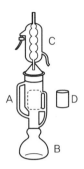

A : 지방추출관
B : 증류 플라스크
C : 냉각관
D : 원통여과지

해답

- 그림은 에테르를 순환시켜 검체 중의 지방을 추출하여 정량할 수 있는 속슬렛(Soxhlet) 추출장치이다.
- 검사시료를 분말화하여 건조기에서 건조 후 속슬렛 추출장치의 지방추출관에 넣는다. 에테르를 첨가 후 50~60℃의 수욕상에서 8~16시간 추출한다. 추출이 끝난 후 냉각관을 추출관에 연결하여 수욕상에서 가온하여 에테르를 다시 완전히 증발시킨다. 에테르를 모두 증발시킨 후 남은 지방을 건조기에서 건조 후 칭량하여 정량하는 방법이다.

[기타 성분 분석]

194 1M NaCl, 0.4M KCl, 0.2M HCl 시약을 이용하여 0.2M NaCl, 0.2M KCl, 0.05M HCl 농도의 총부피 500mL 시료를 제조하려고 한다. 필요한 시약 용액의 부피를 각각 계산하시오. (2010, 2019, 2021 기출)

- $MV = M'V'$이므로
  - $1M \ NaCl \times x = 0.2 \ M \ HCl \times 500mL \rightarrow x = 100mL$
  - $0.4M \ KCl \times x = 0.2M \ KCl \times 500mL \rightarrow x = 250mL$
  - $0.2M \ HCl \times x = 0.05M \ HCl \times 500mL \rightarrow x = 125mL$
- 부족한 부분은 물로 채워주므로 최종 100mL 1M NaCl, 250mL 0.4M KCl, 125mL 0.2M HCl과 증류수 25mL

195 포도당 20g을 물 80g에 녹였을 때 포도당 몰분율을 구하시오. (2010, 2016 기출)

$$몰분율 = \frac{해당 \ 성분의 \ 몰수}{혼합물의 \ 총 \ 몰수}$$

$$포도당(C_6H_{12}O_6)의 \ 몰수 = \frac{20g}{180g/mol} = 0.111mol$$

$$물(H_2O)의 \ 몰수 = \frac{80g}{18g/mol} = 4.444mol$$

$$\therefore 포도당의 \ 몰분율 = \frac{0.111}{0.111 + 4.444} = 0.024$$

196 황산수소 9.8g을 250mL에 희석하였을 때 노르말농도와 몰농도를 구하시오. (2017 기출)

해답

노르말농도 : 0.8N, 몰농도 : 0.04M

- 노르말농도＝용액 1L 속에 녹아 있는 용질의 g 당량수

$$\left(당량수 = \frac{분자량}{양이온의\ 전자가\ 수}\right)$$

황산수소(H_2SO_4)의 당량수＝98.079 ≒ $\dfrac{98g}{2eq} = \dfrac{49g}{eq}$

$$\therefore\ 노르말\ 농도 = \frac{무게}{당량\ 무게} \div 부피 = \frac{9.8g}{49g/eq} \times 250mL \times \frac{1,000mL}{1} = 0.8N$$

- 몰농도＝용액 1L 속에 녹아 있는 물질의 양을 몰(mol)로 나타낸 농도

$$H_2SO_4\ 9.8g \rightarrow 9.8g \times \frac{1mol}{98g} = 0.1mol$$

$$\therefore\ \frac{0.1mol}{250mL} \times \frac{1,000mL}{1L} = \frac{0.4mol}{L} = 0.4M$$

197 0.01N KOH 2mL가 반응하였을 때 KOH의 mg 수를 구하시오. (2011 기출)

해답

1.1mg KOH

KOH = 55g/mol

0.01N = 0.01mol/L

0.01mol/L×0.002L×55g/mol = 0.0011g KOH

0.0011g KOH×1,000 = 1.1mg KOH

198 0.1N NaOH 수용액(F = 1.010) 20mL를 0.1N−HCl 수용액으로 적정하였더니 20.20mL 가 소모되었다. 이때 0.1N−HCl 수용액의 Factor를 구하시오. (2020 기출)

해답

HCl Factor = 1.001

$N \times V \times F = N' \times V' \times F'$

$0.1 \times 20 \times 1.010 = 0.1 \times 20.20 \times F'$

$F' = \dfrac{0.1 \times 20 \times 1.010}{0.1 \times 20.20} = 1.000$

199 0.1N NaOH(F = 1.0039) 9.98mL를 0.1N HCl로 적정하였더니 10mL의 용액이 소모되 었다. 이때 사용된 HCl의 Factor값을 구하시오. (단, 소수점 넷째 자리에서 버림하시오.) (2020 기출)

해답

HCl Factor $= 1.001$

$N \times V \times F = N' \times V' \times F'$

$0.1 \times 9.98 \times 1.0039 = 0.1 \times 10 \times F'$

$F' = \dfrac{0.1 \times 9.98 \times 1.0039}{0.1 \times 10} = 1.001$

200 중화적정의 정의에 의한 표준용액, 종말점, 지시약을 설명하시오. (2012 기출)

• 표준용액 :

• 종말점 :

• 지시약 :

해답

• 표준용액(standard solution) : 이미 정확한 농도를 알고 있으므로 다른 미지의 시료의 농도를 구할 때 표준으로 사용되는 용액
• 종말점(end point) : 적정이 끝나서 용액의 성질이 변하는 지점
• 지시약(indicator) : 종말점을 정확히 확인할 수 있도록 넣어주는 물질을 뜻하며 종말점 부근에서 물리적 성질이 변함

201 시료의 양이 5.00g, 용해 후 여과기 항량이 10.80g, 건조 후 여과기 항량이 10.40g일 때 조섬유 함량을 계산하시오. *(2012 기출)*

해답

$$조섬유(\%) = \frac{(W_1 - W_2)}{S} \times 100 = \frac{(10.8 - 0.4)}{5} \times 100 = 8(\%)$$

여기서, W_1 : 유리여과기를 110℃로 건조하여 항량이 되었을 때의 무게(g)

W_2 : 회화로에서 가열하여 항량이 되었을 때의 무게(g)

S : 시료의 채취량(g)

202 1N oxalic acid($C_2H_2O_4$) 500mL를 만드는 데 필요한 oxalic acid 양과 만드는 방법을 간단히 쓰시오. (단, oxalic acid의 분자량은 126.07g/mol) *(2013 기출)*

해답

• oxalic acid의 1g당량 : 분자량 ÷ 원자가 = 126.07 ÷ 2 = 63.035

1N oxalic acid : 63.035g ÷ 용액 1L = 31.5175g ÷ 용액 500mL

• 제조 방법

① 500mL의 증류수를 메스실린더에 계량한다.

② oxalic acid 31.5175g을 비커에 넣은 후 측정해 놓은 증류수 중 일부를 첨가하여 용해한다.

③ 남은 증류수를 이용하여 oxalic acid를 완전히 녹여준다.

④ 표준물질(1N NaOH)로 표정하여 factor를 구한다.

203 HPLC로 혼합물을 분석할 때 분리능을 높이기 위한 효과적인 방법 2가지와 분석 시 영향을 주는 요인 3가지를 쓰시오. *(2017 기출)*

- 방법

- 요인

해답

- 분리능을 높이기 위한 효과적인 방법 : 분석 시 컬럼관의 길이를 증가시키고 입자의 크기를 미세하게 줄인다면 용출성분의 피크의 폭이 좁으며 피크와 피크가 서로 겹치지 않게 검출되어 분리능이 높아진다.
- 분석 시 영향을 주는 요인 : HPLC의 분석능에 영향을 미치는 요인은 타깃 물질에 따른 온도, 이동상, 고정상 및 유속으로 이들을 조정함으로써 HPLC 분석 시의 분리능을 높일 수 있다.

204 HPLC 분석 결과 당류의 함유량에 대해 $y=5.5x+2$라는 방정식을 얻었다. y는 당도(μg/mL)이고, x는 피크시간을 나타낸다. 피크시간이 20일 경우, 총 10g의 시료를 15mL로 하고 5배 희석하여 분석하였다면, 이 경우 100g의 시료에 함유된 총 당의 함유량을 구하시오.(mg/100g) *(2013, 2019 기출)*

- y =당도(μg/mL), x =피크시간
  - $y = (5.5 \times 20) + 2 = 112(\mu g/mL)$
- 당의 총 함유량=당도×희석배수×g당 용량=$112\mu g/mL \times 5 \times \left(\dfrac{15mL}{10g} \right) = 840\mu g/g$
- 100g에 함유된 당의 함량 : $84,000\mu g/100g$

∴ $84mg/100g$

205 HPLC를 사용할 때 낮은 pH 영역의 물질을 분석하고 나면 산성으로 인해 컬럼이 부식될 수 있다. 이를 방지하기 위해 실험 후에는 어떤 조치를 취해야 하는지 기술하시오. (2017 기출)

해답

사용 후 HPLC grade water나 HPLC grade 유기용매를 펌프를 통해 흘려보내며 잔존하는 산성물질을 배출하고 세척한다.

206 HPLC 분석 중 시료 5g을 산화방지제 10mL로 희석하여 농축·분석한 결과 표준액 5mg/kg의 피크의 넓이가 125, 시료가 50이었다. 이때 시료의 산화방지제는 몇 mg/kg인지 구하시오. (2011, 2021 기출)

해답

5mg/kg : 125 = x : 50

$x = 2(mg/kg)$

5g을 10mL로 희석했으므로 4mg/kg

207 HPLC 분배계수를 고정상과의 친화력과 통과속도를 통하여 비교하시오. (2016 기출)

해답

분배계수가 클 경우 성분이 고정상과 친화력이 있어 성분이 천천히 통과함을 의미하며 분배계수가 작을 경우 성분이 고정상과 친화력이 없어 빨리 통과함을 의미한다.

208 HPLC에서의 Normal phase와 Reverse phase의 극성에 따른 용출특성을 서술하시오. (2019 기출)

해답

Normal phase(순상) 크로마토그래피는 극성 고정상에 비극성 이동상을 사용하며 소수성의 이동상이 먼저 용출되며, Reversed phase(역상) 크로마토그래피는 비극성 고정상에 극성 이동상을 사용하며 친수성의 이동상이 먼저 이동한다. 이러한 시료물질의 고정상과 이동상에 대한 친화도에 따라 물질이 분리되는 것이 크로마토그래피의 원리이다.

209 발효공정에서 주로 사용하는 크로마토그래피에는 흡착(Adsorption) 크로마토그래피와 친화성(Affinity) 크로마토그래피가 있다. 각 크로마토그래피의 원리와 고정상에 대해 적으시오. (2020 기출)

해답

- 흡착 크로마토그래피 : 분석물질을 활성탄 등 흡착성질이 있는 고정상을 이용하여 분리하는 크로마토그래피로, 고정상으로는 활성탄, 실리카, 마그네슘 옥사이드 등이 사용된다.
- 친화성 크로마토그래피 : 단백질과 특이적으로 결합하는 리간드나 단백질 등을 이용해 단백질 성분을 분리 정제하는 크로마토그래피의 한 방법이다. 고정상으로는 특정 단백질에 대한 항체, 글루타티온 전달 달백질, 니켈 등을 사용한다.

210 가스크로마토그래피(GC)에 비하여 액체크로마토그래피(LC)의 분석범위가 폭넓은데, 그 이유가 무엇인지 쓰시오.

(예상문제)

해답

기체크로마토그래피는 보통 분자량이 500 이하인 휘발성 물질의 분석에 사용되지만 액체크로마토그래피는 분자량 2,000 이하인 휘발성/비휘발성 물질을 분석할 수 있기 때문에 액체크로마토그래피의 분석범위가 더 넓다.

211 크로마토그래피를 이용한 분석과정에서 Resolution과 Retention Time이 뜻하는 것을 각각 쓰시오.

(2020 기출)

해답

- Resolution : 분석 중의 분리도를 뜻하며 하나의 성분이 다른 하나의 성분과 어느 정도 분리되어 있는지의 분해능을 나타낸다.
- Retention Time : 분석시료가 컬럼으로 들어가 용출될 때까지의 머무름 시간을 뜻한다.

212 GC에서 가스가 들어오는 이동상과 데이터를 분석하는 부분을 제외한 주요 기관 3개를 쓰시오.

(2012 기출)

①

②

③

해답

시료주입구(Injector), 고정상(Column), 검출기(Detector)

213 가스크로마토그래피(Gas Chromatography) 분석 시 Split Ratio가 100 : 1인 것은 무엇을 의미하는지 쓰시오.

(2020 기출)

해답

GC분석 시 시험용액을 컬럼으로 흘려 주며 성분을 분석하는데, 이때 시험용액이 컬럼으로 주입되는 비율을 뜻한다. Split Ratio가 100 : 1이란 것은 시료 $1\mu l$를 주입했을 때 실제 컬럼에서 분리되는 시료의 양은 $\frac{1}{100}\mu l$임을 의미한다.

214 GC(Gas chromatography) 사용 시 효율이 높은 것을 표시하시오.

(2017, 2020 기출)

필름의 길이가 (얇게 / 두껍게)

컬럼의 넓이가 (좁게 / 넓게)

컬럼의 길이가 (짧게 / 길게)

해답

필름의 길이가 (얇게 / (두껍게))

컬럼의 넓이가 ((좁게) / 넓게)

컬럼의 길이가 (짧게 / (길게))

215 크로마토그래피에서 반높이 상수 5.54, $w_{1/2}$ 2.4sec, t_R 12.5min일 때 반높이 너비법의 이론단수는 얼마인지 구하시오. (2018 기출)

해답

$$N_{w_{1/2}} = a \times \left(\frac{t_R}{w_{1/2}} \right)^2 = 5.54 \left(\frac{t_R}{w_{1/2}} \right)^2$$

$$= 5.54 \left(\frac{12.5}{2.4} \right)^2$$

$$= 150.28$$

여기서, N : 이론상수, t_R : Retention time(머무름 시간),

　　　　$w_{1/2}$: 피크의 1/2 위치에서의 너비

　　　　a : 반높이 너비법의 상수(변곡점법 : 4, 접선법 : 16)

216 식품 중 중금속 성분의 정량분석 과정을 기술하고 식품공전상의 중금속 시험법을 쓰시오.

(2015 기출)

해답

- 중금속 정량분석 과정
  분석시료의 매질 고려 – 분석 대상 원소 고려 – 분석 매질 결정 – 시험용액의 조제 – 기기분석
- 식품 중의 중금속 : 납(Pb), 카드뮴(Cd), 비소(As), 구리(Cu), 주석(Sn)
- 중금속 시험법 : 습식분해법(황산 –질산법), 마이크로웨이브법, 용매추출법, 유도결합플라스마법(inductively coupled plasma, ICP)

217 식품 중의 유해물질인 납(Pb)과 카드뮴(Cd)의 분석법에 대하여 기술하시오. (2020 기출)

해답

납과 카드뮴의 경우 동일한 분석법을 사용한다.

① 황산 : 질산법을 이용한 습식분해법이나, Microwave Digestion System에 넣고 질산 등으로 처리하여 분해하고 메스플라스크 등에 옮겨 일정량을 채취하는 마이크로웨이브법이나, 시료를 건조하여 탄화시킨 다음 회화하는 건식회화법으로 시험용액을 제조한다.

② 이후 MIBK(Methyl Isobuthyl Ketone) 또는 Silver를 포함하지 않은 DDTC(Diethyl Ditho − catbamic Acid)을 이용하여 추출한 후

③ 원자흡광광도법이나 유도결합플라스마법을 이용하여 결과를 측정한다.

- 원자흡광광도법 : 시험용액 중의 금속원소를 적당한 방법으로 해리시켜 원자증기화하여 생성한 기저상태의 원자가 그 원자증기를 통과하는 빛으로부터 측정파장의 빛을 흡수하는 현상을 이용하여 광전측정 등에 따라 목적원소의 특정 파장에 있어서 흡광도를 측정하고 시험용액 중의 목적원소의 농도를 구하는 방법이다. 시료를 원자화하는 일반적인 방법은 화염방식과 무염방식이 있다.

- 유도결합플라스마법(ICP : Inductively Coupled Plasma) : 아르곤 가스에 고주파를 유도결합방법으로 걸어 방전되어 얻은 아르곤 플라스마에 시험용액을 주입하여 목적원소의 원자선 및 이온선의 발광광도 또는 질량값을 측정하여 시험용액 중의 목적원소의 농도를 구하는 방법이다.

218 식품공전에 따른 식품일반시험법에 대해 간략하게 기술하시오. (예상문제)

해답

- 성상 : 식품의 특성을 시각, 후각, 미각, 촉각 및 청각으로 감지되는 반응을 측정하여 시험하는 시험법이다.
- 이물 : 식품 중의 이물을 분석하는 법으로 분말, 액체 등 성상에 따른 일반이물 분석법과 식품에 따른 식품별 이물분석법으로 구분한다.
- 식품 중의 내용량 : 식품의 형태, 제형, 포장방법 등 특성에 따라 내용량을 측정하여 표시량과 비교하는 시험법으로 통·병조림식품 등에 적용한다.
- 젤리의 물성 : 컵모양 등 젤리의 압착강도 시험 시 적용한다. 검체를 일정한 크기로 절단하여 일정한 힘으로 압착하였을 때의 깨짐성을 측정하는 시험법이다.
- 진공도 : 통·병조림식품의 진공도 측정에 적용한다.
- 붕해시험 : 고형제제의 시험액에 대한 저항성을 시험하는 것이다. 규정하는 시험기를 사용하여 상하이동에 의한 교반상태에서 눈으로 관찰하여 제형마다 규정되어있는 붕해상태를 기준으로 일정시간 내에 붕해하면 적합으로 판정한다.
- 곰팡이수(Howard Mold Counting Assay) : 고춧가루, 천연향신료, 향신료조제품 등에서 곰팡이를 계수하는 실험법이다.

219 다음은 식품 중 유해물질인 납(Pb)의 분석법 중 건식회화법에 대한 설명이다. 다음 중 빈칸에 적절한 단어를 기입하시오. (2020 기출)

시료 5~20g을 도가니, 백금접시에 취해 건조하여 (①)시킨 다음 450℃에서 (②)한다. (②)가 잘 되지 않으면 일단 식혀 질산 또는 50% 질산마그네슘용액 또는 질산알루미늄 40g 및 질산칼륨 20g을 물 100mL에 녹인액 2~5mL로 적시고 건조한 다음 (②)를 계속한다. (②)가 불충분할 때는 위의 조작을 1회 되풀이하고 필요하면 마지막으로 질산 2~5mL를 가하여 완전하게 (②)를 한다. (②)가 끝나면 (③)을 희석된 (④)으로 일정량으로 하여 시험용액으로 한다.

해답

① 탄화   ② 회화   ③ 회분   ④ 질산

220 납(Pb)의 정성시험 중 시험용액에 5% 크롬산칼륨(K_2CrO_4) 몇 방울을 가하였다. 이때 납이 용출되면 어떤 반응이 일어나는지 쓰시오.　　　　　　　　(2017 기출)

해답

크롬산납($PbCrO_4$)이 생성되면서 황색 침전을 나타낸다.

221 헌터 색차계에서 L, A, B가 각각 의미하는 것을 쓰시오.　　　　　　　　(2017 기출)

해답

헌터 색차계는 식품의 색을 과학적으로 측정하는 방법으로 간편하고 신속하여 식품의 색 측정에 주로 사용된다. L은 명도, A는 적색~녹색도, B는 황색~청색도를 나타낸다.

222 다음을 읽고 빈칸을 채우시오.

비타민 C 정량 시 환원형인 (　　　　　　　)와 산화형인 (　　　　　　　)를 함께 정량, 탈수제로 (　　　　)를 넣으면 적색이 되어서 520nm에서 확인이 가능하다.

해답

Ascorbic acid, Dehydroascorbic acid, H_2SO_4

223 비타민 보관 시 Q10=2.5일 때의 Z값을 구하시오.

해답

$$Z(℃) = \frac{10}{\log Q10} = \frac{10}{\log 2.5}$$

∴ 25.13℃

224 Q10값이 2, 20℃에서 반응속도가 10일 때, 30℃에서의 반응속도를 구하시오.

해답

Q10은 온도계수로 Q10＝1.8이라면 온도가 10℃ 상승 시 화학반응이 1.8배 상승했음을 의미한다.
－20℃에서의 반응속도가 10이며 Q10＝2이므로
(20℃에서의 반응속도)×Q10＝30℃에서의 반응속도＝20

225 질량분석계에서 E.I와 C.I의 차이점을 쓰시오.

(2014, 2018 기출)

해답

- E.I(Electron Ionization, 전자이온화법) : 기화된 시료분자에 전자선을 충돌시켜 이온화하는 방법이다.
- C.I(Chemical Ionization, 화학이온법) : methane과 같은 시약을 기체에 전자 충격시키면서 반응가스와 이온분자 간의 연쇄반응을 이용해 이온화하는 방법으로 전자이온화법보다 더 완만한 반응이다.

226 L-글루타민산나트륨이 신맛, 단맛, 쓴맛, 짠맛 등에 미치는 영향에 대해 쓰고, 이것을 생산하는 미생물의 종류를 쓰시오.

(2010 기출)

해답

- 식품에서 감칠맛을 부여하며 신맛과 쓴맛을 완화시키고, 단맛에 감칠맛을 부여하며 식품의 자연 풍미를 끌어내는 기능을 한다.
- Corynebacterium glutamicum, Brevibacterium flavum

227 짠맛의 강도는 음이온에 의해 결정된다. 다음의 이온들의 강도를 큰 순서대로 쓰시오.

(2011 기출)

NO_3^-, Cl, Br, SO_4, HCO_3, I

해답

- $SO_4 > Cl > Br > I > HCO_3 > NO_3^-$

 TIP 신맛은 H^+의 맛으로 해리되지 않은 유기산이 신맛에 기여한다.

- 신맛의 강도비교

  HCl(100) > HNO_3 > H_2SO_4 > HCOOH(85) > citric acid(80) > malic acid(70) > lactic acid(65) > acetic acid(45) > butyric acid(30)

228 LOD, LOQ의 정의를 쓰시오.

(2015 기출)

해답

- LOD(limits of detection, 검출한계) : 검체 중에서 대상물질을 검출 가능한 최소 양
- LOQ(limits of quantitation, 정량한계) : 지정된 방법으로 정해진 물질계에서 어떤 성분의 정량 분석이 가능한 최소한의 농도

229 고정화 효소 제조방법을 3가지 쓰시오. (2015 기출)

①

②

③

해답

고정화 효소란 효소를 담체(carrier)에 부착시켜 지속적으로 촉매활성을 하도록 만든 것으로 담체결합법, 가교법, 포괄법 등을 이용해 제조한다.

• 담체결합법 : 담체와 효소를 결합시키는 방법으로 불용성 담체와 효소를 공유결합시키는 공유결합법, DEAD−cellulose · CM−cellulose · Sephadex 등의 이온교환수지를 이용한 이온결합법, 활성탄 · 산성백토 등을 사용하는 물리적 흡착법 등이 있다.

• 가교법(cross linking method) : 효소를 담체에 부착할 수 있는 기능기를 가진 가교로 연결하는 방법

• 포괄법(entrapping method) : 효소를 담체겔 속에 고정시키거나 반투과성 피막으로 감싸도록 하는 방법

230 효소 기질 생성물에 관한 설명이다. 빈칸을 채우시오. (2011 기출)

효소명	기질	생성물
( )	전분	덱스트린
( )	덱스트린	맥아당
( )	설탕	포도당, 과당
Lactase	유당	( )
Lipase	지방	( )

해답

효소명	기질	생성물
(α –amylase)	전분	덱스트린
(β –amylase)	덱스트린	맥아당
(Invertase)	설탕	포도당, 과당
Lactase	유당	(갈락토오스, 포도당)
Lipase	지방	(지방산, 글리세롤)

231 나트륨을 많이 섭취하면 고혈압이 발생하는 이유는 무엇인지 쓰시오.　　(2015 기출)

해답

나트륨은 칼륨과 함께 체내에서 막 전위를 유지시키는 작용을 한다. 하지만 나트륨을 많이 섭취하면 혈중 나트륨 농도가 높아지고 이는 삼투압의 작용으로 인해 세포 내의 수분을 빠져나오게만든다. 이는 혈관을 지나가는 혈액량을 증가시키는 작용을 함으로써 최종적으로 혈압상승으로인한 고혈압을 초래한다.

232 시료 0.816g, 0.01N 티오황산나트륨 용액(역가 : 1.02)의 본시험 소비량이 14.7mL, 공시험 소비량이 0.18mL인 경우 과산화물가를 계산하시오.　　(2014 기출)

해답

• 과산화물가(PV ; Peroxide Value) : 유지 1kg에 의하여 요오드화칼륨에서 유리되는 요오드의
밀리당량수

$$PV = \frac{(V_1 - V_0) \times F \times 0.01}{S} \times 1,000$$

$$= \frac{(14.7 - 0.18) \times 1.02 \times 0.01}{0.816} \times 1,000 = 181.5 \text{meq/kg}$$

여기서, V_1 : 본시험 소비량, V_0 : 공시험 소비량

F : $0.01N$ 티오황산나트륨 용액의 역가, S : 시료량

03 식품안전관리

233 노로바이러스의 감염경로, 원인규명과 감염경로 확인이 어려운 이유를 설명하시오.

(2009, 2017 기출)

• 감염경로 :

• 원인규명과 감염경로 확인이 어려운 이유 :

해답

• 감염경로 : 바이러스성 식중독인 노로바이러스의 경우 겨울철에 발생하는 대표적인 식중독이
다. 주로 바이러스에 감염된 생굴 등의 식품이나 음용수를 섭취하였을 때, 감염자의 분변이나 구
토물을 접촉하였을 때 감염된다.
• 원인규명과 감염경로 확인이 어려운 이유 : 감염경로가 다양하여 어떠한 경로를 통해서 감염이
되었는지 확인이 어렵다. 대체로 급성장염 증세를 나타내나 무증상 감염자가 존재하는 것도 감
염경로 확인이 어려운 이유 중 하나이다. 또한 식품 중에서 증식하지 않고 사람의 장내에서만 증
식하기 때문에 식품 중에서 바이러스의 검출이 어렵다.

234 유도기간의 정의를 쓰고 괄호를 채우시오. (2015 기출)

① 유도기간 :

② 노로바이러스는 (   )에서만 증식하고 세균배양이 되지 않는다.

해답

① 유도기간 : 미생물이 본격적인 증식을 시작하기 전 새로운 환경에 적응하며 효소를 형성하는 시기이다.
② 노로바이러스는 (장내)에서만 증식하고 세균배양이 되지 않는다.

235 노로바이러스의 무증상 작용, 외부환경에서 오래 생존할 수 있는 이유, 배양하기 어려운 이유를 쓰시오. (2013 기출)

• 무증상 작용 :

• 외부환경에서 장기간 생존 이유 :

• 배양이 어려운 이유 :

해답

• 무증상 작용 : 구토나 설사 등의 장염 증세가 없이 분변을 통해 바이러스를 배출한다.
• 외부환경에서 장기간 생존 이유 : 60℃에서 30분 가열해도 전염성이 사라지지 않으며, 건조한 상태에서도 최대 8주까지 생존하는 등 외부환경의 변화에 민감하지 않기 때문에 장기간 생존이 가능하다.
• 배양이 어려운 이유 : 사람의 장내에서만 증식하기 때문에 세포배양이 어렵다.

236 최근 여러 학교의 식중독 사고 원인으로 노로바이러스가 지목됨에 따라 김치제조업체의 노로바이러스 오염 여부를 조사하였다. 김치에 넣는 어떤 재료 속에 노로바이러스가 있다고 의심되는지 쓰고, 세균성 식중독과 바이러스성 식중독을 비교하시오. (2013, 2018 기출)

• 노로바이러스 의심 재료 :

• 세균성 식중독과 바이러스성 식중독의 비교 :

해답

• 지하수
• 세균성 식중독과 바이러스성 식중독의 비교

구분	세균성	바이러스성
특성	균 또는 균이 생산하는 독소에 의해 식중독 발생	크기가 작은 DNA, RNA가 단백질 외피에 둘러싸임
증식	온도, 습도, 영양성분 등이 적정하면 자체증식 가능	자체 증식 불가능. 반드시 숙주가 존재해야 함
발병량	일정량(수백~수백만) 이상 균이 존재해야 발병 가능	미량(10~100) 개체로도 발병 가능
치료	항생제로 치료 가능, 일부 균 백신 개발	일반적인 치료법이나 백신이 없음
잠복기	잠복기가 짧음	바이러스 종류에 따라 다양함 (12시간 내외에서 최장 한달 전후)
2차 감염	거의 없음	대부분 감염

237 잠복기 관련해서 식중독과 감염병의 유행곡선 차이를 쓰시오. (2015 기출)

해답

세균성 식중독은 잠복기가 짧은 편이고 종말감염이기 때문에 환자 수가 급격히 늘어났다가 감소하는 추세를 보이지만, 감염병의 경우 식중독에 비하여 잠복기가 길고 미량으로도 감염이 가능하며 2차 감염이 가능하기 때문에 완만한 곡선을 보인다.

구분	경구감염병	세균성 식중독
감염 정도	2차 감염	종말감염
예방	어려움	식품위생을 통한 예방
잠복기	긴 편	짧은 편
필요균체	미량	다량
감염매체	음용수	식품

238 식중독을 일으키는 균과 원인물질 등을 표 안에 알맞게 쓰시오. (2014, 2017, 2020 기출)

식중독	세균성	감염형	
		독소형	
	자연독	동물성	
		식물성	
	화학적	유해 화학물질	
	바이러스성	바이러스	
	곰팡이독	mycotoxin	

해답

식중독	세균성	감염형	*Salmonella* spp., *Vibrio parahaemolyticus*, 장출혈성대장균 (EPEC, EIEC, ETEC, EAEC), *Listeria monocytogenes*
		독소형	*Staphylococcus aureus, Clostridium botulinum*
	자연독	동물성	복어, 조개류, 독어류
		식물성	독버섯, 감자, 독미나리
	화학적	유해 화학물질	농약, 중금속, 유해첨가물
	바이러스성	바이러스	노로바이러스, A형간염 바이러스
	곰팡이독	mycotoxin	아플라톡신, 황변미독, 푸사리움독, 맥각독

239 식중독을 일으키는 균과 원인물질 등을 표 안에 알맞게 쓰시오. (2020 기출)

구분	유형	원인균(물질)
세균성 식중독	감염형	*Salmonella* spp, *Vibrio paraheamolyticus*, *Campylobacter jejuni/coli*
	① ( )	*Staphylococcus aureus, Clostridium botulinum*
	바이러스형	노로바이러스, A형간염 바이러스
② ( ) 식중독	식물성	감자독, 버섯독
	동물성	복어독, 시가테라독
	곰팡이	황변미독, 맥각독, 아플라톡신
유해 물질	고의 또는 오용으로 첨가되는 유해물질	③ ( )
	본의 아니게 잔류, 혼입되는 유해물질	잔류농약, 유해성 금속화합물
	제조, 가공, 저장 중에 생성되는 유해물질	벤젠, 니트로소아민, 3-MCPD

해답

① 독소형 ② 자연독 ③ 식품첨가물

240 동물 반수치사량 용어와 어류 반수치사농도를 뜻하는 용어는 무엇인지 쓰시오. (2019 기출)

해답

• 동물 : LD50(Lethal Dose for 50 percent kill)
• 어류 : LC50(Lethal Concentration for 50 percent kill)

241 산형보존제가 낮은 pH에서 보존효과가 큰 이유는 무엇인지 쓰시오. (2011, 2018 기출)

해답

산형보존제의 낮은 pH로 인하여 H^+의 농도가 높아진다. H^+가 증가하여 해리를 억제하고 따라서 비해리 분자단이 증가하여 지질 친화성이 커지며 미생물의 세포막을 쉽게 투과하며 정균작용을 일으킨다. 정균작용은 미생물세포투과 능력에 따라 좌우된다.

242 염장이 미생물에 의한 부패를 지연하는 원리를 1가지 서술하시오. (2020 기출)

해답

식품에 10% 이상의 소금을 이용하여 저장하는 염장법의 생육억제 기작

• 10%의 소금을 이용하여 저장하는 방법
• 탈수에 의한 미생물 사멸
• 염소 자체의 살균력
• 용존산소 감소효과에 따른 화학반응억제
• 단백질 변성에 의한 효소의 작용억제 등

243 부패, 변패, 산패, 발효의 정의를 쓰시오. (2011 기출)

- 부패 :

- 변패 :

- 산패 :

- 발효 :

해답

- 부패(putrefaction) : 단백질이 미생물에 의해 악취와 유해물질을 생성한다.
- 변패(deterioration) : 미생물에 의해 탄수화물이나 지질이 변질된다.
- 산패(rancidity) : 지질이 산소와 반응하여 변질되어 이미, 산패취, 과산화물 등을 생성한다.
- 발효(fermentation) : 탄수화물이 효모에 의해 유기산이나 알코올 등을 생성한다.

244 식중독균 4가지를 쓰시오. (2011 기출)

①

②

③

④

해답

Salmonella spp, *Escherichia coli* O157 : H7, *Clostridium perfringens*, *Campylobacter jejuni*, *Campylobacter coli*, *Staphylococcus aureus*, *Listeria monocytogenes*, *Straphylococcus aureus*, *Bacillus cereus*, *Yersinia enterocolitica*, *Vivrio parahaemolyticus*

245 교차오염의 정의에 대해 쓰시오. (2011 기출)

해답

교차오염(cross contamination)이란 제조공정 혹은 식품의 조리과정 중 식재료, 제조도구, 작업자와의 접촉을 통해서 오염된 물질에서 비오염된 물질로의 미생물의 감염 및 오염이 일어나는 것을 뜻한다.

246 우리나라 식품의 방사선 기준에서 검사하는 방사선 핵종 2가지와 방사선 유발 급성질환 2가지를 쓰시오. (2013 기출)

• 방사선 핵종 :

• 방사선 유발 급성질환 :

해답

• 방사선 핵종 : 세슘, 요오드(해당 핵종의 검출 시 플루토늄, 스트론튬 등 그 밖의 핵종에 대한 오염 여부를 추가로 확인)
• 방사선 유발 급성질환 : 두통, 메스꺼움, 구토, 골수암, 갑상선암, 불임, 전신마비 등

247 방사선 기준상의 사용 방사선 선원 및 선종을 쓰고 사용하는 목적을 쓰시오. (2014 기출)

• 방사선 선원 및 선종 :

• 사용 목적 :

해답

• 방사선 선원 및 선종 : Co−60의 감마선
• 사용 목적 : 발아억제, 살균 및 살충, 숙도조절

248 방사선을 조사하는 식품 3가지를 쓰시오. (2015 기출)

①

②

③

해답

감자, 마늘, 양파, 밤, 버섯, 곡류, 건조식육 등

249 방사선 조사 목적을 서술하고 조사 도안을 그리시오. (2011 기출)

• 방사선 조사 목적 :

• 방사선 조사 도안 :

해답

• 방사선 조사 목적 : 발아억제, 살균 및 살충, 숙도조절

•

250 식품공전상 감자, 양파의 발아억제 등을 위해 실시하는 방사선 조사 기준을 쓰시오.

(2011, 2017 기출)

해답

^{60}Co를 이용해서 0.15kGy 이하로 조사해야 한다.

품목	조사 목적	선량(kGy)
감자 양파 마늘	발아억제	0.15 이하
밤	살충 · 발아억제	0.25 이하
버섯(건조 포함)	살충 · 숙도조절	1 이하
난분	살균	5 이하
곡류(분말 포함), 두류(분말 포함)	살균 · 살충	5 이하
전분	살균	5 이하
건조식육	살균	7 이하
어류분말, 패류분말, 갑각류분말	살균	7 이하
된장분말, 고추장분말, 간장분말	살균	7 이하
건조채소류(분말 포함)	살균	7 이하
효모식품, 효소식품	살균	7 이하
조류식품	살균	7 이하
알로에분말	살균	7 이하
인삼(홍삼 포함) 제품류	살균	7 이하
조미건어포류	살균	7 이하
건조향신료 및 이들 조제품	살균	10 이하
복합조미식품	살균	10 이하
소스	살균	10 이하
침출차	살균	10 이하
분말차	살균	10 이하
특수의료용도 등 식품	살균	10 이하

251 다음은 식품에서 방사선 조사를 할 수 있는 품목의 목적과 선량에 대한 기준 및 규격이다. 아래 표의 빈칸에 적절한 목적과 수치를 기입하시오. (2020 기출)

품목	조사목적	선량(kGy)
감자 양파 마늘	① (　　　)	② (　　) 이하
밤	살충 · 발아억제	0.25 이하
버섯(건조 포함)	살충 · 숙도조절	1 이하
난분 곡류(분말 포함) 두류(분말 포함) 전분	살균 살균 · 살충 살균	5 이하 5 이하 5 이하
건조식육 어류분말, 패류분말, 갑각류분말 된장분말, 고추장분말, 간장분말 건조채소류(분말 포함) 효모식품, 효소식품 조류식품 알로에분말 인삼(홍삼 포함) 제품류 조미건어포류	③ (　　)	7 이하 7 이하 7 이하 7 이하 7 이하 7 이하 7 이하 7 이하 7 이하
건조향신료 및 이들 조제품 복합조미식품 소스 침출차 분말차 특수의료용도 등 식품	③ (　　)	10 이하 10 이하 10 이하 10 이하 10 이하 10 이하

해답

① 발아억제
② 0.15
③ 살균

252 한국인이 특히 소화하기 힘든 알레르기의 원인과 대표식품 3가지를 쓰시오. (2012 기출)

• 원인 :

• 대표식품 :

해답

• 원인 : 아미노산의 탈탄산반응에 의해서 생성되는 histamine은 면역체계 작용으로 신체 조직 내 면역계에서 과민반응을 일으켜 염증 및 알레르기 작용을 유발한다.
• 알레르기 유발물질 표시대상 : 알류(가금류에 한한다), 우유, 메밀, 땅콩, 대두, 밀, 고등어, 게, 새우, 돼지고기, 복숭아, 토마토, 아황산류(이를 첨가하여 최종제품에 SO_2로 10mg/kg 이상 함유한 경우에 한한다), 호두, 닭고기, 쇠고기, 오징어, 조개류(굴, 전복, 홍합 포함), 잣을 원재료로 사용한 경우

253 자외선 살균 시 조사 시간이 긴 순서대로 쓰시오. (2012, 2015, 2018, 2021 기출)

해답

수분활성도가 낮을수록 자외선 조사 시간이 길다.
곰팡이 > 효모 > 세균 순이다.

254 대장균군 검사가 식품안전도의 지표로 사용되는 이유를 검사결과 양성과 대장균군 생존 특성을 포함하여 설명하고 이와 관련된 세균속(명)을 3가지 정도 쓰시오. (2012 기출)

해답

• 사람과 동물의 장내에서 주로 서식하는 미생물이기에 장내를 통해 배출되는 분변오염의 지표가 된다. 대장균군에는 살모넬라(*Salmonella*)나 쉬겔라(*Shigella*) 중의 병원성 미생물을 포함하고 있기 때문에, 대장균군이 양성으로 검출되었다는 것은 이러한 병원성 미생물의 생존가능성을 보여주는 것이다.
위생지표균의 검사는 일반적으로 병원성 미생물의 검사에 비해 빠르고 간단하기에 위생지표균 검사를 통해 병원성 미생물의 검사여부를 판단할 수 있다. 하지만 대장균군은 보통 식품에서 성장이 용이하기에 대장균군의 검출이 반드시 분변오염이 되었다는 근거가 되지는 않는다.
• *Escherichia coli*, *Shigella* spp, *Klebsiella* spp, *Erwinia*, *Pantoea* spp, *Enterobater*

255 식품 저장 중 미생물에 의한 오염을 막기 위해 조건을 변화시킬 수 없는 내적 인자 3가지와 저장성 향상을 위해 변화시킬 수 있는 외적 인자 3가지를 쓰시오. (2013 기출)

• 내적 인자 :

• 외적 인자 :

해답

• 내적 인자 : pH, 산화환원전위, 수분활성도, 물리적 구조
• 외적 인자 : 온도, 산소, 수분 등

256 즉석조리 식품 중 국·탕류 제품에 대한 안전성검증을 위해 세균발육실험을 하려고 한다. ① 세균발육시험이 필요한 식품유형 및 ② 세균발육시험법에 대하여 간단히 서술하시오.

(예상문제)

해답

세균발육실험은 장기보존식품 중 통·병조림식품, 레토르트식품에서 세균의 발육유무를 확인하기 위한 것이다. 시료 5개를 개봉하지 않은 용기·포장 그대로 배양기에서 35~37℃에서 10일간 보존한 후, 상온에서 1일간 추가로 방치한 후 관찰하여 용기·포장이 팽창 또는 새는 것은 세균발육 양성으로 한다.

257 식품의 살균을 나타내는 값 중 D값의 의미는 무엇인지 쓰시오.

(2015, 2019 기출)

해답

일정조건하에서 최초 총균 수의 90%를 사멸시켜 미생물 수를 1/10로 감소시키는 데 걸리는 시간으로 미생물의 내열성을 알 수 있다.

258 Z value, D value, F value의 정의를 간단히 기술하시오.

(2021 기출)

- Z value :
- D value :
- F value :

해답

- Z value : D value를 10배 변화시키는 온도 차이
- D value : 어떠한 특정 온도에서 미생물 수의 90%를 사멸시키는 데 필요한 시간
- F value : 일정온도에서 세균 또는 세균포자를 사멸시키는 데 필요한 가열치사시간

259 *Clostrium botulinum* 포자 현탁액을 121℃에서 열처리하여 초기농도의 99.9999%를 사멸시키는 데 1.5분이 걸렸다. 이 포자의 D121을 구하시오.

(2009 기출)

해답

• $D = \dfrac{t}{\log \dfrac{N_o}{N}} = \dfrac{1.5\text{min}}{\log \dfrac{10^2}{10^{-4}}} = 0.25(\text{min})$

여기서, D : 초기 균수를 90% 사멸시켜 미생물 수를 1/10 감소시키는 데 걸리는 시간

N_o : 초기 미생물 수(초기 균수를 100%로 보면 10^4으로 본다.)

N : t시간 살균 후 미생물 수

260 초기농도에서 99.9% 감소하는 데 0.74분이 걸린다. 10^{-12} 감소하는 데 걸리는 시간을 구하시오.

(2011, 2020 기출)

- 99.9% 감소

$$D = \frac{t}{\log \frac{A}{B}} = \frac{0.74}{\log \frac{10^2}{10^{-1}}} = 0.25 (분)$$

- 10^{-12} 감소

$$0.25 = \frac{t}{\log \frac{10^0}{10^{-12}}}$$

$$0.25 \times \log 10^{-12} = t$$

$$\therefore t = 3 (분)$$

261 *Bacillus stearothermophilus*(Z = 10℃)를 121.1℃에서 가열처리하여 균의 농도를 1/10,000로 감소시키는 데 15분이 소요되었다. 살균온도를 125℃로 높여 15분간 살균할 때의 치사율(L)을 계산하고, 치사율 값을 121.1℃와 125℃에서의 살균시간 관계로 설명하시오.

(예상문제)

- 치사율(L값) 계산식 :

- 치사율 값의 121.1℃와 125℃에서의 살균시간 관계 :

- 치사율(L값) 계산식

$$L = 10^{\frac{T_2 - T_1}{Z}} = 10^{\frac{125 - 121.1}{10}} = 2.45$$

- 치사율 값의 121.1℃와 125℃에서의 살균시간 관계 : 125℃에서 1분간 가열했을 때와 동일한 살균효과를 가지는 121.1℃에서의 살균시간을 의미

262 살모넬라균을 TSI 사면배지에 접종 시 붉은색의 결과가 나오는데 그 이유를 쓰시오.

(2015 기출)

해답

3개의 당(포도당, 유당, 서당)을 포함한 배지인 TSI(Triple Sugar Iron Agar)는 붉은색을 띠는데, 살모넬라의 경우 포도당을 분해하지만 유당과 서당을 분해하지 못하기 때문에 하면부는 황색(포도당이 분해), 사면부는 적색(유당, 서당비분해)으로 나타나게 된다.

263 어류의 선도판정기준의 트리메틸아민(TMA)의 유도물질과 초기부패판정의 기준치를 쓰시오.

(2016 기출)

해답

신선한 어육의 맛이 좋다는 느낌의 성분인 트리메틸아민옥사이드(TMAO : trimethylamine oxide)가 번식한 세균의 환원성에 의해 생성된 비린내 성분인 트리메틸아민으로 작용하는데, 4~6mg%에 이르면 초기 부패로 판정한다.

264 육류와 어류의 신선도가 떨어질수록 나는 냄새의 주성분을 각각 쓰시오. (2014 기출)

- 육류 :

- 어류 :

해답

- 육류 : 암모니아, 니트로소아민
- 어류 : 트리메틸아민, 휘발성 염기질소

265 식품으로 감염되기 쉬운 법정 감염병 이름을 쓰고 종류 3가지를 쓰시오. (2018 기출)

- 법정 감염병 이름 :

- 종류 :

해답

- 법정 감염병 이름 : 제2급 감염병
- 종류 : 콜레라, 장티푸스, 파라티푸스, 세균성 이질, 장출혈성 대장균 감염증

266 ADI의 정의를 설명하고 다음의 보기에 대해 계산하시오. (2019 기출)

- 대상 : 체중 30kg인 어린이
- 최대무작용량은 1mg/kg
- 과자 30g 섭취 시 ADI를 구하시오.

해답

- 정의 : 1일 허용 섭취량을 뜻하는 말로, 사람이 일생 동안 매일 섭취해도 신체에 바람직하지 않은 영향이 없다고 판단되는 1일 섭취량
- $ADI(mg/day) = NOAEL \div 안전계수 \times 체중$

$$= 1mg/kg \div 100 \times 30 = 0.3mg/kg \cdot day$$

  여기서, NOAEL : no observed adverse effect level, 최대 무작용량

267 어떤 식품첨가물의 1일 섭취 허용량(ADI)을 구하기 위하여 동물(쥐)실험을 한 결과 ADI가 200mg/kg/day였다면 안전계수 1/100로 하여 체중 60kg인 사람의 ADI를 구하시오.

(2010, 2012, 2015 기출)

해답

$ADI(mg/day) = NOAEL \div (안전계수) \times (체중)$

$$= 200 \div 100 \times 60 = 120(mg/day)$$

268 ADI(Acceptable Daily Intake)와 TMDI(Theoretical Maximum Daily Intake)를 간단히 설명하시오.

(2018, 2021 기출)

- ADI :

- TMDI :

해답

- ADI : 1일허용섭취량을 뜻하는 말로, 사람이 일생 동안 매일 섭취해도 신체에 바람직하지 않은 영향이 없다고 판단되는 1일섭취량이다.
- TMDI : 이론적 최대하루섭취량을 뜻한다. 위해성분이 식품에 잔류허용기준치만큼 잔류한다는 가정 아래 대상 식품의 법적 기준치에 하루섭취량을 곱하여 합산한 후 평균체중으로 나눈 값으로, 잔류농약과 같은 유독성분의 위해평가에 쓰이는 지표이다.

269 어떤 식품첨가물의 1일 섭취 허용량(ADI)를 구하기 위하여 동물(쥐)실험을 한 결과 최대무 작용량이 230mg/kg/day일 때 체중 50kg인 사람의 ADI를 구하시오. (2020 기출)

해답

$ADI(mg/day) = NOAEL \div 안전계수 \times 체중$
$= 230mg/kg \div 100 \times 50kg$
$= 115mg/day$

270 프탈레이트의 생성기작과 사용 목적에 대하여 기술하시오. (2010 기출)

해답

프탈레이트는 플라스틱에 첨가하는 화학적 가소제로 체내에 축적 시 내분비계 장애물질로 작용할 수 있기에 현재는 사용이 중지되었다. 주로 무수프탈산에 에스테르 반응을 통해 합성되어 만들어 지는 화학물질이다.

271 에틸카바메이트의 생성 원인과 저감화 방안을 간단히 기술하시오. (2012 기출)

• 생성 원인 :

• 저감화 방안 :

해답

• 생성 원인 : 에틸카바메이트는 과일씨에 주로 함유된 시안화화합물이나 발효 중 생성되는 요소가 에탄올과 반응하여 생성되는 물질이기에 주로 과실주에서 에틸카바메이트 섭취 리스크가 존재한다.
• 저감화 방안 : ① 적은 양의 요소(Urea)를 생산하는 효모를 사용하며, ② 숙성 및 저장·보관 시 온도를 낮춰서 저장, ③ 포도 재배 시 질소(요소)비료의 사용을 최소화시키는 방안 등이 있다.

272 우리나라의 경우 유전자변형식품표시제에 따라 유전자변형식품의 비의도적 혼입을 일부 허용하고 있다. 이때 (1) 비의도적 혼입의 정의, (2) 비의도적 혼입 허용기준 및 (3) 비의도적 혼입 방지방안을 간략히 서술하시오. (예상문제)

(1) 비의도적 혼입의 정의 :

(2) 비의도적 혼입 허용기준 :

(3) 비의도적 혼입 방지방안 :

해답

(1) 비의도적 혼입의 정의 : 일반농산물 사이에 비의도적·우발적으로 유전자변형농산물이 혼입되는 것을 뜻한다.
(2) 비의도적 혼입허용기준 : 3% 이하
(3) 비의도적 혼입 방지방안 : 제조 농가가 근접한 곳에 위치하거나 한 곳에서 일반 농산물과 유전자변형농산물을 모두 저장·가공·보관할 경우 비의도적 혼입이 발생할 수 있다. 그러므로 비의도적 혼입을 방지하기 위해서는 농산물의 구분유통이 중요한 관리지점이 된다.

273 국내에서 식품용으로 승인된 유전자 변형 작물 7개는 무엇인지 기술하시오. (예상문제)

해답

대두, 옥수수, 면화, 카놀라, 사탕무, 알팔파, 감자

274 유전자 변형 식품에서 안전성을 평가하기 위한 방법 4가지를 쓰시오. (2020 기출)

①

②

③

④

해답

신규성, Allergy성, 항생제 내성, 독성실험

275 GMO(유전자 변형 식품)의 안전성 검사의 실질적 동등성의 의미를 쓰시오.

(2015, 2018년 기출)

해답

유전자 변형기술을 이용한 식품과 기존 식품을 비교하여 두 제품이 기존의 지식으로 품질 차이가 없으며 안전성이나 유효성에 부정적인 영향을 주지 않을 것이라고 과학적인 데이터를 통해 판단되는 경우를 일컫는다. 물리화학적, 생물학적 품질특성을 근거로 알레르기성, 항생제 내성, 독성 등을 평가하여 동등성이 확인되면 기존 농축산물과 안전성, 영양성 측면에서 동일한 것으로 간주한다.

276 LMO(Living Modified Organism)의 정의를 기술하시오. (2016 기출)

해답

어떤 생물의 유전자 중 유용유전자를 다른 생물체의 DNA로 삽입하는 유전자 변형 기술을 생물체에 도입한 살아있는 유전자 변형 생물체를 뜻한다.

04 식품인증관리

277 HACCP 준비 5단계를 쓰시오.

①
②
③
④
⑤

해답

① HACCP팀 구성 : HACCP을 기획하고 운영할 수 있는 전문가로 구성된 HACCP팀을 구성
② 제품 및 제품의 유통방법 기술 : 제품의 위해요소(HA) 및 중요 관리점(CCP)을 정확히 파악하기 위한 단계로, 개발하려는 제품의 특성 및 포장·유통방법을 자세히 기술
③ 의도된 제품의 용도 확인 : 개발하려는 제품의 타겟 소비층 및 사용용도를 확인하는 단계
④ 공정흐름도 작성 : 원료의 입고부터 완제품의 보관 및 출고까지의 전 공정을 한눈에 확인할 수 있도록 흐름도를 작성
⑤ 공정흐름도 검증 : 작성된 공정흐름도를 현장에서 검증하며 공정을 제대로 작성했는지를 검증

278 HACCP의 7가지 원칙을 제시하시오.

①
②
③
④
⑤
⑥
⑦

해답

① 위해요소 분석 : 생물학적(CCP-B), 화학적(CCP-C), 물리적(CCP-P) 위해요소를 분석
② 중요관리점(CCP) 결정 : 각 위해요소를 예방·제거하거나 허용수준 이하로 감소시키는 절차
③ CCP 한계기준 설정 : 안전을 위한 절대적 기준치를 확인할 수 있는 기준치 설정
④ CCP 모니터링 체계확립 : 허용기준을 벗어난 제품을 찾아내는 체계의 확립
⑤ 개선조치방법 수립 : 허용기준을 벗어났을 때의 시정조치 방법 설정
⑥ 검증절차 및 방법 수립 : HACCP 계획검증, 중요관리점 검증, 제품검사, 감사 등 효과적으로 절차가 시행되는지를 검증
⑦ 문서화, 기록유지방법 설정 : HACCP 시스템을 문서화하기 위한 효과적인 기록유지 절차 설정

279 HACCP 준비단계 5절차와 7원칙을 쓰시오.

(2017 기출)

• 5절차

　①

　②

　③

　④

　⑤

• 7원칙

　①

　②

　③

　④

　⑤

　⑥

　⑦

해답

- 5절차
  ① HACCP팀 구성
  ② 제품 및 제품의 유통방법 기술
  ③ 의도된 제품의 용도 확인
  ④ 공정흐름도 작성
  ⑤ 공정흐름도 검증

- 7원칙
  ① 위해요소 분석
  ② 중요관리점(CCP) 결정
  ③ CCP 한계기준 설정
  ④ CCP 모니터링 체계확립
  ⑤ 개선조치방법 수립
  ⑥ 검증절차 및 방법 수립
  ⑦ 문서화, 기록유지방법 설정

280 HACCP에서 제품설명서와 공정흐름도 작성의 주요 목적과 각각 포함되어야 하는 사항의
예 2가지씩을 쓰시오.   (2009, 2012 기출)

- 제품설명서
  ① 목적 :

  ② 포함사항 :

- 공정흐름도
  ① 목적 :

  ② 포함사항 :

해답

- 제품설명서
  ① 목적 : 개발하려는 제품의 특성을 정확히 파악함으로써 효과적인 위해분석 및 중요관리점 등 기초정보를 파악하는 데 목적을 둔다.
  ② 포함사항 : 제품명, 제품의 유형 및 성상, 처리·가공(포장)단위, 완제품의 규격, 보관·유통상의 주의사항, 용도 및 유통기한, 포장방법 및 재질 등

- 공정흐름도
  ① 목적 : 제조공정에서 직접 관리되는 원료의 입고에서부터 최종 제품의 출하까지 모든 단계를 파악하여 표시하며 이를 통해 제품의 공정·단계별 위해요소를 파악하여 교차오염 또는 2차 오염 가능성 파악이 가능하다.
  ② 포함사항 : 제조공정도, 설비배치도, 작업원 이동경로, 급수 및 배수 체계도 등

281 HACCP에서 개선조치와 검증절차의 정의에 대해 설명하시오. (2016, 2019 기출)

해답

① 개선조치 : 중요관리점에서 모니터링의 결과가 관리기준을 이탈하였을 경우, 이탈 상태로 생산된 제품을 배제하고 관리상태가 정상으로 돌아오도록 취하는 조치이다.
② 검증절차 : HACCP plan이 적절하게 수행되는지의 여부를 평가하는 활동을 뜻한다. 정기적 검증과 비정기적 검증이 있다.

정기적 검증	비정기적 검증
• 일상검증 : 점검표검증, 현장검증 • 정규검증 : 외부정기검증, 내부정기검증	• 식품안전이슈발생 • 식품안전사고발생 • 원료, 제조공정, CCP의 변경 • HACCP plan 변경 • 신제품 개발 시

282 HACCP에서 물리적 위해의 정의와 원인을 쓰시오. (2009 기출)

• 정의 :

• 원인 :

해답

• 정의 : 식품에서 일반적으로 발생하지 않으나 소비자에게 치명적인 위해나 상처를 입힐 수 있는 위해 요소의 총칭
• 원인 : 원료 혹은 제조공정상 유입가능한 금속(metal), 뼈, 유리, 돌(bone, glass, stone) 등의 물질

283 식품제조 시의 위해방지와 사전 예방적인 식품안전관리체계의 구축을 위해 어묵류 등의 HACCP 의무적용을 시작으로 점차 의무적용 범위를 늘려가고 있다. 현재 HACCP을 의무로 적용해야 하는 식품 유형 5가지를 기재하시오. (예상문제)

해답

어묵류, 냉동수산식품(어류·연체류·조미가공품), 냉동식품(피자류·만두류·면류), 빙과류, 비가열음료, 레토르트식품, 어육소시지, 음료류, 초콜릿류, 특수용도식품, 과자·캔디류, 빵류·떡류, 국수·유탕면류, 즉석섭취식품, 즉석조리식품(순대)

284 이력추적제도 마크를 그리시오. (2010 기출)

해답

TIP 식품이력추적관리제도

식품을 제조 · 가공단계부터 판매단계까지 각 단계별로 이력추적정보를 기록 · 관리하여 소비자에게 제공함으로써 안전한 식품선택을 위한 '소비자의 알권리'를 보장하고자 하는 제도이다. 식품의 안전성 등에 문제가 발생할 경우, 신속한 유통차단과 회수조치를 할 수 있도록 관리가 가능하다.
제조 · 가공업소의 경우, 영 · 유아식품, 건강기능식품, 조제유류, 임산 · 수유부용 식품, 특수의료용도 등의 식품, 체중조절용 조절식품에 대해서는 단계적으로 의무도입하고 있다.

285 GMP, SSOP에 대하여 쓰시오. (2010, 2019 기출)

• GMP :

• SSOP :

해답

- GMP : Good Manufacturing Practice의 약자로 품질이 우수한 건강기능식품을 제조하는 데 필요한 제조, 제조시설, 품질, 품질관리시설 등 제조의 전반에서 준수해야 할 사항을 제정한 관리기준이다. 우수한 건강기능식품을 제조 공급하는 것을 목적으로 한다.
- SSOP : Sanitation Standard Operation Procedure의 약자로 식품의 제조과정 중 각 단계별 위생적 안전성 확보에 필요한 작업의 기준으로 이러한 위생관리기준을 운영함으로써 식품 취급 중 외부에서 위해 요소가 유입되는 것을 방지한다.

286 우수건강기능식품제조관리기준(GMP)의 정의와 목적에 대해 쓰시오. (2012 기출)

해답

우수건강기능식품제조관리기준(GMP)이란 Good Manufacturing Practice의 약자로 품질이 우수한 건강기능식품을 제조하는 데 필요한 제조, 제조시설, 품질, 품질관리시설 등 제조의 전반에서 준수해야 할 사항을 제정한 관리기준이다. 원료부터 최종 판매되는 제품까지 모든 과정이 체계적이고 위생적이고 안전하게 제조되어 우수한 건강기능식품을 제조 · 공급하는 것을 목적으로 한다.

287 식품첨가물 Codex를 결정하는 국제기구 2가지를 쓰시오. (2009, 2013, 2015, 2018 기출)

①

②

해답

① FAO/WHO합동식품첨가물전문가위원회(JECFA)
② 국제식품규격위원회(CAC)

05 식품관련법규

288 식품공전상에서 기재된 무게와 관련한 다음의 용어들이 뜻하는 바를 서술하시오.

(2020 기출)

용어	정의
정밀히 단다.	
정확히 단다.	
"약"	
"항량"	

해답

식품공전 > 제1. 총칙 > 1.일반원칙

용어	정의
정밀히 단다.	달아야 할 최소단위를 고려하여 0.1mg, 0.01mg 또는 0.001mg까지 다는 것을 말한다.
정확히 단다.	규정된 수치의 무게를 그 자릿수까지 다는 것을 말한다.
"약"	따로 규정이 없는 한 기재량의 90~110%의 범위 내에서 취하는 것을 말한다.
"항량"	다시 계속하여 1시간 더 건조 혹은 강열할 때에 전후의 칭량차가 이전에 측정한 무게의 0.1% 이하임을 말한다.

289 식품의 유통기한 설정시험 중 가속실험에 대하여 서술하시오.

(2020 기출)

해답

① 가속실험의 정의

실제 보관 또는 유통조건보다 가혹한 조건에서 실험하여 단기간에 제품의 유통기한을 예측하는 것을 말한다. 즉, 온도가 물질의 화학적 · 생화학적 · 물리학적 반응과 부패 속도에 미치는 영향을 이용하여 실제 보관 또는 유통온도와 최소 2개 이상의 남용 온도에 저장하면서 선정한 품질지표가 품질한계에 이를 때까지 일정 간격으로 실험을 진행하여 얻은 결과를 아레니우스 방정식(Arrhenius Equation)을 사용하여 실제 보관 및 유통온도로 외삽한 후 유통기한을 예측하여 설정하는 것을 말한다.

② 가속실험의 특징

- 온도 증가에 따라 물리적 상태 변화 가능성이 있어 예상치 못한 결과를 초래할 수 있다.
- 유통기한 3개월 이상의 식품에 적용한다.

290 다음 항량에 대한 정의 중 빈칸의 내용을 기입하시오. (2020 기출)

건조 또는 강열할 때 "항량"이라고 기재한 것은 다시 계속하여 (　　　) 더 건조 혹은 강열할 때에 전후의 (　　　)가 이전에 측정한 무게의 (　　　) 이하임을 말한다.

해답

1시간, 칭량차, 0.1%

291 식품위생법령상 「회수대상이 되는 식품 등의 기준」에서 정한 내용이다. 식중독균 4가지를 쓰시오. (2009, 2021 기출)

① 　　　　　　　　　　　　　　　②

③ 　　　　　　　　　　　　　　　④

해답

Salmonella spp, *Escherichia coli* O157 : H7, *Listeria monocytogenes*, *Clostridium botulinum*, *Campylobacter jejuni*

292 레토르트식품의 제조 및 가공기준을 쓰시오. (2017, 2019 기출)

해답

① "레토르트(retort)식품"은 식품을 포장하여 가열살균 또는 멸균한 장기보존식품의 하나이다.
② 제조ㆍ가공기준
　– 멸균은 제품의 중심온도가 120℃에서 4분간 또는 이와 같은 수준 이상의 효력을 갖는 방법으로 열처리하여야 한다. pH 4.6을 초과하는 저산성 식품(low acid food)은 제품의 내용물, 가공장소, 제조일자를 확인할 수 있는 기호를 표시하고 멸균공정 작업에 대한 기록을 보관하여야 한다. pH가 4.6 이하인 산성식품은 가열 등의 방법으로 살균 처리할 수 있다.
　– 제품은 저장성을 가질 수 있도록 그 특성에 따라 적절한 방법으로 살균 또는 멸균 처리하여야 하며 내용물의 변색이 방지되고 호열성 세균의 증식이 억제될 수 있도록 적절한 방법으로 냉각시켜야 한다.
　– 보존료는 일절 사용하여서는 아니 된다.
③ 규격
　– 성상 : 외형이 팽창, 변형되지 아니하고, 내용물은 고유의 향미, 색택, 물성을 가지고 이미ㆍ이취가 없어야 한다.
　– 세균 : 세균 발육이 음성이어야 한다.
　– 타르 색소 : 검출되어서는 아니 된다.
* 식품의 기준 및 규격 ≫ 제4. 장기보존식품의 기준 및 규격 ≫ 2. 레토르트

293 냉동식품의 정의와 분류를 쓰시오.

(2011 기출)

해답

"냉동식품"이라 함은 제조 · 가공 또는 조리한 식품을 장기보존할 목적으로 냉동처리, 냉동보관하는 것으로서 용기 · 포장에 넣은 식품을 말한다.

① 가열하지 않고 섭취하는 냉동식품 : 별도의 가열과정 없이 그대로 섭취할 수 있는 냉동식품
② 가열하여 섭취하는 냉동식품 : 섭취 시 별도의 가열과정을 거쳐야만 하는 냉동식품
* 식품의 기준 및 규격 ≫ 제4. 장기보존식품의 기준 및 규격 ≫ 3. 냉동식품

294 식품공전상 식초의 정의와 종류를 쓰시오.

(2014 기출)

해답

① 정의 : 식초라 함은 곡류, 과실류, 주류 등을 주원료로 하여 발효시켜 제조하거나 이에 곡물당화액, 과실착즙액 등을 혼합 · 숙성하여 만든 발효식초와 빙초산 또는 초산을 먹는 물로 희석하여 만든 희석초산을 말한다.
② 종류
　- 발효식초 : 과실 · 곡물술덧(주요), 과실주, 과실착즙액, 곡물주, 곡물당화액, 주정 또는 당류 등을 원료로 하여 초산발효한 액과 이에 과실착즙액 또는 곡물당화액 등을 혼합 · 숙성한 것을 말한다. 이 중 감을 초산발효한 액을 감식초라 한다.
　- 희석초산 : 빙초산 또는 초산을 먹는 물로 희석하여 만든 액을 말한다.

295 공전에 나온 간장의 종류에 따른 정의를 쓰시오. (2009, 2019 기출)

해답

① 한식간장 : 메주를 주원료로 하여 식염수 등을 섞어 발효·숙성시킨 후 그 여액을 가공한 것을 말한다.
② 양조간장 : 대두, 탈지대두 또는 곡류 등에 누룩균 등을 배양하여 식염수 등을 섞어 발효·숙성시킨 후 그 여액을 가공한 것을 말한다.
③ 산분해간장 : 단백질을 함유한 원료를 산으로 가수분해한 후 그 여액을 가공한 것을 말한다.
* 식품의 기준 및 규격 ≫ 제5. 식품별 기준 및 규격 ≫ 11.장류

296 밀가루를 분류하는 기준을 기술하시오. (2019 기출)

해답

① 건부량·습부량에 따른 분류

▼ **밀가루의 품질과 용도**

종류	건부량	습부량	원료 밀	용도
강력분	13% 이상	40% 이상	유리질 밀	식빵
중력분	10~13%	30~40%	중간질 밀	면류
박력분	10% 이하	30% 이하	분상질 밀	과자

② 회분함량에 따른 등급의 분류

항목 \ 유형	밀가루				영양강화 밀가루
	1등급	2등급	3등급	기타	
(1) 수분(%)	15.5 이하				
(2) 회분(%)	0.6 이하	0.9 이하	1.6 이하	2.0 이하	2.0 이하
(3) 사분(%)	0.03 이하				
(4) 납(mg/kg)	0.2 이하				
(5) 카드뮴(mg/kg)	0.2 이하				

297 아래 형태의 식품 유형을 쓰시오.

(2019 기출)

1) 밀가루 99.9%, 니코틴산, 환원철, 비타민C 등을 첨가한 제품의 식품유형
2) 옥수수, 보리차 등 티백포장된 형태의 식품유형

해답

1) 영양강화 밀가루 : 밀가루에 영양강화의 목적으로 식품 또는 식품첨가물을 가한 밀가루를 말한다.
2) 침출차 : 식물의 어린 싹이나 잎, 꽃, 줄기, 뿌리, 열매 또는 곡류 등을 주원료로 하여 가공한 것으로서 물에 침출하여 그 여액을 음용하는 기호성 식품을 말한다.

298 식품공전상 다음 용어의 온도범위를 쓰시오.

(2010, 2012, 2021 기출)

① 표준온도 :

② 상온 :

③ 실온 :

④ 미온 :

해답

① 표준온도 : 20℃
② 상온 : 15~25℃
③ 실온 : 1~35℃
④ 미온 : 30~40℃
* 식품의 기준 및 규격 ≫ 제1. 총칙 ≫ 1. 일반원칙

299 식품첨가물의 사용 용도에 대해 쓰시오. (-제 or -료)

(2010 기출)

해답

- 보존료 : 소르빈산, 안식향산, 디하이드로초산나트륨, 프로피온산
- 살균제 : 차아염소산나트륨
- 산화방지제 : 아스코르브산, BHA, BHT, 토코페롤, 부틸히드록시아니솔
- 표백제 : 아황산나트륨, 무수아황산
- 호료 : 메틸셀룰로오스, 카제인
- 발색제 : 아질산나트륨, 질산나트륨
- 조미료 : IMP, GMP, MSG
- 산미료 : 구연산
- 감미료 : 사카린 나트륨, 글리실리진산, 자일리톨
- 팽창제 : 명반, 염화암모늄, 탄산수소나트륨
- 유화제 : 레시틴, 에스테르
- 품질개량제 : 인산염
- 추출용제 : 메틸알콜

300 식품첨가물공전에 따른 식품첨가물의 주요 용도를 쓰시오. (2012 기출)

해답

① 보존료 : 미생물에 의한 품질 저하를 방지하여 식품의 보존기간을 연장시키는 식품첨가물을 말한다.
② 감미료 : 식품에 단맛을 부여하는 식품첨가물을 말한다.
③ 거품제거제 : 식품의 거품 생성을 방지하거나 감소시키는 식품첨가물을 말한다.

301 Cyclodextrin의 사용 목적 또는 효과를 3가지 쓰시오. (2015 기출)

①
②
③

해답

식품의 점착성 및 점도를 증가시키기 때문에 어묵 등의 점도 향상을 위해 사용되며 유화안정성을 증진하기 때문에 마요네즈의 유화성 개선제 등으로 사용된다. 더불어 착향료 및 착색료의 안정제로 사용된다.

302 숯과 활성탄의 원료와 제조방법, 식용 가능 여부, 식품첨가물 등재 여부, 첨가 기준에 대해 쓰시오.

(2009 기출)

해답

숯은 식용으로 사용이 불가능하며 활성탄은 식품첨가물공전에 등재되어 있어 식품첨가물로 사용이 가능하다.

구분	숯	활성탄
식용 가능 여부	N	N
첨가물 등재 여부	N	Y
첨가기준		활성탄은 식품의 제조 또는 가공상 여과보조제(여과, 탈색, 탈취, 정제 등) 목적에 한하여 사용하여야 한다. 다만, 사용 시 최종 식품 완성 전에 제거하여야 하며, 식품 중의 잔존량은 0.5% 이하이어야 한다.
주 용도	–	여과보조제

303 다음은 식품 첨가물 기준 및 규격에 등록된 식품에 사용가능한 첨가물이다. 아래 첨가물의 주용도를 기입하시오.　　　　　　　　　　　　　　　　　　　　　　　　(2020 기출)

첨가물	주용도
수크랄로스	
소르빈산	
식용색소 청색1호	
카페인	
부틸히드록시아니솔	

해답

첨가물	주용도
수크랄로스	감미료
소르빈산	보존료
식용색소 청색1호	착색료
카페인	향미증진제
부틸히드록시아니솔	산화방지제

304 착색료와 비교하여 발색제의 특징을 쓰시오.　　　　　　　　　　　　　　　　　(2017 기출)

① 착색료 :

② 발색제 :

해답

① 착색료 : 첨가해 색을 부여하거나 복원시키는 식품첨가물
② 발색제 : 식품의 색을 안정화시키거나, 유지 또는 강화시키는 식품첨가물

TIP 식품첨가물공전상의 식품첨가물의 정의

(1) "감미료"란 식품에 단맛을 부여하는 식품첨가물을 말한다.
(2) "고결방지제"란 식품의 입자 등이 서로 부착되어 고형화되는 것을 감소시키는 식품첨가물을 말한다.
(3) "거품제거제"란 식품의 거품 생성을 방지하거나 감소시키는 식품첨가물을 말한다.
(4) "껌기초제"란 적당한 점성과 탄력성을 갖는 비영양성의 씹는 물질로서 껌 제조의 기초 원료가 되는 식품첨가물을 말한다.
(5) "밀가루개량제"란 밀가루나 반죽에 첨가되어 제빵 품질이나 색을 증진시키는 식품첨가물을 말한다.
(6) "발색제"란 식품의 색을 안정화시키거나, 유지 또는 강화시키는 식품첨가물을 말한다.
(7) "보존료"란 미생물에 의한 품질 저하를 방지하여 식품의 보존기간을 연장시키는 식품첨가물을 말한다.
(8) "분사제"란 용기에서 식품을 방출시키는 가스 식품첨가물을 말한다.
(9) "산도조절제"란 식품의 산도 또는 알칼리도를 조절하는 식품첨가물을 말한다.
(10) "산화방지제"란 산화에 의한 식품의 품질 저하를 방지하는 식품첨가물을 말한다.
(11) "살균제"란 식품 표면의 미생물을 단시간 내에 사멸시키는 작용을 하는 식품첨가물을 말한다.
(12) "습윤제"란 식품이 건조되는 것을 방지하는 식품첨가물을 말한다.
(13) "안정제"란 두 가지 또는 그 이상의 성분을 일정한 분산 형태로 유지시키는 식품첨가물을 말한다.
(14) "여과보조제"란 불순물 또는 미세한 입자를 흡착하여 제거하기 위해 사용되는 식품첨가물을 말한다.
(15) "영양강화제"란 식품의 영양학적 품질을 유지하기 위해 제조공정 중 손실된 영양소를 복원하거나, 영양소를 강화시키는 식품첨가물을 말한다.
(16) "유화제"란 물과 기름 등 섞이지 않는 두 가지 또는 그 이상의 상(phases)을 균질하게 섞어주거나 유지시키는 식품첨가물을 말한다.
(17) "이형제"란 식품의 형태를 유지하기 위해 원료가 용기에 붙는 것을 방지하여 분리하기 쉽도록 하는 식품첨가물을 말한다.
(18) "응고제"란 식품 성분을 결착 또는 응고시키거나, 과일 및 채소류의 조직을 단단하거나 바삭하게 유지시키는 식품첨가물을 말한다.
(19) "제조용제"란 식품의 제조·가공 시 촉매, 침전, 분해, 청징 등의 역할을 하는 보조제 식품첨가물을 말한다.
(20) "젤형성제"란 젤을 형성하여 식품에 물성을 부여하는 식품첨가물을 말한다.
(21) "증점제"란 식품의 점도를 증가시키는 식품첨가물을 말한다.
(22) "착색료"란 식품에 색을 부여하거나 복원시키는 식품첨가물을 말한다.
(23) "청관제"란 식품에 직접 접촉하는 스팀을 생산하는 보일러 내부의 결석, 물때 형성, 부식 등을 방지하기 위하여 투입하는 식품첨가물을 말한다.
(24) "추출용제"란 유용한 성분 등을 추출하거나 용해시키는 식품첨가물을 말한다.
(25) "충전제"란 산화나 부패로부터 식품을 보호하기 위해 식품의 제조 시 포장 용기에 의도적으로 주입시키는 가스 식품첨가물을 말한다.
(26) "팽창제"란 가스를 방출하여 반죽의 부피를 증가시키는 식품첨가물을 말한다.
(27) "표백제"란 식품의 색을 제거하기 위해 사용되는 식품첨가물을 말한다.
(28) "표면처리제"란 식품의 표면을 매끄럽게 하거나 정돈하기 위해 사용되는 식품첨가물을 말한다.
(29) "피막제"란 식품의 표면에 광택을 내거나 보호막을 형성하는 식품첨가물을 말한다.
(30) "향미증진제"란 식품의 맛 또는 향미를 증진시키는 식품첨가물을 말한다.
(31) "향료"란 식품에 특유한 향을 부여하거나 제조공정 중 손실된 식품 본래의 향을 보강시키는 식품첨가물을 말한다.
(32) "효소제"란 특정한 생화학 반응의 촉매 작용을 하는 식품첨가물을 말한다.

305 식품공전의 보존 및 유통기준에 따르면 식품은 적온에서 유통하고 보관하여야 한다. 이때 다음 식품의 적정 보관온도를 기재하시오. (예상문제)

제품	보관온도
두유류 중 살균제품(pH 4.6 이하의 살균제품 제외)	
양념젓갈류	
훈제연어	
식용란	
얼음류	
식육, 포장육 및 식육가공품	
일반 냉동식품	
일반 냉장제품	

해답

제품	보관온도
두유류 중 살균제품(pH 4.6 이하의 살균제품 제외)	10℃ 이하
양념젓갈류	10℃ 이하
훈제연어	5℃ 이하
식용란	0~15℃
얼음류	-10℃ 이하
식육, 포장육 및 식육가공품	-2~10℃
일반 냉동식품	-18℃ 이하
일반 냉장제품	0~10℃

306 식품공전상 10℃, 5℃ 이하에서 보존해야 하는 식품의 종류를 각각 쓰시오.

해답

- 10℃ 이하에서 보존하여야 하는 식품
  - 어육가공품류(멸균제품 또는 기타 어육가공품 중 굽거나 튀겨 수분함량이 15% 이하인 제품은 제외)
  - 두유류 중 살균제품(pH 4.6 이하의 살균제품은 제외)
  - 양념젓갈류
  - 가공두부(멸균제품 또는 수분함량이 15% 이하인 제품은 제외)
- 5℃ 이하에서 보존하여야 하는 식품
  - 신선편의식품
  - 훈제연어

307 홍삼음료는 '건강기능식품'이 아닌 '기타 가공품'으로 표시되어 있다. 이는 건강기능식품과 무엇이 다른지 쓰시오.

(2016 기출)

해답

홍삼의 경우 건강기능식품의 기준 및 규격에 의거하여 홍삼의 기능성분(또는 지표성분)인 진세노 사이드 Rg1, Rb1 및 Rg3를 합하여 2.5~34mg/g 함유하고 있어야 한다. 이 기준 성분을 충족시키지 않았다면 건강기능식품으로 등록할 수 없다.

308 식품의 유통기한, 품질유지기한에 대해 설명하시오.

(2009, 2019 기출)

해답

- 유통기한 : 제품의 제조일로부터 소비자에게 판매가 허용되는 기한을 말한다.
- 품질유지기한 : 식품의 특성에 맞는 적절한 보존방법이나 기준에 따라 보관할 경우 해당 식품 고유의 품질이 유지될 수 있는 기한을 말한다.
* 식품 등의 표시기준 ≫ I.총칙 ≫ 3.용어의 정의

309 식품, 식품첨가물, 건강기능식품의 유통기한 설정기준에 의거하여 유통기한 설정실험을 생략할 수 있는 근거 2가지를 쓰시오. (2012 기출)

①

②

해답

- '식품, 식품첨가물 및 건강기능식품의 유통기한 설정기준'에서 제안하는 권장유통기한 이내로 설정하는 경우
- 자연상태의 농ㆍ임ㆍ수산물 등 '식품 등의 표시기준'에서 정해진 유통기한 표시를 생략할 수 있는 식품일 경우
- 신규 품목제조보고 제품이 기존 제품과 식품유형, 성상, 포장재질, 보존 및 유통 온도, 보존료 사용 여부, 유탕ㆍ유처리 여부, 살균 또는 멸균 여부가 동일할 경우
- 유통기한 설정과 관련한 국내외 식품관련 학술지 등재 논문, 정부기관 또는 정부출연기관의 연구보고서, 한국식품공업협회 및 동업자조항에서 발간한 보고서를 인용하여 유통기한을 설정하는 경우

310 식품의 유통기한 설정실험 지표 3가지를 쓰시오.　　　　　　　　　　(2019 기출)

①

②

③

해답

미생물학적 지표(일반세균, 대장균군 등의 위생지표세균), 이화학적 지표(산도, 수분 등), 관능적 지표(맛, 향, 외관 등)로 구분된다.

311 식품의 유통기한 설정 시 법적으로 미생물에 대한 기준규격이 없을 경우 위생지표균을 미생물학적 한계기준으로 설정한다. 이에 대한 근거를 간단히 기술하시오.　　　(예상문제)

해답

일반적으로 세균수 대장균, 대장균군을 미생물학적 위생지표균으로 구분한다. 위생지표균이란 자연계에 널리 존재하여 식품에도 존재할 수 있는 자연균총으로 사람에게 질병이나 위해를 일으키는 균주는 아니지만 제품의 부패와 변질에 관여하기 때문에 제품 제조 시의 위생을 판단할 수 있는 지표균주이다. 일반적으로 세균수가 100,000/g을 초과하는 것은 제품의 부패초기 세균수로 나타내기 때문에 저장기간 중의 제품의 안전성을 확인하기 위해 위생지표균을 품질한계기준으로 설정한다.

312 식품첨가물 Codex를 결정하는 국제기구 2가지를 쓰시오. (2009 기출)

①

②

해답

• FAO/WHO합동식품첨가물전문가위원회(JECFA)
• 국제식품규격위원회(CAC)
* 식품첨가물의 기준 및 규격 ≫ 제2. 기본원칙

313 유기가공식품은 식품 등의 표시기준상 식품의 제조·가공에 사용한 원재료의 몇 % 이상이 어떤 법의 기준에 의해 유기농림산물 및 유기축산물의 인증을 받아야 하는지 쓰시오.

(2009 기출)

해답

• 유기가공식품 : 유기농 인증을 받은 농축산물을 95% 이상 사용한 가공식품 중 제조공정을 종합적으로 판단
• 근거법령 : 친환경농어업 육성 및 유기식품 등의 관리·지원에 관한 법률

314 유기가공식품 인증기준에 관한 설명이다. 빈칸을 채우시오. (2009 기출)

유기식품에는 원료 첨가물 보조제를 모두 유기적으로 생산 및 취급된 것을 사용하되 원료를 상업적으로 조달할 수 없는 물과 소금을 제외한 제품 중량의 (　　　) 비율 내에서 비유기 원료를 사용할 수 있다. (　　)과 (　　)은 첨가할 수 있으며 최종 계산 시 첨가한 양은 제외한다. (　　　　) 미생물 제제는 사용할 수 없다.

해답

5%, 물, 소금, 유전자 변형

315 기준에 적합하지 않은 허위표시나 과대광고의 예를 3가지 쓰시오.　　　(2009 기출)

①
②
③

【해답】

식품의 부당한 표시 또는 과대광고 행위

• 질병의 예방 · 치료에 효능이 있는 것으로 인식할 우려가 있는 표시 또는 광고
• 식품 등을 의약품으로 인식할 우려가 있는 표시 또는 광고
• 건강기능식품이 아닌 것을 건강기능식품으로 인식할 우려가 있는 표시 또는 광고
• 거짓 · 과장된 표시 또는 광고
• 소비자를 기만하는 표시 또는 광고
• 다른 업체나 다른 업체의 제품을 비방하는 표시 또는 광고
• 객관적인 근거 없이 자기 또는 자기의 식품 등을 다른 영업자나 다른 영업자의 식품 등과 부당하게 비교하는 표시 또는 광고

316 식품 등 표시기준의 영양소 함량 강조 표시에 따라 다음 빈칸을 채우시오.

(2010, 2012, 2020 기출)

영양 성분	강조 표시	표시 조건
열량	저	식품 100g당 (　　　) 미만 또는 식품 100mL당 (　　　) 미만일 때
	무	식품 100mL당 (　　　) 미만일 때
트랜스지방	저	식품 100g당(　　　) 미만일 때

【해답】

영양 성분	강조 표시	표시 조건
열량	저	식품 100g당 (40kcal) 미만 또는 식품 100mL당 (20kcal) 미만일 때
	무	식품 100mL당 (4kcal) 미만일 때
트랜스지방	저	식품 100g당 (0.5g) 미만일 때

317 트랜스지방과 나트륨의 표시기준에 따라 빈칸을 채우시오. (2012 기출)

영양 성분	표시 조건
트랜스지방	트랜스지방 0.5g 미만은 "( )g 미만"으로 표시할 수 있으며, ( )g 미만은 "0"으로 표시할 수 있다.
나트륨	나트륨 120mg 이하인 경우에는 그 값에 가장 가까운 ( )mg 단위로, 120mg을 초과하는 경우에는 그 값에 가장 가까운 ( )mg 단위로 표시하여야 한다. 이 경우 ( )mg 미만은 "0"으로 표시할 수 있다.

해답

영양 성분	표시 조건
트랜스지방	트랜스지방 0.5g 미만은 "(0.5)g 미만"으로 표시할 수 있으며, (0.2)g 미만은 "0"으로 표시할 수 있다.
나트륨	나트륨 120mg 이하인 경우에는 그 값에 가장 가까운 (5)mg 단위로, 120mg을 초과하는 경우에는 그 값에 가장 가까운 (10)mg 단위로 표시하여야 한다. 이 경우 (5)mg 미만은 "0"으로 표시할 수 있다.

318 식품 등의 표시기준에 따라 해당 영양소의 표시기준을 기술하시오. (예상문제)

영양 성분	표시 기준
콜레스테롤	콜레스테롤의 단위는 밀리그램(mg)으로 표시하되, 그 값을 그대로 표시하거나 그 값에 가장 가까운 5mg 단위로 표시하여야 한다. 이 경우 5mg 미만은 ( )으로, ( )은 "0"으로 표시할 수 있다.
탄수화물	탄수화물의 단위는 그램(g)으로 표시하되, 그 값을 그대로 표시하거나 그 값에 가장 가까운 1g 단위로 표시하여야 한다. 이 경우 1g 미만은 ( )으로, ( )은 "0"으로 표시할 수 있다.
단백질	단백질의 단위는 그램(g)으로 표시하되, 그 값을 그대로 표시하거나 그 값에 가장 가까운 1g 단위로 표시하여야 한다. 이 경우 1g 미만은 ( )으로, ( )은 "0"으로 표시할 수 있다.

* 식품 등의 표시기준 「별지1」 표시사항별 세부표시기준

영양 성분	표시기준
콜레스테롤	콜레스테롤의 단위는 밀리그램(mg)으로 표시하되, 그 값을 그대로 표시하거나 그 값에 가장 가까운 5mg 단위로 표시하여야 한다. 이 경우 5mg 미만은 (5mg 미만)으로, (2mg 미만)은 "0"으로 표시할 수 있다.
탄수화물	탄수화물의 단위는 그램(g)으로 표시하되, 그 값을 그대로 표시하거나 그 값에 가장 가까운 1g 단위로 표시하여야 한다. 이 경우 1g 미만은 (1g 미만)으로, (0.5g 미만)은 "0"으로 표시할 수 있다.
단백질	단백질의 단위는 그램(g)으로 표시하되, 그 값을 그대로 표시하거나 그 값에 가장 가까운 1g 단위로 표시하여야 한다. 이 경우 1g 미만은 (1g 미만)으로, (0.5g 미만)은 "0"으로 표시할 수 있다.

* 식품 등의 표시기준 [별지1] 표시사항별 세부표시기준 ≫ 영양소 함량 강조 표시 세부기준

영양 성분	강조 표시	표시 조건
열량	저	식품 100g당 40kcal 미만 또는 식품 100mL당 20kcal 미만일 때
	무	식품 100mL당 4kcal 미만일 때
지방	저	식품 100g당 3g 미만 또는 식품 100mL당 1.5g 미만일 때
	무	식품 100g당 또는 식품 100mL당 0.5g 미만일 때
포화지방	저	식품 100g당 1.5g 미만 또는 식품 100mL당 0.75g 미만이고, 열량의 10% 미만일 때
	무	식품 100g당 0.1g 미만 또는 식품 100mL당 0.1g 미만일 때
트랜스지방	저	식품 100g당 0.5g 미만일 때
콜레스테롤	저	식품 100g당 20mg 미만 또는 식품 100mL당 10mg 미만이고, 포화지방이 식품 100g당 1.5g 미만 또는 식품 100mL당 0.75g 미만이며, 포화지방이 열량의 10% 미만일 때
	무	식품 100g당 5mg 미만 또는 식품 100mL당 5mg 미만이고, 포화지방이 식품 100g당 1.5g 또는 식품 100mL당 0.75g 미만이며 포화지방이 열량의 10% 미만일 때
당류	무	식품 100g당 또는 식품 100mL당 0.5g 미만일 때
나트륨	저	식품 100g당 120mg 미만일 때
	무	식품 100g당 5mg 미만일 때
식이섬유	함유 또는 급원	식품 100g당 3g 이상, 식품 100kcal당 1.5g 이상일 때 또는 1회제공량당 일일 영양소기준치의 10% 이상일 때
	고 또는 풍부	함유 또는 급원 기준의 2배

영양 성분	강조 표시	표시 조건
단백질	함유 또는 급원	식품 100g당 1일 영양소 기준치의 10% 이상, 식품 100mL당 1일 영양소 기준치의 5% 이상, 식품 100kcal당 1일 영양소 기준치의 5% 이상일 때 또는 1회제공량당 일일 영양소기준치의 10% 이상일 때
	고 또는 풍부	함유 또는 급원 기준의 2배
비타민 또는 무기질	함유 또는 급원	식품 100g당 1일 영양소 기준치의 15% 이상, 식품 100mL당 1일 영양소 기준치의 7.5% 이상, 식품 100kcal당 1일 영양소기준치의 5% 이상일 때 또는 1회제공량당 일일 영양소기준치의 15% 이상일 때
	고 또는 풍부	함유 또는 급원 기준의 2배

319 다음을 읽고 빈칸을 채우시오.

(2013, 2016, 2019 기출)

> 카페인 함량을 mL당 (   ) 이상 함유한 (   )은 "어린이, 임산부, 카페인 민감자는
> 섭취에 주의하여 주시기 바랍니다." 등의 문구 및 주 표시면에 "(   )"와 "총카페인
> 함량 OOOmg"을 표시

해답

0.15mg, 액체식품, 고카페인 함유
* 식품 등의 표시기준 [별지1] 표시사항별 세부표시기준 ≫ 기타 표시사항 중
  바) "천연"의 표시는 인공(조합)향 · 합성착색료 · 합성보존료 또는 어떠한 인공이나 수확 후 첨
     가되는 합성성분이 제품 내에 포함되어 있지 아니하고, 비식용부분의 제거나 최소한의 물리
     적 공정 이외의 공정을 거치지 아니한 식품 또는 법 제7조의 규정에 의한 식품첨가물의 기준
     및 규격에 고시된 천연첨가물의 경우에는 표시가 가능하다.
  사) "100%"의 표시는 표시대상 원재료를 제외하고는 어떠한 물질도 첨가하지 아니한 경우에 한
     하여 표시할 수 있다. 다만, 농축액을 희석하여 원상태로 환원하여 사용하는 제품의 경우에
     는 환원된 표시대상 원재료의 농도가 100% 이상이면 제품 내에 식품첨가물이 포함되어 있다
     하더라도 100%의 표시를 할 수 있다.
  아) 카페인을 인위적으로 첨가하였거나 카페인을 함유한 원재료를 사용하여 제조 · 가공한 액체
     식품은 카페인 함량이 mL당 0.15mg 이상 함유한 경우에 주표시면에 "고카페인 함유"와 이와
     나란히 당해 제품의 총 카페인 함량을 "OOO mg"으로 표시하여야 한다.

320 수입식품 이력사항에 표기해야 할 사항 중 3가지를 쓰시오. (2012 기출)

①

②

③

해답

필수표기 대상

- 수입식품 등의 유통이력 추적관리번호
- 수입업소 명칭 및 소재지
- 제조국
- 제조회사 명칭 및 소재지
- 제조일
- 유전자 변형식품 등 여부
- 수입일
- 유통기한 또는 품질유지기한
- 원재료명 또는 성분명
- 기능성(건강기능식품만 해당)
- 회수대상 여부 및 회수사유

321 영양성분 표시량과 실제 측정값의 허용오차 범위를 쓰시오. (2012 기출)

- 열량, 나트륨, 당류, 지방, 포화지방 및 콜레스테롤의 실제 측정값은 표시량의 (   ) 미만이어야 한다.
- 탄수화물, 식이섬유, 단백질, 비타민, 무기질의 실제 측정값은 표시량의 (   ) 이상이어야 한다.

해답

120%, 80%

* 식품 등의 표시기준 「별지1」 표시사항별 세부표시기준

322 식품공전에서 규정한 식품 이물 시험법 3가지를 쓰시오.

①

②

③

해답

시험법	적용 범위
체분별법	검체가 미세한 분말일 때
여과법	검체가 액체일 때 또는 용액으로 할 수 있을 때
와일드만 플라스크법	곤충 및 동물의 털과 같이 물에 잘 젖지 아니하는 가벼운 이물일 때

* 식품의 기준 및 규격 ≫ 제8. 일반시험법 ≫ 1. 식품일반시험법

323 특수용도식품이란 무엇인지 정의와 종류를 기술하시오.

해답

- 특수용도식품 : 영 · 유아, 병약자, 노약자, 비만자 또는 임산 · 수유부 등 특별한 영양관리가 필요한 특정 대상을 위하여 식품과 영양성분을 배합하는 등의 방법으로 제조 · 가공한 것으로 조제유류, 영아용 조제식, 성장기용 조제식, 영 · 유아용 이유식, 특수의료용도 등 식품, 체중조절용 조제식품, 임산 · 수유부용 식품을 말한다.
- 특수용도식품의 종류
  - 조제유류 : 원유 또는 유가공품을 주원료로 하고 이에 영 · 유아의 성장 발육에 필요한 무기질, 비타민 등 영양성분을 첨가하여 모유의 성분과 유사하게 가공한 것을 말한다.
  - 영아용 조제식 : 분리대두단백 또는 기타의 식품에서 분리한 단백질을 단백원으로 하여 영아의 정상적인 성장 · 발육에 적합하도록 기타의 식품, 무기질, 비타민 등 영양성분을 첨가하여 모유 또는 조제유의 수유가 어려운 경우 대용의 용도로 분말상 또는 액상으로 제조 · 가공한 것을 말한다. 다만, 조제유류는 제외한다.
  - 성장기용 조제식 : 분리대두단백 등 단백질함유식품을 원료로 생후 6개월부터의 영아, 유아의 정상적인 성장 · 발육에 필요한 무기질, 비타민 등 영양성분을 첨가하여 이유식의 섭취 시 액상으로 사용할 수 있도록 분말상 또는 액상으로 제조 · 가공한 것을 말한다. 다만, 조제유류는 제외한다.
  - 영 · 유아용 이유식 : 영 · 유아의 이유기 또는 성장기에 일반식품으로의 적응을 도모할 목적으로 제조 · 가공한 죽, 미음 또는 퓨레, 페이스트상의 제품(또는 물, 우유 등과 혼합하여 이러한 상태가 되는 제품)을 말한다.
  - 특수의료용도등 식품 : 정상적으로 섭취, 소화, 흡수 또는 대사할 수 있는 능력이 제한되거나 손상된 환자 또는 질병이나 임상적 상태로 인하여 일반인과 생리적으로 특별히 다른 영양요구량을 가진 사람의 식사의 일부 또는 전부를 대신할 목적으로 이들에게 경구 또는 경관급식을 통하여 공급할 수 있도록 제조 · 가공된 식품을 말한다.
  - 체중조절용 조제식품 : 체중의 감소 또는 증가가 필요한 사람을 위해 식사의 일부 또는 전부를 대신할 수 있도록 필요한 영양성분을 가감하여 조제된 식품을 말한다.
  - 임산 · 수유부용 식품 : 임신과 출산, 수유로 인하여 일반인과 다른 영양요구량을 가진 임산부 및 수유부의 식사 일부 또는 전부를 대신할 목적으로 제조 · 가공한 것을 말한다.

 식품의약품안전처의 개정고시에 따라 2022년 1월 1일부로 기존 특수용도식품은 특수영양식품과 특수의료용도식품으로 분리된다. 특수영양식품에는 조제유류, 영아용 조제식, 성장기용 조제식, 영유아용 이유식, 체중조절용 조제식품, 임산수유부용 식품이 포함되며 기존 특수의료용도 등 식품은 특수의료용도식품으로 별도의 유형으로 분류된다.

324 헥산의 식품공전상 정의와 용도에 대해 쓰시오.　　(2015 기출)

해답

• 헥산의 정의 : 석유 성분 중 n – 헥산의 비점 부근에서 증류하여 얻어진 것이다.
• 헥산의 성상 : 무색투명한 휘발성의 액체로서 특이한 냄새가 난다.
• 헥산의 용도 : 식용유지 제조 시 유지성분의 추출 및 건강기능식품의 기능성 원료 추출에 사용된다.

325 건강기능식품의 고시형 원료와 개별인정형 원료의 개념과 인정 절차를 쓰시오.
　　(2015, 2017 기출)

해답

• 고시형 원료 : 식품의약안전처장이 고시하여 건강기능식품의 기준 및 규격에 등재된 기능성 원료 또는 성분으로 제조기준, 기능성 등이 적합한 경우 인증 없이 누구나 사용 가능하다.
• 개별인정형 원료 : 고시되지 않은 건강기능식품의 원료 중 영업자가 개별적으로 안정성, 기능성 등을 입증받아 식품의약안전처장이 별도로 인정한 원료 또는 성분
　– 인정절차 : 해당 건강기능식품의 기준 · 규격, 안전성 및 기능성 등에 관한 자료, 국외시험 · 검사기관의 검사를 받은 시험성적서 또는 검사성적서를 제출 후 식약처의 평가를 통해 기능성을 인정받는다. 인정받은 원료는 인정받은 업체에서만 동일 원료를 이용하여 제조 · 판매할 수 있다.

326 다음 기능성 식품 원료의 공통적인 기능은 무엇인지 쓰시오. (2015 기출)

> 인삼, 홍삼, 알로에겔, 알콕시 글리세롤 함유 상어간유

해답

면역력 증진에 도움을 준다.

327 식품 및 축산물 안전관리인증기준에 따라 집단급식소, 식품접객업소(위탁급식영업) 및 운반급식(개별 또는 벌크포장)의 작업위생관리 중 보존식에 대한 기준을 분량, 온도, 시간을 포함해서 쓰시오. (2017 기출)

해답

조리 · 제공한 식품을 보관할 때는 매회 1회 분량을 섭씨 영하 18℃ 이하에서 144시간 이상 보관하여야 한다.

328 다음을 읽고 빈칸을 채우시오.

> [부패, 변질 우려가 있는 검사용 검체의 운반 시]
> 미생물학적인 검사를 하는 검체는 멸균용기에 무균적으로 채취하여 저온(　　　)을 유지시
> 키면서 (　　　) 이내에 검사기관에 운반하여야 한다. 부패나 변패가 의심되는 식품을 검사하
> 기 위해 멸균한 다음 저온 (　　　)에 저장해 (　　　) 내에 검사해야 한다.

해답

5±3℃ 이하, 24시간, 5℃, 4시간

329 식품제조가공, 즉석판매 및 제조가공(크림빵) 자가품질검사 주기를 각각 쓰시오.

해답

- 식품제조 · 가공업
  - 과자류, 즉석식품류, 두부류 또는 면류 등 : 3개월
  - 식품제조 · 가공업자가 자신의 제품을 만들기 위하여 수입한 반가공 원료식품 및 용기 · 포장 : 6개월
  - 빵류, 식육함유가공품, 알함유가공품, 동물성가공식품류(기타 식육 또는 기타 알제품), 음료류(과일 · 채소류음료, 탄산음료류, 두유류, 발효음료류, 인삼 · 홍삼음료, 기타 음료만 해당한다, 비가열음료는 제외한다), 식용유지류(들기름, 추출들깨유만 해당한다) : 2개월

• 즉석판매제조 · 가공업
과자(크림을 위에 바르거나 안에 채워 넣은 후 가열살균하지 않고 그대로 섭취하는 것만 해당한다), 빵류(크림을 위에 바르거나 안에 채워 넣은 후 가열살균하지 않고 그대로 섭취하는 것만 해당한다) : 9개월

330 급식업체 조리 후 섭취시간 기한에 대해 쓰시오. (2019 기출)

해답

• 28℃ 이하 : 조리 후 2~3시간 이내 섭취
• 60℃ 이상(보온) : 조리 후 5시간 이내 섭취
• 5℃ 이하 : 조리 후 24시간 이내 섭취

331 건강기능식품에서 기능성의 정의에 대하여 빈칸에 알맞은 말을 쓰시오. (2018 기출)

기능성은 의약품과 같이 질병의 직접적인 치료나 예방을 하는 것이 아니라 인체의 정상적인 기능을 유지하거나 생리기능 활성화를 통하여 건강을 유지하고 개선하는 것을 말하는 것으로,
(   ), (   ) 및 (   )이 있다.
(   )은 인체의 성장 · 증진 및 정상적인 기능에 대한 영양소의 생리학적 작용이고,
(   )은 인체의 정상기능이나 생물학적 활동에 특별한 효과가 있어 건강상의 기여나 기능 향상 또는 건강유지 · 개선 기능을 말한다. 또한, (   )은 식품의 섭취가 질병의 발생 또는 건강상태의 위험을 감소하는 기능이다.

해답

영양소 기능, 질병발생 위험감소 기능, 생리활성 기능
영양소 기능, 생리활성 기능, 질병발생 위험감소 기능

332 의약품과 건강기능식품의 차이에 대해 쓰시오. (2013 기출)

> **해답**

건강기능식품은 인체의 구조 및 기능에 대하여 영양소를 조절하거나 생리학적 작용 등과 같은 보건 용도에 유용한 효과를 얻는 식품을 말한다. 의약품은 질병의 진단 치료의 직접적인 목적으로 사용된다.

333 냉동식품의 포장지 구비조건을 쓰시오. (2016 기출)

> **해답**

냉동조건에서 사용되기 때문에 저온에서 경화되지 않아야 하며 방습성이 크고 유연성이 있어야 한다. 가열 시 수축성이 없어야 하며 가스 투과성이 낮아 외부의 환경과 반응하지 않아야 한다.

신유형
기출복원문제

01 | 2020년 신유형 기출복원문제

01 유통기한이라 함은 제품의 제조일로부터 소비자에게 판매가 가능한 기간으로 식품에는 의무적으로 이를 표시해야 한다. 하지만 법적으로 유통기한이 아닌 품질유지기한을 표기해도 되는 식품은 무엇이 있는지 쓰시오.

해답

- 장기보존 식품 : 레토르트식품, 통조림
- 식품 유형에 따른 대상 식품 : 잼류, 포도당, 과당, 엿류, 당시럽류, 올리고당류, 다류 및 커피류 (멸균 액상제품), 음료류(멸균제품), 장류(메주 제외), 조미식품(식초, 멸균 카레제품), 김치류, 젓갈류 및 절임식품, 조림식품(멸균제품), 주류(맥주), 기타 식품류(전분, 벌꿀, 밀가루)

02 미생물 시험의 정량시험법 중 하나인 최확수법의 정의와 결과의 표시방법에 대하여 서술하시오.

해답

- 최확수법 : 최확수법(MPN : Most Probable Number)이란 단계별 희석액을 일정량씩 접종하여 대장균군의 존재 여부를 시험하고 그 결과로부터 확률론적인 수치를 산출하여 이론상 가장 가능한 수치를 표기하는 시험법이다.
- 표기방법 : 연속한 3단계 이상의 희석시료(10, 1, 0.1 또는 1, 0.1, 0.01 또는 0.1, 0.01, 0.001)를 각각 5개 또는 3개씩 발효관에 가하여 배양 후 얻은 결과를 최확수표에 의하여 검체 1mL 중 또는 1g 중에 존재하는 대장균군수를 표시한다. 예를 들어, 검체 또는 희석검체의 각각의 발효관을 5개씩 사용하여 다음과 같은 결과를 얻었다면 최확수표에 의하여 시험검체 1mL 중의 MPN은 70으로 된다. 이때 접종량이 1, 0.1, 0.01mL일 때에는 70/10＝7로 하고 10, 1, 0.1mL일 때에는 70/100＝0.7로 한다.

시험용액 접종이 4단계 이상으로 행하여졌을 때에는 다음 표와 같이 취급한다.

시험용액 접종량	0.1mL	0.01mL	0.001mL	MPN
가스발생양성관수	5개	2개	1개	70

03 돼지 도축 시 급격한 스트레스를 받게 되면, PSE가 발생하게 된다. 이러한 PSE 육류의 pH를 포함한 특징에 대하여 간단히 서술하시오.

해답

- PSE육 : Pale Soft Exudative의 약자로 고기의 색이 창백하며, 조직의 탄력이 없어 흐물흐물하고 수분이 많이 흘러나오는 고기를 나타내며 pH 5.8 이하의 약산성을 띤다.
- 발생원인 : 돼지는 땀샘이 없어 체열 발생이 불가능하며 더위에 약한 가축인데, 도축 전 돼지가 스트레스를 받게 된다면 에너지대사가 급격하게 진행되어 젖산이 축적되며 체내 pH가 낮아지게 된다. 이러한 상태에서 도축이 일어나게 되면 에너지대사 급증으로 인한 도체 내 심부온도가 올라가 단백질의 변성이 일어나면서 PSE가 발생하게 된다.
- 방지방안 : PSE는 품질의 저하를 일으키기 때문에 PSE육 발생 방지를 위한 관리를 진행해야 한다. 이를 위해서는 도축장으로 출하 12시간 전에는 절식하고, 충분한 물을 공급해주어야 한다.

04 식품의 기계적 특성에 대한 물리적인 특성은 주로 TPA(Texture Profile Analysis)를 사용한다. 이때 경도(Hardness), 응집성(Cohesiveness), 탄력성(Springiness), 부착성(Adhesiveness)에 대해서 간단하게 기술하시오.

해답

구분	물리적 정의	관능적 정의
경도(Hardness)	일정한 변형에 필요한 힘	시료를 어금니 사이 혹은 입천장 사이에 놓고 압착에 필요한 힘
응집성(Cohesiveness)	시료가 파쇄되기 전까지 변형될 수 있는 정도	시료가 이 사이에서 압착되는 정도
탄력성(Springiness)	변형하는 데 사용된 힘을 제거한 후 변형된 물질이 원래의 형태로 돌아가는 데 걸리는 속도	시료가 이 사이에서 응집 후(압착된 뒤) 원래의 모양으로 돌아가는 정도
부착성(Adhesiveness)	식품의 표면과 그 식품이 접촉한 다른 물질의 표면을 분리하는 데 필요한 힘	입천장 혹은 입에 붙은 시료를 제거하는 데 필요한 힘

05 식품위해요소중점관리기준인 HACCP을 적용하기 위한 선행관리요건(PRP : Pre Requisite Program)으로 영업자는 위생적인 식품의 제조와 가공을 위한 위생표준작업절차인 SSOP와 우수제조기준인 GMP를 운영하여야 한다. SSOP와 GMP에 대하여 기술하시오.

해답

- SSOP(Sanitation Standard Operation Procedure) : 식품의 제조과정 중 각 단계별 위생적 안전성 확보에 필요한 작업의 기준으로 이러한 위생관리기준을 운영함으로써 식품 취급 중 외부에서 위해요소가 유입되는 것을 방지한다.
- GMP(Good Manufacturing Practice) : 품질이 우수한 건강기능식품을 제조하는 데 필요한 제조, 제조시설, 품질, 품질관리시설 등 제조의 전반에서 준수해야 할 사항을 제정한 관리기준이다. 우수한 건강기능식품을 제조 공급하는 것을 목적으로 한다.

06 육류의 붉은색을 주로 나타내는 색소성분은 무엇이며, 산화에 따른 색소성분의 철의 상태와 색의 변화에 대하여 서술하시오.

해답

육류의 붉은색을 나타내는 성분은 미오글로빈(Myoglobin)으로 보통 헴(Heme)으로 알려진 철을 함유하고 있는 특정한 포르피린 유도체와 단백질이 결합되어 형성된 색소이다. 조직 내에서 산소의 저장체로 이용되기에 산소의 결합 여부에 따라 색과 철의 상태가 달라진다.

- 미오글로빈(Myoglobin, Fe^{++}) : 짙은 빨간색 또는 적자색을 나타내어 산소와 매우 결합하기 쉬운 상태이다.
- 옥시미오글로빈(Oxymyoglobin, Fe^{++}) : 미오글로빈이 공기 중에 노출되어 있으면, 30분 내에 산소와 결합하여 선명한 빨간색을 가진 옥시미오글로빈이 된다.
- 매트미오글로빈(Metmyoglobin, Fe^{+++}) : 옥시미오글로빈은 안정화된 색소이나, 천천히 산화되어 최종적으로 갈색의 매트미오글로빈이 형성된다.

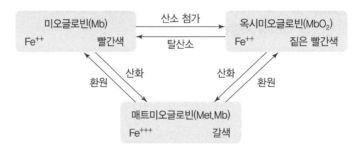

07 뉴턴, 비뉴턴 유체들의 일반적인 유동 특성은 허셀 버클리 모델 $\sigma = ky^n + \sigma 0$ 에 따라 설명이 되며 τ는 전단응력(Shear Stress), $\tau 0$는 전단응력의 항복치(Yield Stress) η는 점도, η'는 외관상의 점도(Apparent Viscosity), γ는 전단속도(Shear Rate), n은 유체속도를 나타낸다. 이때 뉴턴유체, 딜레이턴트유체, 빙햄유체, 슈도플라스틱유체를 이상의 지수법칙을 통하여 나타내시오.

- 뉴턴유체

- 딜레이턴트유체

- 빙햄유체

- 슈도플라스틱유체

해답

- 뉴턴유체 : $\tau = \eta \times \gamma$
- 딜레이턴트유체 : $\tau = \eta \times (\gamma)^n = n > 1$
- 빙햄유체 : $(\tau - \tau_y) = \eta \times (\gamma)^n, \, n = 1$
- 슈도플라스틱유체 : $\tau = \eta \times (\gamma)^n, \, n < 1$

TIP
- 뉴턴유체 : 전단력에 대하여 속도가 비례적으로 증감하는 유체(예 물, 청량음료 등)
- 딜레이턴트유체 : 전단응력이 커짐에 따라 외관상의 점도가 급격히 증가하는 유체(예 농도가 매우 큰 전분입자 현탁액, 벌꿀의 일부 등)
- 빙햄유체 : 항복치 이후에는 뉴턴유동의 형태를 보이는 유체(예 연유, 시럽, 페인트 등)
- 의가소성유체 : 전단력이 증가하면 점도가 낮아지는 유체(예 치약, 마요네즈 등)

08 식품의 기준 및 규격의 일반원칙에 따르면 가공식품에 대하여 다음과 같은 대분류, 중분류, 소분류로 구분되고 있다. 하기의 설명에 적절한 용어를 기입하시오.

- (   ) : '제5. 식품별 기준 및 규격'에서 대분류하고 있는 음료류, 조미식품 등을 말한다.
- (   ) : 분류하고 있는 다류, 과일·채소류 음료, 식초, 햄류 등을 말한다.
- (   ) : 분류하고 있는 농축과·채즙, 과·채주스, 발효식초, 희석초산 등을 말한다.

해답

식품군, 식품종, 식품 유형

09 다음의 Farinograph 중 강력분과 박력분인 것을 찾고, 아래의 표에서 강력분, 박력분의 용도 및 특성을 기입하시오.

(A)   (B)   (C)   (D)

구분	Farinograph	용도	특성
강력분			
박력분			

해답

구분	Farinograph	용도	특성
강력분	A	식빵	글루텐 함량이 높아 거칠고 탄성이 강하다.
박력분	D	과자류	아주 곱고 약한 분상질로 비중이 낮다.

10 곡류의 분류 중 미곡, 잡곡, 곡립에 해당하는 것을 쓰시오.

• 미곡

• 잡곡

• 곡립

해답

• 미곡 : 쌀
• 잡곡 : 곡식작물 중 벼와 맥류를 제외한 모든 작물을 총칭(조, 피, 기장, 옥수수, 메밀 등)
• 곡립 : 사람이 주로 섭취하는 작물의 낟알(보리, 밀, 수수 등)

11 초임계 유체 추출이 적용 가능한 분야를 기입하고 그의 장점을 간단히 기술하시오.

해답

초임계 유체(Supercritical Fluid)란 어떤 기체를 임계 압력 이상으로 가압했을 때 임계 온도 부근에서 용매력을 보이는 유체를 뜻한다. 이를 이용한 초임계 추출 시에는 무독성, 화학적 안전성, 회수 용이성, 저온 작업성 등에서의 장점이 많으며, 잔류용매가 남지 않고 물질의 변성을 최소화시키며 에너지가 절약되어 친환경적 추출법으로 사용된다. 참기름, 들기름 등의 유지의 추출, 커피 원두에서 Caffeine 추출, 난황에서 Cholesterol 추출 등에서 사용된다.

12 미생물 위계명명법에서 계통별로 사용하는 접미사를 기술하시오.   (2020 기출)

명칭		접미사
계	Kingdom	−
문	Phylum	( )
강	Class	( )
목	Order	( )
과	Family	( )
속	Genus	−
종	Species	−

해답

- 문 : mycota
- 강 : mycetes
- 목 : ales
- 과 : aceae

13 다음은 식품의 기준 및 규격 일반시험법 중 장출혈성 대장균에 대한 시험법이다. 아래 표의 빈칸의 내용을 기입하시오.

> 본 시험법은 ① (   )과 ② (   )이 아닌 ③ (   )생성 대장균(VTEC : VeroToxin – producing E. Coli)을 모두 검출하는 시험법이다. 장출혈성대장균의 낮은 최소감염량을 고려하여 검출 민감도 증가와 신속 검사를 위한 스크리닝 목적으로 증균 배양 후 배양액(1~2mL)에서 ③ (   ) 유전자 확인시험을 우선 실시한다. ③ (   )(VT1 그리고/또는 VT2) 유전자가 확인되지 않을 경우 불검출로 판정할 수 있다. 다만, ③ (   ) 유전자가 확인된 경우에는 반드시 순수 분리하여 분리된 균의 ③ (   ) 유전자 보유 유무를 재확인한다. ③ (   )가 확인된 집락에 대하여 생화학적 검사를 통하여 대장균으로 동정된 경우 장출혈성대장균으로 판정한다.

해답

① 대장균 O157 : H7
② 대장균 O157 : H7
③ 베로독소

14 과당은 온도에 따라서 감미도가 달라지는 특징을 가지고 있다. 과당의 감미도 온도에 따른 영향 화학구조를 설명하시오.

해답

용액 중에서 온도와 시간이 경과함에 따라 아노머형이 빠른 내부전환이 일어나며 선광도가 변하는 현상을 변성광이라 한다. 이러한 변성광에 의해 온도에 따라 과당의 α형과 β형이 상호변환된다. 과당의 β형은 α형에 비해 약 3배 정도의 단맛을 가지고 있는데 0℃에서는 α : β가 약 3 : 7, 고온에서는 7 : 3이므로 저온에서의 과당의 감미도가 더 올라간다. 그렇기에 과당은 온도에 따라 약 130~180의 당도를 가진다.

15 맛난맛을 낼 수 있는 핵산 3종류를 쓰고 이들의 화학구조상의 공통점과 차이점을 간단히 서술하시오.

해답

맛난맛을 내는 핵산은 GMP(Guanosine MonoPhosphate), XMP(Xanthosine MonoPhosphate), IMP(Inosine MonoPhosphate) 등 세 종류이다. 구조적으로 인산, 리보오스, 염기로 구성된다는 공통점이 있지만, 결합된 당류의 종류에 따라 정미도가 달라진다는 차이점이 있다.

16 지질의 동질다형현상(Polymorphism)을 설명하고, 버터에서 동질다형현상이 일어나는 이유를 서술하시오.

• 동질다형현상

• 버터에서 동질다형현상이 발생하는 이유

해답

• 동질다형현상 : 고체유지를 가열하고 액화한 후 급격히 냉각하면 분자들은 무정형의 결정으로 고체화가 된다. 이 상태에서 재가열하면 처음보다 융점이 높아지게 되는데, 이때 다시 냉각하게 되면 정형의 결정이 형성되며 고체유지가 형성된다. 이러한 버터결정을 다시 가열하여 융해하면 융점은 처음보다 낮아지게 된다. 이렇게 동일한 화합물이(동질) 두 개 이상의 결정형(다형)을 나타내는 현상을 동질다형현상이라고 하며, 융점에 따라 α형, β형, γ형 등으로 나타날 수 있다.
• 버터에서 동질다형현상이 발생하는 이유 : 동질다형현상은 고체유지의 가열과 냉각을 반복하며 액화와 고체화되는 유지의 물리적 성질이 바뀔 때 일어나는 현상이며, 버터는 고체유지이므로 이 현상이 발생한다.

17 식품공전상 일반시험법의 따르면 식품 일반성분시험법 7가지가 있다. 이 중 외관과 취미에 관련된 분석법을 제외한 5가지는 무엇인지 쓰시오.

> **해답**
>
> 수분, 회분, 질소화합물, 탄수화물, 지질, 열량

18 다음 유전자 변형 식품의 안전성 심사 대상에 관한 규정 중 빈칸의 내용을 기재하시오.

[유전자 변형 식품 등의 안전성 심사 등]
1. 최초로 (   )하거나 (   ) 또는 (   )하는 다음 각 목의 것
  가. 유전자 변형 식품 등. 다만 분리정제된 비단백질성 아미노산류, 비타민류, 핵산류(5'－구아닐산, 5'－시티딜산, 5'－아데닐산, 5'－우리딜산, 5'－이노신산 및 이들의 염류) 및 밀폐 이용하는 셀프－클로닝 미생물은 심사대상에서 제외하되, 항생제내성유전자를 유전자 재조합한 셀프－클로닝 미생물은 심사대상에 포함함
  나. 후대교배종 중 다음 어느 하나에 해당되는 것
    1) 교배 전 각각의 모품목으로부터 부여된 특성이 변한 것
    2) 이종 간에 교배한 것
    3) 섭취량, 가식부위, 가공법에 종래의 품종과 차이가 있는 것
  다. 가목 중 현재 상업적으로 생산되지 않으나 기존에 생산되어 시중에 유통 중인 식품에서 검출 가능성이 있거나 연구용도 등으로 개발·생산되었으나 시중에 유통 중인 식품에서 검출될 가능성이 있는 유전자 변형 농축수산물

2. 제1호 중 안전성 심사를 받은 후 (   )이 지난 유전자 변형 식품 등으로서 시중에 유통되어 판매되고 있는 경우

> **해답**
>
> 수입, 개발, 생산, 10년

19 식품(식품첨가물 포함)가공업소, 건강기능식품제조업소, 집단급식소, 축산물작업장에서 식품안전관리 인증을 받기 위해 선행적으로 이행해야 하는 작업장 관리요건 3가지를 기술하시오.

해답

작업장 선행요건
- 작업장은 독립된 건물이거나 식품취급 외의 용도로 사용되는 시설과 분리(벽, 층 등에 의하여 별도의 방 또는 공간으로 구별되는 경우를 말한다. 이하 같다.)되어야 한다.
- 작업장(출입문, 창문, 벽, 천장)은 누수, 외부의 오염물질이나 해충, 설치류 등의 유입을 차단할 수 있도록 밀폐 가능한 구조이어야 한다.
- 작업장은 청결구역(식품의 특성에 따라 청결구역은 청결구역과 준청결구역으로 구별할 수 있다.)과 일반구역으로 분리하고, 제품의 특성과 공정에 따라 분리, 구획 또는 구분할 수 있다.

20 다음 항량에 대한 정의 중 빈칸의 내용을 기재하시오.

> 건조 또는 강열할 때 "항량"이라고 기재한 것은 다시 계속하여 (　　　) 더 건조 혹은 강열할 때에 전후의 (　　　)가 이전에 측정한 무게의 (　　　) 이하임을 말한다.

해답

1시간, 칭량차, 0.1%

02 | 2021년 신유형 기출복원문제

01 분가공 공정에서 사용하는 체의 체눈의 크기를 나타내는 단위를 메시(Mesh)라고 한다. 이때, 100mesh의 체에서 1inch² 속 체눈의 개수는 몇 개인지 계산과 답을 보이시오.

해답

Mesh는 체눈의 크기를 나타내는 단위로 1inch²(25.4mm)인 정사각형 속에 포함되는 그물눈의 수를 말한다.

100mesh = 가로 100×세로 100 = 10,000개

02 냉동화상(Freeze Burn) 시 식품 표면에 다공질형태의 건조층이 형성되는 이유는 무엇인지 서술하여라.

해답

냉동화상이란 표면 수분의 승화로 식품 표면이 다공질이 되어 공기와의 접촉면이 커져 유지의 산화, 단백질의 변성, 풍미의 저하 등 식품품질의 저하를 일으키는 현상이다. 식품 표면이 승화되면서 일어나는 물분자의 손실로 인해 다공질이 형성되고 탈수를 유발하여 건조층이 형성된다.

03 상압건조 시 ① 고체시료를 파쇄하여 사용하는 이유와 ② 액체시료에 해사(정제)를 사용하는 이유를 기술하여라.

해답

① 고체시료를 분쇄하여 건조 시 공기와 접촉하는 표면적이 넓어져 건조효율을 높일 수 있다.

② 물엿과 올리고당 등의 액체시료의 상압건조 시 해사(바다모래 등의 입자)와 시료를 유리봉을 이용하여 섞어준 후 건조를 진행해 준다. 이는 해사의 입자들 사이사이에 액체시료가 코팅되어 피막을 형성하면서 수분증발 시 표면적을 최대한 넓게 해 주기 위함이다.

04 해조류는 바다에서 나는 조류를 통틀어 이르는 말로 자라는 깊이와 색에 따라 녹조류, 갈조류(규조류), 홍조류로 나뉜다. 이때 각 해조류의 색을 구성하는 성분을 한 가지씩 쓰시오.

해답

- 녹조류 : Chlorophyll−a, Chlorophyll−b, 카로티노이드
- 갈조류(규조류) : Chlorophyll−a, Chlorophyll−c, Fucoxanthin
- 홍조류 : Chlorophyll−a, Chlorophyll−d, Phycocyanin, Phycoerythrin

05 가수분해 시 티오글루코시데이스(Thioglucosidase)의 작용으로 전구체에서 매운맛이 발현되는 식품은 무엇인지 두 가지 이상 기술하여라.

해답

고추냉이(와사비), 겨자, 무, 파

 티오글루코시데이스(Thioglucosidase)
티오글루코시드 결합의 가수분해를 유도하는 효소이다. 겨자속 식물에 함유되어 있는 시니그린 등의 배당체에 작용하여 매운맛을 유발한다.

06 육류의 도축 후 진행되는 저온단축(Cold Shortening)의 정의와 육류의 품질에 미치는 영향에 대하여 서술하시오.

해답

- 정의 : 육류가 도축 직후 1~5℃ 사이로 급격히 냉각될 때 근육이 현저히 수축하여 질겨지는 현상을 일컫는다. 육류가 급격히 저온에 도달하며 Ca^{2+}이온을 흡수하고 있는 근소포체나 미토콘드리아의 기능저하로 인해 근형질 중의 Ca^{2+}이온농도가 상승하며 근육수축이 일어나는 현상이다.
- 영향 : 근육의 수축으로 고기가 질겨져 품질과 관능에 저하를 가져온다. 이를 예방하기 위해서는 도축 후 전기자극을 통하여 ATP를 모두 소비한 후 급속냉각을 진행해야 한다.

07 육류 결합조직의 주성분인 콜라겐은 가열 시 물리적인 상의 변화가 발생한다. 이때 ① 상변화를 일으키는 물질과 이 물질을 ② 뜨거운 물과 찬물에서 녹였을 때에 이루어지는 상변화에 대하여 기술하여라.

해답

① 상변화를 일으키는 물질 : 젤라틴(Gelatin)
② 뜨거운 물: 졸(Sol), 찬물 : 젤(Gel)
  • 졸(Sol) : 액체 분산매에 액체 또는 고체의 분산질로 된 콜로이드상태로 전체가 액상을 이룬다.(예 : 전분액, 된장국, 한천 및 젤라틴을 물에 넣고 가열한 액상)
  • 젤(Gel) : 친수 Sol을 가열한 후 냉각시키거나 물을 증발시키면 반고체 상태가 되는 것이다. (예 : 한천, 젤리, 잼, 도토리묵, 삶은 계란)

08 과일잼 제조 시 ① 젤리화를 형성하는 필수적인 3요소는 무엇이며 ② 젤리의 완성점(Jelly Point)을 결정하는 결정법을 세 가지 이상 기술하여라.

해답

① 젤리화 3요소 : 펙틴(1~1.5%), 유기산(0.3%, pH 2.8~3.3), 당(60~65%)
② 젤리포인트 결정법
  • 스푼시험 : 나무주걱으로 잼을 떠서 기울여 액이 시럽상태가 되어 떨어지면 불충분한 것이고, 주걱에 일부 붙어 떨어지면 적당하다.
  • 컵시험 : 물컵에 소량 떨어뜨려 바닥까지 굳은 채로 떨어지면 적당하고, 도중에 풀어지면 불충분하다.
  • 온도법 : 잼에 온도계를 넣어 104~106℃가 되면 적당하다.
  • 당도계 : 굴절당도계를 이용하여 잼의 당도가 65% 전후면 적당하다.

09 다음은 글리신등전점곡선이다. 그래프의 B, D 구간에서 글리신의 이온상태에 대해 설명하시오.

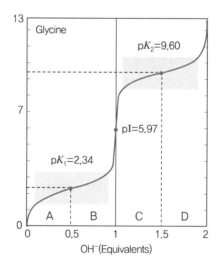

해답

B) 양이온상태 :

$$
\begin{array}{c}
NH_3{}^+ \\
| \\
H - C - COOH \\
| \\
H
\end{array}
$$

D) 음이온상태 :

$$
\begin{array}{c}
NH_2 \\
| \\
H - C - COO^- \\
| \\
H
\end{array}
$$

10 D-Glucose의 구조식에서 2번 탄소의 Epimer 형태의 당 이름을 쓰고 구조식을 그리시오.

해답

D-Mannose

D-Mannose
(Epimer at C-2)

D-Glucose

D-Galactose
(Epimer at C-4)

- D-Glucose의 2번 탄소 Epimer형은 D-Mannose
- 4번 탄소의 Epimer형은 D-Galactose

11 다음 설명 중 괄호 안에 들어갈 말을 쓰시오.

> Glucose는 혐기적 분해에 의한 (A)경로, 호기적 분해에 의한 (B)경로를 통하여 피루브산을 생산한다. 피루브산은 호기적 대사인 (C)경로로 들어간다.

해답

- A : EMP(해당과정, Glycolysis)
- B : HMP(오탄당인산경로, Pentose Phosphate Pathway)
- C : TCA(구연산회로, Kreb's 회로)

> **TIP** Glucose의 대사경로
> 1) 해당과정(EMP, Glycolysis) :
>   - 혐기적 해당(Anaerobic Glycolysis) : 포도당 → 2분자 피루브산 → 2분자 젖산(2분자의 ATP 생성)
>   - 호기적 해당(Aerobic Glycolysis) : 포도당 → 2분자 피루브산, 5분자 혹은 7분자 ATP 생성
> 2) TCA(구연산회로, Kreb's 회로, Tricarboxylic Acid Cycle)
>   - 호기적 조건에서 피루브산이 산화를 통해 ATP를 생산하는 과정으로 탄수화물, 지방, 단백질 대사의 공통반응이다.
>   - $C_3H_4O_3 + 3H_2O \rightarrow 3CO_2 + 4NADH + FADH_2 + ATP$

12 미카엘리스 멘텐식(Michaelis – Menten Equation)의 정의는 무엇이며 이 식에서 K_m 값의 변화가 나타내는 의미를 기술하여라.

해답

미카엘리스 – 멘텐식(Michaelis – Menten Equation)은 효소의 반응속도를 나타내는 수식으로, 기질농도에 따른 효소의 초기반응속도 그래프를 대수적으로 나타낸 것이다. 효소의 최대반응속도인 V_{max} 의 1/2의 반응속도를 나타내는 기질농도를 K_m (Michaelis 상수)라 한다. 이때, 효소기질 친화성이 클수록 K_m 값은 작아지며 친화력이 작을수록 K_m 값은 커진다.

13 다음 설명 중 빈칸을 채우시오.

> 관 속을 흐르는 유체는 원형 직선관에서 레이놀즈수가 (　)(　)이면 층류, (　)(　)이면 난류이다.

해답

관 속을 흐르는 유체는 원형 직선관에서 레이놀즈수가 (2,100) (이하)이면 층류, (4,000) (이상)이면 난류이다.

> **TIP** 레이놀즈수
> 관 내의 흐름상태가 층류인지 난류인지를 판정할 때 사용하는 수치로 관성의 힘과 점성의 힘의 비를 나타내는 무차원수이다.

14 전단속도가 $100s^{-1}$인 유체의 전단응력을 구하시오(단, 점도는 $10^{-3}Pa \cdot s(=1cP)$).

해답

전단응력 = 전단속도 × 점도 = $100s^{-1} \times 10^{-3}Pa \cdot s = 100/s \times Pa \cdot s/1,000 = Pa/10 = 0.1Pa$
※ cP : centiPoise

15 유지시료 5.6g의 산가를 측정하기 위해 사용한 KOH의 소비량은 1.1mL, 대조군 소비량은 1.0mL이다. 이때 0.1N KOH를 표정하고자 안식향산 0.244g을 취해 에테르에탄올에 녹여 적정하는 데 20mL가 소비되었다. 이때 0.1N KOH의 Factor값을 구하고 산가를 계산하시오.

해답

① Factor
- 안식향산(Benzoic Acid, $C_7H_6O_2$), M.W=122.12g

$$Factor = \frac{실험치}{이론치}$$

(실험치)=0.244g

(이론치)
- N=노르말농도=용액 1L 중에 녹아 있는 용질의 g당량수
- $1N = \frac{122.12g}{1L} \rightarrow 0.1N = 1N \times \frac{1}{10} = \frac{122.12g}{1L} \times \frac{1}{10} = \frac{12.212g}{1L}$
- $0.1N\ C_7H_6O_2\ 20mL = 12.212 \times \frac{1}{5} = 0.24424g$

$$\therefore Factor = \frac{실험치}{이론치} = \frac{0.244g}{0.24424g} = 1$$

② 산가 $= \frac{5.611 \times (a-b) \times f}{S}$

$$= \frac{5.611 \times (1.1-1.0) \times 1}{5.6} = 0.1002KOH/mg$$

여기서, S : 검체 채취량

a : 검체에 대한 소비량

b : 대조구에 대한 소비량

f : 역가

16 다음은 식품성분의 분석법과 관련된 설명이다. 다음 중 틀린 것을 고르시오.

① 몰농도는 용액 1리터에 녹아 있는 용질의 mol로 나누어 나타내는 농도이며, 몰랄농도는 용매 1kg에 녹아 있는 용질의 mol수로 나누어 나타낸 농도를 말한다.

② Kjeldahl법은 질소량에 질소계수를 나누어 조단백질의 양으로 정량분석하는 법이다.

③ Karl Fisher법은 메탄올용매를 이용하여 수분을 정량하는 방법이다.

④ Somogyi법은 구리시약을 이용하여 환원당을 정량하는 시험법이다.

⑤ 산가는 유리지방산함량을 측정하는 것이고, 요오드가는 유지의 이중결합을 통한 불포화도를 측정하는 것이다.

해답

②번
(단백질함량) = (질소함량) × (질소계수)

17 대장균의 정성시험은 추정 – 확정 – 완전의 순서를 가진다. 이때 대장균의 추정실험을 위해 액체배지 내에서 가스발생여부를 측정하고자 할 때, 시험관 내에서 사용하는 실험기구는 무엇인가?

해답

듀람관(Durham Tube)

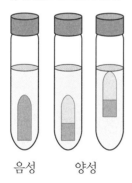

음성 양성

 TIP
- 듀람관 : 대장균의 정성시험 시 가스발생여부를 확인하기 위한 기구이다. 대장균의 유당을 분해 하여 가스를 생성하는 특징을 이용한다. 유당이 함유된 EC배지(EC Broth)에 대장균이 존재할 시 가스생성으로 인해 듀람관이 위로 뜨게 되면 양성으로 판정하게 된다.
- 대장균의 정성실험 : 제조법에 따른 시험용액 1mL를 3개의 EC배지에 접종하고 44±1℃에서 24±2시간 배양 후 가스발생을 인정한 발효관은 추정시험 양성으로 하고 가스발생이 인정되지 않을 때에는 추정시험 음성으로 한다. 시험용액을 가하지 아니한 동일 희석액 1mL를 대조시험액 으로 하여 시험조작의 무균여부를 확인한다.

18 식품의 품질을 유지하기 위한 비가열살균법을 3가지 이상 기술하여라.

해답

자외선살균, 초고압살균, Ultrasonic살균, 천연항균제 처리, 플라스마살균, 오존살균

19 다음 용어의 정의 중 빈칸을 채우시오.

1. "(A)"이란 중요관리점에서의 위해요소관리가 허용범위 이내로 충분히 이루어지고 있는지 여부를 판단할 수 있는 기준이나 기준치를 말한다.
2. "(B)"이란 중요관리점에 설정된 (A)을 적절히 관리하고 있는지 여부를 확인하기 위하여 수행하는 일련의 계획된 관찰이나 측정하는 행위 등을 말한다.
3. "(C)"이란 (B) 결과 중요관리점의 (B)을 이탈할 경우에 취하는 일련의 조치를 말한다.
4. "(D)"이란 안전관리인증기준(HACCP) 관리계획의 유효성(Validation)과 실행(Implementation) 여부를 정기적으로 평가하는 일련의 활동(적용방법과 절차, 확인 및 기타 평가 등을 수행하는 행위를 포함한다)을 말한다.

해답

- A : 한계기준(Critical Limit)
- B : 모니터링(Monitoring)
- C : 개선조치(Corrective Action)
- D : 검증(Verification)

TIP 식품 및 축산물 안전관리인증기준(제2021 – 71호) 중 정의

(1) "식품 및 축산물 안전관리인증기준(Hazard Analysis and Critical Control Point, HACCP)"이란 「식품위생법」 및 「건강기능식품에 관한 법률」에 따른 「식품안전관리인증기준」과 「축산물 위생관리법」에 따른 「축산물안전관리인증기준」으로서, 식품(건강기능식품을 포함한다. 이하 같다) · 축산물의 원료 관리, 제조 · 가공 · 조리 · 선별 · 처리 · 포장 · 소분 · 보관 · 유통 · 판매의 모든 과정에서 위해한 물질이 식품 또는 축산물에 섞이거나 식품 또는 축산물이 오염되는 것을 방지하기 위하여 각 과정의 위해요소를 확인 · 평가하여 중점적으로 관리하는 기준을 말한다(이하 "안전관리인증기준(HACCP)"이라 한다).

(2) "위해요소(Hazard)"란 「식품위생법」 제4조(위해식품 등의 판매 등 금지), 「건강기능식품에 관한 법률」 제23조(위해건강기능식품 등의 판매 등의 금지) 및 「축산물 위생관리법」 제33조(판매 등의 금지)의 규정에서 정하고 있는 인체의 건강을 해할 우려가 있는 생물학적, 화학적 또는 물리적 인자나 조건을 말한다.

(3) "위해요소분석(Hazard Analysis)"이란 식품 · 축산물 안전에 영향을 줄 수 있는 위해요소와 이를 유발할 수 있는 조건이 존재하는지 여부를 판별하기 위하여 필요한 정보를 수집하고 평가하는 일련의 과정을 말한다.

(4) "중요관리점(Critical Control Point : CCP)"이란 안전관리인증기준(HACCP)을 적용하여 식품 · 축산물의 위해요소를 예방 · 제어하거나 허용 수준 이하로 감소시켜 당해 식품 · 축산물의 안전성을 확보할 수 있는 중요한 단계 · 과정 또는 공정을 말한다.

(5) "한계기준(Critical Limit)"이란 중요관리점에서의 위해요소관리가 허용범위 이내로 충분히 이루어지고 있는지 여부를 판단할 수 있는 기준이나 기준치를 말한다.

(6) "모니터링(Monitoring)"이란 중요관리점에 설정된 한계기준을 적절히 관리하고 있는지 여부를 확인하기 위하여 수행하는 일련의 계획된 관찰이나 측정하는 행위 등을 말한다.

(7) "개선조치(Corrective Action)"란 모니터링 결과 중요관리점의 한계기준을 이탈할 경우에 취하는 일련의 조치를 말한다.

(8) "선행요건(Pre – requisite Program)"이란 「식품위생법」, 「건강기능식품에 관한 법률」, 「축산물 위생관리법」에 따라 안전관리인증기준(HACCP)을 적용하기 위한 위생관리프로그램을 말한다.

(9) "안전관리인증기준 관리계획(HACCP Plan)"이란 식품 · 축산물의 원료 구입에서부터 최종 판매에 이르는 전 과정에서 위해가 발생할 우려가 있는 요소를 사전에 확인하여 허용 수준 이하로 감소시키거나 제어 또는 예방할 목적으로 안전관리인증기준(HACCP)에 따라 작성한 제조 · 가공 · 조리 · 선별 · 처리 · 포장 · 소분 · 보관 · 유통 · 판매공정 관리문서나 도표 또는 계획을 말한다.

(10) "검증(Verification)"이란 안전관리인증기준(HACCP) 관리계획의 유효성(Validation)과 실행(Implementation) 여부를 정기적으로 평가하는 일련의 활동(적용방법과 절차, 확인 및 기타 평가 등을 수행하는 행위를 포함한다)을 말한다.

(11) "안전관리인증기준(HACCP) 적용업소"란 「식품위생법」, 「건강기능식품에 관한 법률」에 따라 안전관리인증기준(HACCP)을 적용 · 준수하여 식품을 제조 · 가공 · 조리 · 소분 · 유통 · 판매하는 업소와 「축산물 위생관리법」에 따라 안전관리인증기준(HACCP)을 적용 · 준수하고 있는 안전관리인증작업장 · 안전관리인증업소 · 안전관리인증농장 또는 축산물안전관리통합인증업체 등을 말한다.

(12) "관리책임자"란 「축산물 위생관리법」에 따른 자체안전관리인증기준 적용 작업장 및 안전관리인증기준(HACCP) 적용 작업장 등의 영업자 · 농업인이 안전관리인증기준(HACCP) 운영 및 관리를 직접 할 수 없는 경우 해당 안전관리인증기준 운영 및 관리를 총괄적으로 책임지고 운영하도록 지정한 자(영업자 · 농업인을 포함한다)를 말한다.

(13) "통합관리프로그램"이란 「축산물 위생관리법」 시행규칙 제7조의3제4항제3호에 따라 축산물 안전관리통합인증업체에 참여하는 각각의 작업장 · 업소 · 농장에 안전관리인증기준(HACCP)을 적용 · 운용하고 있는 통합적인 위생관리프로그램을 말한다.

(14) "중요관리점(CCP) 모니터링 자동기록관리시스템"이란 중요관리점(CCP) 모니터링 데이터를 실시간으로 자동 기록 · 관리 및 확인 · 저장할 수 있도록 하여 데이터의 위 · 변조를 방지할 수 있는 시스템(이하 "자동기록관리시스템"이라 한다)을 말한다.

20 식품의 관능평가 시 보기의 내용을 설명하려면 어떠한 척도를 사용해야 하는지 올바른 척도의 이름을 쓰시오.

① 과일을 종류별로 분류하였다 :

② 사과를 색이 진한 순서대로 늘어놓았다 :

③ 두 개의 소금물 중 A소금물의 농도가 더 높았다 :

④ 두 개의 조미김 중 A에서 휘발성분이 2배가 높았다 :

 해답

① 과일을 <u>종류별</u>로 분류하였다 : 명목척도
② 사과를 색이 진한 <u>순서대로</u> 늘어놓았다 : 서열척도
③ 두 개의 소금물 중 A소금물의 <u>농도</u>가 더 높았다 : 등간척도
④ 두 개의 조미김 중 A에서 휘발성분이 <u>2배</u>가 높았다 : 비율척도

TIP 척도

일종의 측정도구로서, 일정한 규칙에 따라 측정 대상에 적용하는 일련의 기호나 숫자를 의미한다.
- 명목척도 : 지역, 학력, 종교 등과 같이 수(數)와는 관계없는 내용을 설정해 측정할 때 사용하는 척도이다.
- 서열척도＝순서척도 : 단순하게 순서(서열)를 구분하기 위해 만들어진 척도로 명목척도와 유사하지만, 서열척도는 순서를 정할 수 있다는 차이가 있다.
- 등간척도＝간격척도 : 명목척도나 서열척도와 달리, 측정된 자료들 간에 더하기와 빼기가 가능한 척도를 의미한다.
- 비율척도 : 등간척도의 성질과 함께 무(無)의 개념인 0값도 가지는 척도를 의미하며, 더하기, 빼기, 곱하기, 나누기 연산이 가능하다.

21 다음의 영양성분표를 보고 빈칸을 채우시오.

영 양 성 분

1회 제공량 1개(90g)
총 1회 제공량(90g)

1회 제공량당 함량		* % 영양소 기준치
열량	①	–
탄수화물	46g	②
당류	23g	–
에리스리톨	1g	
식이섬유	5g	20%
단백질	5g	8%
지방	9g	18%
포화지방	2.5g	17%
트랜스지방	0g	–
콜레스테롤	80mg	27%
나트륨	150mg	8%

* %영양소 기준치 : 1일 영양소기준치에 대한 비율

① 총열량은 얼마인가?

② 탄수화물의 %영양소 기준치는 얼마인가?

③ 식품 등의 세부표시기준에서 "저지방"의 기준은 얼마인가?

해답

① 총열량은 얼마인가?

[{탄수화물함량g − (식이섬유 + 에리스리톨)함량g} × 4kcal + (식이섬유함량g × 2kcal)

+ (에리스리톨함량g × 0kcal) + (단백질함량g × 4kcal) + (지방함량g × 9kcal)] = 열량kcal

→ [{46g − (5 + 1)g} × 4kcal] + (5g × 2kcal) + (1g × 0kcal) + (5g × 4kcal) + (9g × 9kcal) = 271kcal

※ 에리스리톨과 식이섬유를 제외한 탄수화물은 1g당 4kcal를 낸다.

영양소	1g당 열량
탄수화물	4
단백질	4
지방	9
알코올	7
유기산	3
당알코올	2.4
에리스리톨	0
식이섬유	2

② 탄수화물의 %영양소 기준치는 얼마인가?

- %영양소 기준치 = $\dfrac{제품\ 속\ 함량}{영양소\ 기준치} × 100 = \dfrac{46g}{328g} × 100 = 14\%$

- 3대 영양소의 영양소 기준치 : 탄수화물 328g, 단백질 60g, 지방 50g

③ 식품 등의 세부표시기준에서 "저지방"의 기준은 얼마인가?

식품 100g당 3g 미만 또는 100mL당 1.5g 미만일 때

22 ① 특수의료용도식품의 정의를 기술하고 ② 비타민과 무기질 등의 특정 영양소 섭취 혹은 생리활성기능증진이 목적이라면 이 식품은 특수의료용도식품이라 말할 수 있는지의 근거 여부 및 이유를 쓰시오.

해답

① 정의 : 특수용도식품이라 함은 영유아, 병약자, 노약자, 비만자 또는 임산·수유부 등 특별한 영양관리가 필요한 특정 대상을 위하여 식품과 영양성분을 배합하는 등의 방법으로 제조·가공한 것으로 조제유류, 영아용 조제식, 성장기용 조제식, 영유아용 이유식, 특수의료용도 등 식품, 체중조절용 조제식품, 임산·수유부용 식품을 말한다.

※ 22.1.1.부터 특수영양식품으로 개정 예정

 TIP 〈식약처 고시 제2021−114호, 2020.11.26〉 [시행일 : 2022.1.1]
> 10. 특수영양식품
> 특수영양식품이라 함은 영유아, 비만자 또는 임산·수유부 등 특별한 영양관리가 필요한 특정 대상을 위하여 식품과 영양성분을 배합하는 등의 방법으로 제조·가공한 것으로 조제유류, 영아용 조제식, 성장기용 조제식, 영유아용 이유식, 체중조절용 조제식품, 임산·수유부용 식품을 말한다.

② 근거 및 이유 : 특수용도식품이라 함은 영양관리가 필요한 특정한 대상에게 균형 잡히고 올바른 영양분을 공급하는 데에 목적이 있는 '식품'이다. 비타민과 무기질 등의 특정 생리활성을 증진시킬 목적의 식품은 의약품 혹은 건강기능식품으로 분류된다.

※ 특수의료용도식품 분류개편 관련 Q&A

 TIP **다음의 것은 '특수의료용도식품'에 해당하지 않음**
- 질병의 치료나 예방 목적 : 의약품
- 특정영양성분 섭취 목적(예 비타민, 무기질) : 의약품, 건강기능식품
- 생리활성 증진 목적(예 혈행개선, 노화예방, 피로해소) : 의약품, 건강기능식품
- 특정성분 강화 또는 제거(예 고칼슘, 무유당) : 건강기능식품, 일반식품(영양강조표시)
- 일반적 식습관 개선사항에 해당하는 것(예 저염, 저당) : 일반식품(영양강조표시)
- 특정성분을 함유한 일반식품(예 고등어−DHA)이 이와 관련된 질병(예 뇌질환)의 관리에 효과가 있는 것으로 표방하는 것

23 식품공전상에서는 식품을 다음과 같이 대분류, 중분류, 소분류로 나누고 있다. 해당 설명에 해당하는 분류체계명을 기입하여라.

- (A) : '제5. 식품별 기준 및 규격'에서 대분류하고 있는 음료류, 조미식품 등을 말한다.
- (B) : (A)에서 분류하고 있는 다류, 과일 · 채소류음료, 식초, 햄류 등을 말한다.
- (C) : (B)에서 분류하고 있는 농축과 · 채즙, 과 · 채주스, 발효식초, 희석초산 등을 말한다.

해답

- A : 식품군(대분류)
- B : 식품종(중분류)
- C : 식품유형(소분류)

24 다음 중 장기보존식품의 기준 및 규격에 해당하는 식품 3가지를 고르시오.

주류, 잼류, 레토르트식품, 장류(메주 제외), 당류, 냉동식품, 통 · 병조리식품, 음료류, 멸균조림류, 커피류, 엿류, 전분

해답

레토르트식품, 냉동식품, 통 · 병조리식품

25 다음의 내용은 식품공전상의 식품 멸균과 관련된 설명이다. 빈칸에 적절한 내용을 기입하여라.

〈식품공전 중 제2. 식품 일반에 대한 공통기준 및 규격〉

가) 식품 중 살균제품은 그 중심부 온도를 63℃ 이상에서 30분간 가열 살균하거나 또는 이와 동등 이상의 효력이 있는 방법으로 가열 살균하여야 하며, 오염되지 않도록 위생적으로 포장 또는 취급하여야 한다. 또한, 식품 중 멸균제품은 기밀성이 있는 용기·포장에 넣은 후 밀봉한 제품의 중심부 온도를 (A) 이상에서 (B)분 이상 멸균처리하거나 또는 이와 동등 이상의 멸균처리를 하여야 한다. 다만, 식품별 기준 및 규격에서 정하여진 것은 그 기준에 따른다.

나) 멸균하여야 하는 제품 중 (C)이하인 산성식품은 살균하여 제조할 수 있다. 이 경우 해당 제품은 멸균제품에 규정된 규격에 적합하여야 한다.

해답

- A : 120℃
- B : 4분
- C : pH 4.6

26 식품공전의 일반시험법에 따르면 칼슘에 대한 분석을 수행 후 하기의 계산식을 이용하여 칼슘을 정량할 수 있다. 이때 0.4008을 곱해 주는 이유를 쓰시오.

$$칼슘(mg/100g) = \frac{(b-a) \times 0.4008 \times F \times V \times 100}{S}$$

여기서, a : 공시험에 대한 0.02N 과망간산칼륨용액의 소비 mL수

b : 검액에 대한 0.02N 과망간산칼륨용액의 소비 mL수

F : 0.02N 과망간산칼륨용액의 역가

V : 시험용액의 희석배수

S : 검체의 채취량(g)

해답

칼슘의 정량은 0.02N 과망간산칼륨용액의 소비량을 적정하여 칼슘의 양을 역산해 주는 과정이며, 이때, 0.02N 과망간산칼륨용액 1mL는 칼슘 0.4008에 상당한다.

$$5CaC_2O_4 + 8H_2SO_4 + 2KMnO_4 \longrightarrow 2MnSO_4 + K_2SO_4 + 5CaSO_4 + 10CO_2 + 8H_2O$$

27 다음은 기구 및 용기포장 공전 중 폴리염화비닐에 대한 설명이다. 다음을 읽고 빈칸에 적절한 용어를 보기에서 찾아 채워 넣어라.

기구 및 용기포장 공전
▶ Ⅲ. 재질별 규격 ▶ 1. 합성수지제 ▶ 가. 폴리염화비닐(PVC : Poly Vinyl Chloride)
1-8 염화비닐계
가. 폴리염화비닐(PVC : Poly Vinyl Chloride)
1) 정의
　　폴리염화비닐이란 기본 중합체(Base Polymer) 중 염화비닐의 함유율이 50% 이상인 합성수지제를 말한다.
2) (A)규격

항목	규격(mg/kg)
염화비닐	1 이하
디부틸주석화합물 (이염화디부틸주석으로서)	50 이하
크레졸인산에스테르	1,000 이하

3) (B)규격

항목	규격(mg/L)
납	1 이하
과망간산칼륨소비량	10 이하
총용출량	30 이하 (다만, 침출용액이 n-헵탄인 경우 150 이하)
디부틸프탈레이트	0.3 이하
벤질부틸프탈레이트	30 이하
디에틸헥실프탈레이트	1.5 이하
디-n-옥틸프탈레이트	5 이하
디이소노닐프탈레이트 및 디이소데실프탈레이트	9 이하 (합계로서)
디에틸헥실아디페이트	18 이하

[보기]

표준, 정량, 용출, 추출, 잔류

해답

- A : 잔류
- B : 용출

28 다음은 식품위생법에 따른 식품영업에 종사하지 못하는 질병의 종류에 대한 시행규칙이다. 다음의 빈칸을 채워 넣어라.

〈식품위생법 시행규칙〉
제50조(영업에 종사하지 못하는 질병의 종류)
법 제40조제4항에 따라 영업에 종사하지 못하는 사람은 다음의 질병에 걸린 사람으로 한다.
1. 「감염병의 예방 및 관리에 관한 법률」 제2조제3호가목에 따른 (①)(비감염성인 경우는 제외한다)
2. 「감염병의 예방 및 관리에 관한 법률 시행규칙」 제33조제1항 각 호의 어느 하나에 해당하는 감염병
3. (②) 또는 그 밖의 (③)
4. (④)(「감염병의 예방 및 관리에 관한 법률」 제19조에 따라 성매개감염병에 관한 건강진단을 받아야 하는 영업에 종사하는 사람만 해당한다)

해답

① 결핵
② 피부병
③ 고름형성(화농성) 질환
④ 후천성면역결핍증

29 식품위생법상 의사나 한의사가 식중독 환자를 진단하였을 때 지체 없이 보고해야 하는 관할
대상을 쓰시오.

해답

시장 · 군수 · 구청장

> **식중독 발생원인 조사절차에 관한 규정**
> 제2장 식중독 보고 등
> 제4조(식중독 환자 등의 보고 및 신고)
> ① 「식품위생법」(이하 "법"이라 한다) 제86조제1항에 해당하는 의사, 한의사 및 집단급식소 설치 ·
>   운영자는 특별자치시장 · 시장(「제주특별자치도 설치 및 국제자유도시 조성을 위한 특별법」에
>   따른 행정시장을 포함한다. 이하 이 조에서 같다) · 군수 · 구청장(이하 "시장 · 군수 · 구청장"이
>   라 한다)에게 식중독 발생 또는 의심 사실을 보고하여야 한다.
> ② 식중독 환자 등 본인 및 그 보호자도 관할 시장 · 군수 · 구청장에게 식중독 발생 또는 의심 사
>   실을 신고할 수 있다.

30 생물테러감염병 또는 치명률이 높거나 집단 발생의 우려가 커서 발생 또는 유행 즉시 신고
하여야 하고, 음압격리와 같은 높은 수준의 격리가 필요한 ① 감염병의 구분과 ② 해당하는
감염병의 이름을 세 가지 이상 기술하여라.

해답

① 제1급 감염병
② 에볼라바이러스병, 마버그열, 라싸열, 크리미안콩고출혈열, 남아메리카출혈열, 리프트밸리열,
  두창, 페스트, 탄저, 보툴리눔독소증, 야토병, 신종감염병증후군, 중증급성호흡기증후군
  (SARS), 중동호흡기증후군(MERS), 동물인플루엔자 인체감염증, 신종인플루엔자, 디프테리아

03 2022년 신유형 기출복원문제

01 온도 및 시간 관리를 하지 않으면 식중독을 유발할 수 있는 식품을 잠재적 위해식품이라 한다. 이러한 식품에 해당하는 수분활성도와 pH 조건은?

해답

잠재적위해식품(PHF, Potentially Hazardous Food)
• 수분활성도 : Aw 0.85 이상
• pH 조건 : 4.6 이상
※ 단백질이나 탄수화물의 함량이 높은 식품이 잠재적 위해식품으로 해당된다.

02 크로마토그래피는 여러 분류 방법이 있는데 그중 이동상에 따라 분류하는 크로마토그래피 3가지를 작성하시오.

①
②
③

해답

• 액체크로마토그래피(LC)
• 기체크로마토그래피(GC)
• 초임계유체크로마토그래피(SFC)

03 아래 그림은 크로마토그래피에서 이동상의 유속과 HETP와의 관계를 나타낸 Van Deemter 식이다. 이 중 질소, 헬륨, 수소 중 운반효율이 높은 가스를 고르고 그래프와 연관 지어 설명하시오.

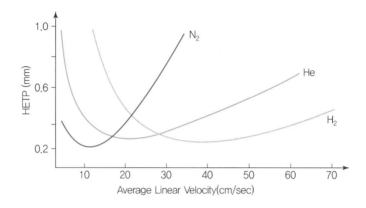

해답

운반기체(Carrier gas)는 HETP가 낮을수록, 유속범위가 넓을수록 분리효율이 좋다. 수소는 질소보다 넓은 유속범위를 갖고 있고, 최저 HETP에서 헬륨보다 유속이 빨라 분리효율이 가장 좋다.

04 미생물의 생육곡선 중 대수기를 간략히 설명하고, 그 특성에 대하여 서술하시오.

[해답]

- 유도기(Lag Phase, Induction Period)
  - 미생물이 증식을 준비하는 시기
  - 효소, RNA는 증가, DNA는 일정
  - 초기접종균수를 증가하거나 대수증식기균을 접종하면 기간이 단축
- 대수기(Logarithmic Phase)
  - 대수적으로 증식하는 시기
  - RNA 일정, DNA 증가
  - 세포질 합성 속도와 세포 수 증가속도가 비례
  - 세대시간, 세포의 크기 일정
  - 생리적 활성이 크고 예민
  - 증식속도는 영양, 온도, pH, 산소 등에 따라 변화
- 정지기(Stationary Phase)
  - 영양물질의 고갈로 증식 수와 사멸 수가 같음
  - 세포 수 최대
  - 포자형성시기
- 사멸기(Death Phase)
  - 생균 수보다 사멸균 수가 많아짐
  - 자기소화(Autolysis)로 균체분해

05 초기수분함량 87.5%인 당근 5,000kg을 습량기준 4%로 건조하고자 한다. ① 건조 전 당근의 고형분 무게(kg), ② 건조 후 남은 수분의 무게(kg), ③ 증발시키는 수분의 무게(kg)를 구하시오.

[해답]

① 건조 전 당근의 고형분 무게(kg)

$5,000 \times (100 - 87.5 / 100) = 625(kg)$

② 건조 후 남은 수분의 무게(kg)
  • 건조 후 수분함량 4% 당근의 총 무게
    고형분 무게 : $x \times (100 - 4 / 100) = 625$
    $x = 651.04$
  • 건조 후 수분의 무게 : $651.04 - 625 = 26.04$(kg)
③ 증발시키는 수분의 무게(kg)
    $5,000 - 651.04 = 4,348.96$(kg)

06 10% 소금물 50kg을 농축하여 20%로 만들 때 증발시킬 물의 양을 구하시오.

해답

$0.1 \times 50 = 0.2(50 - x)$
$5 = 10 - x$
$x = 5$(kg)

07 아래의 보기에서 설명하는 식중독 세균에 대하여 서술하시오.

분리배양된 평판배지상의 집락을 보통한천배지 또는 Tryptic Soy 한천배지에 옮겨 35~37℃에서 18~24시간 배양한다. 그람염색을 실시하여 포도상의 배열을 갖는 그람양성 구균을 확인한 후 Coagulase시험을 실시하며 24시간 이내에 응고유무를 판정한다. Coagulase양성으로 확인된 것은 생화학 시험을 실시하여 판정한다.

해답

추정세균 종속명 (한글 또는 영명으로 작성)	황색포도상구균(*Staphylococcus aureus*)
독성에 대해 서술 (독소를 포함하여 작성)	70℃에서 2분 정도 가열하면 균은 거의 사멸되나, 장독소(Enterotoxin)는 내열성이 강해 121℃에서 8~16분 가열해야 파괴됨
예방방법	• 음식을 다루기 전후 모두 손과 손톱 밑을 물과 비누로 깨끗이 씻기 • 감기에 걸린 사람은 반드시 마스크를 착용하고 음식을 조리 • 손에 상처가 났거나 피부에 화농성 질환(고름)이 있을 때는 음식을 다루지 말기 • 육류, 닭고기, 생선을 구입할 때 각각 비닐에 넣어 다른 식품과 접촉하지 않기

08 포도당 당량(D.E ; Dexrose Equivalent)값은 전분의 가수분해 정도를 표시하는 수치로서
A는 40, B는 97이다. 아래 괄호 안에 알맞게 배열하여 완성하시오.

① 감미도 : (　　) > (　　)

② 점　도 : (　　) > (　　)

③ 결정성 : (　　) > (　　)

해답

① 감미도 : (A) > (B)
② 점　도 : (A) > (B)
③ 결정성 : (A) > (B)

 전분당의 D.E 값과 성질

종류	수분(%)	D.E	감미도	점도	흡습성	결정성	용액의 동결점	평균 분자량
결정포도당	8.5~10	99~100	높다	낮다	적다	크다	낮다	적다
정제포도당	10 이하	97~98						
액상포도당	25~30	55~80						
물엿	16	35~50						
분말물엿	5 이하	25~40	낮다	높다	크다	낮다	높다	크다

09 환상의 비환원성 전분유도체인 사이클로덱스트린은 소수성 내부와 친수성 외부를 가진 구조적 특성으로 식품 가공에서 다양하게 활용된다. 사이클로덱스트린의 특성과 사용 효과에 대하여 기술하시오.

해답

사이클로덱스트린은 glucopyranose 단위가 α-1,4결합을 하여 링구조를 하고 있으며, −OH기가 링 밖으로 위치하여 링 외부는 친수성 특성을 하고 있고, 링 내부는 소수성 특성을 하고 있는 물질이다.
- 구조적 특성을 이용한 다양한 성분의 안정성 향상
- 좋지 않은 맛, 바람직하지 않은 성분의 감소
- 식품의 물성 및 텍스쳐 향상

10 대장균 15개/mL가 20분마다 분열한다고 할 때 2시간 동안 배양한 후 최종 세포수는?

해답

- 세대수 $= \dfrac{배양시간}{세대시간}$
- 최종균수 $=$ 초기균수 $\times 2^n$

  (2hr → 120min)

  세대수 $= \dfrac{120\text{min}}{20\text{min}} = 6$

  최종세포수 $= 15 \times 2^6 = 960$ 개

11 식품의 저장방법 중 CA 저장법은 온도 및 습도와 기체의 조성을 조절하여 신선도를 유지시키는 방법이다. CA 저장법의 특징에 대하여 설명하시오.

해답

저장 공간의 가스 조정을 통해 호흡을 억제시켜 신선도를 유지하는 저장법이다. 산소농도는 1~5%로 낮추고, 이산화탄소 농도는 2~10%로 높여 저장하며, 온도는 보통 0~8℃에서 저장한다.

12 아래는 비누화값에 대한 설명이다. 빈칸을 채워 문장을 완성하시오.

① 비누화값은 유지 (A) 의 유리산의 중화 및 에스테르의 검화에 필요한 (B)의 mg수이다.
② 비누화값이 작은 지방은 분자량이 (C 크며 / 작으며), (D 고급 / 저급)지방산의 에스테르이다.

해답

A : 1g   B : 수산화칼륨   C : 크며   D : 고급

13 HPLC 분리 방법에 따라 분류할 때 분배크로마토그래피에 대한 설명이다. 고정상과 이동상에 물질에 따라 용출 특성이 다른데 이 원리를 빈칸에 알맞게 기재하시오.

• Normal phase(순상) 크로마토그래피는 극성 고정상에 비극성 이동상을 사용하며 (①)의 이동상이 먼저 용출된다.

- Reversed Phase(역상) 크로마토그래피는 비극성 고정상에 극성 이동상을 사용하며 (②)의 이동 상이 먼저 이동한다.

해답

① 소수성
② 친수성

14 다음 중 중성지질에 대한 설명으로 틀린 것을 고르시오.

① 중성지질은 여러 개의 녹는점과 끓는점이 있다.

② 중성지질은 글리세롤 1분자와 지방산 3분자가 ester결합이 되어 있다.

③ 포화지방산은 탄소수가 증가할수록 융점이 높다.

④ 천연유지의 불포화지방산의 이중결합은 대부분 −cis형이다.

⑤ 다가불포화지방산의 이중결합은 공액형이라 산화되기 어렵다.

해답

⑤
※ 다가불포화지방산의 이중결합은 비공액형으로 산화되기 쉽다.

15 단백질은 화학적 조성에 따라 단순단백질, 복합단백질, 유도단백질로 분류된다. 아래 보기를 보고 알맞게 분류하시오.

펩톤, 인단백질, 당단백질, 젤라틴, 프롤라민, 알부민

① 단순단백질 :
② 복합단백질 :
③ 유도단백질 :

해답

① 단순단백질 : 프롤라민, 알부민
② 복합단백질 : 인단백질, 당단백질
③ 유도단백질 : 펩톤, 젤라틴

16 식중독 역학조사에서 유행곡선으로부터 특정질병의 잠복기, 잠복기 분포를 이용한 질병 과정, 유행의 규모를 추정할 수 있다. 이 때 잠복기에 따른 식중독의 유행곡선의 관계를 간략히 설명하시오.

해답

식중독은 잠복기가 짧아 유행곡선이 가파르고, 감염병은 잠복기가 길어 상대적으로 완만하다.

17 단백질은 아미노산 중합체가 단일 혹은 복수 결합하여 형성된 것이다. 단백질의 1, 2, 3, 4차 구조에 대하여 간단히 기술하시오.

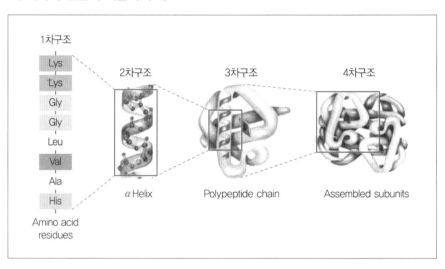

해답

구분	특징	관여하는 결합	예시
1차구조	폴리펩타이드 사슬 내 아미노산의 선형 배열	펩타이드 결합 (공유결합)	• 라이신 • 글라이신 • 발린 • 히스티딘 등
2차구조	폴리펩타이드가 α-helix이나 β-pleated Sheet 으로 접힌 모양	수소결합	
3차구조	2차구조의 폴리펩타이드가 구부러지거나 접혀 입체를 형성	• S-S결합 • 수소결합	
4차구조	3차구조의 폴리펩타이드가 2개 이상 모여 복합체 형성	• 이온결합 • 소수성 상호작용	헤모글로빈

18 다당류는 그 조성에 따라 단순다당류와 복합다당류로 나뉜다. 각각에 대한 정의를 쓰고 보기에 있는 예를 빈칸에 알맞게 적으시오.

전분, 펙틴

• 단순다당류

• 복합다당류

해답

분류	정의	예
단순다당류	구성단당류가 한 종류로 이루어진 다당류	전분
복합다당류	구성단당류가 두 가지 이상으로 이루어진 다당류	펙틴

19 식품 산업에서 이용되는 여과살균 방법 중 Membrane Filter의 장점을 기술하시오.

해답

연속조작(자동화)이 가능하고, 화학약품 사용이 적고 설비 증설이 간단하다.

20 아래 표는 FAO 표준 단백질과 쌀 단백질의 아미노산의 조성을 나타낸 것이다. 쌀 단백질의 제한 아미노산은 무엇이며 아미노산가는 얼마라고 평가되는지 쓰시오.

[단위 : mg]

구분	아이소류신	류신	라이신	황함유 아미노산	페닐알라닌 +타이로신	트레오닌	트립토판	발린
표준 단백질	270	306	270	270	180	180	90	270
쌀단백질	280	520	210	270	670	220	80	370

해답

제한 아미노산 : 라이신

$$아미노산가(價) = \frac{1g의\ 식품\ 단백질\ 중\ 제1제한\ 아미노산의\ mg}{1g의\ 기준\ 단백질\ 중\ 동일한\ 아미노산의\ mg} \times 100$$

아미노산가(價) : 210mg / 270mg×100＝77.777＝77.78

21 식품의 보존성을 높이는 가공 방법 중 동결건조방법을 물의 상평형도를 들어 설명하고, 장단점을 간단히 쓰시오.

해답

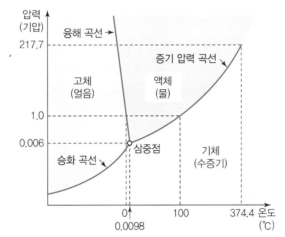

물의 삼중점을 응용한 방법으로 식품을 −30〜−40℃에서 급속동결시킨 후 감압을 통해 0.1〜 1.0기압의 진공에서 기체상태의 증기로 승화시켜 수분을 제거하는 방법이다(빙결정 승화).

구분	동결건조
장점	• 맛과 향 등 미량영양소의 변화 최소화 • 영양성분의 손실 최소화 • 식품의 외관을 그대로 유지해 재용해성이 뛰어나므로 고품질의 건조물 생산가능
단점	• 설비비용 및 운영비용이 높음 • 열풍건조에 비하여 건조시간이 긺

22 식품의 관능적 요소 중 Texture의 정의를 쓰고, Texture의 기계적 특성 중 1차적 특성과 2차적 특성을 보기를 이용하여 분류하시오.

① Texture 정의 :

② Texture의 기계적 특성 중 1차적 특성과 2차적 특성

　　　• 견고성　　　　　• 응집성　　　　　• 저작성
　　　• 파쇄성　　　　　• 점착성　　　　　• 점성

해답

① Texture 정의 : 음식물을 입안에서 씹을 때 작용하는 힘과 조직 간의 상호관계에서 느껴지는 복합적, 기계적 감각, 음식을 먹을 때 입안에서 느껴지는 감촉

② Texture의 기계적 특성 중 1차적 특성과 2차적 특성

1차적 특성	2차적 특성
견고성	저작성
응집성	파쇄성
점성	점착성

TIP Texture 특성의 분류

구분	1차적 특성	2차적 특성	일반적인 표현
기계적 특성	• 견고성(Hardness) • 응집성(Cohesiveness) • 점성(Viscosity) • 탄성(Elasticity) • 부착성(Adhesiveness)	• 파쇄성(Brittleness) • 저작성(Chewiness) • 점착성(Gumminess)	• 부드럽다 → 단단하다 → 딱딱하다 • 부스러지다 → 깨지다 • 연하다 → 쫄깃쫄깃하다 → 질기다 • 바삭바삭하다 → 풀같다 → 껌같다 • 묽다 → 진하다 → 되다 • 탄력이 없다 → 말랑말랑하다 • 미끈미끈하다 → 끈적끈적하다
기하학적 특성	• 입자의 크기와 형태 • 입자의 형태와 결합 상태		• 꺼칠하다, 보드랍다 • 거칠다, 뻣뻣하다
기타 특성	• 수분 함량 • 지방 함량	• 기름기가 있는(Oilness) • 미끈미끈한(Greasiness)	• 마르다 → 촉촉하다 → 물기가 있다 • 기름지다 • 미끈미끈하다

23 아래 그림은 세균 배양에 이용되는 도구를 나타낸 것이다. 각 도구의 용도에 대하여 간략히 설명하시오.

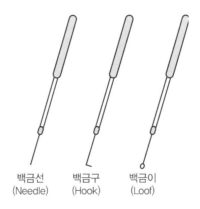

백금선   백금구   백금이
(Needle)   (Hook)   (Loof)

① 백금선

② 백금구

③ 백금이

해답

① : 고층 배지의 천자 배양, 혐기적균을 배양할 때 사용

② : 곰팡이 포자 접종 및 이식할 때 사용

③ : 액체, 고체, 평판배지 미생물을 이식 및 도말할 때 사용

24 세균 수 4×10^5 유도기 없이 증식 6시간(h) 내 3.68×10^7개로 늘어났으나 정지기에 도달하지 않았다. 이 세균의 평균 세대시간(min)을 쓰시오. ($\log 2 = 0.3010$, $\log 3.68 = 0.5658$, $\log 4 = 0.6021$로 계산한다.)

해답

$$세대수(n) = \frac{\log b - \log a}{\log 2} = \frac{\log \frac{b}{a}}{\log 2}$$

$$세대시간(g) = \frac{t}{n} = \frac{t\log 2}{\log b - \log a}$$

$$세대시간(g) = \frac{t\log 2}{\log b - \log a} = \frac{6\log 2}{(\log(3.68 \times 10^7) - \log(4 \times 10^5))}$$

$$= \frac{6\log 2}{(\log 3.68 + 7 - \log 4 - 5)} = \frac{6 \times 0.3010}{(0.5658 + 7 - 0.6021 - 5)}$$

$$= 0.919692417h$$

여기서, a : 초기균수 b : 나중균수

        t : 배양시간 n : 세대수

문제에서 요구사항은 min이므로 단위 맞추기

$$0.91962417h \times \frac{60min}{1h} = 55.18min$$

---

25 아래 그래프는 미생물의 증식곡선이다. 빈칸(A, B, C, D)을 채우고 각 단계별 특징에 대하여 설명하시오.

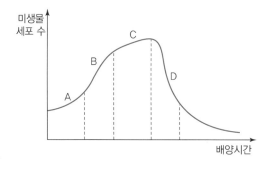

해답

- A : 유도기(Lag Phase, Induction Period)
  - 미생물이 증식을 준비하는 시기
  - 효소, RNA는 증가, DNA는 일정
  - 초기접종균수를 증가하거나 대수증식기균을 접종하면 기간이 단축
- B : 대수기(Logarithmic Phase)
  - 대수적으로 증식하는 시기
  - RNA 일정, DNA 증가
  - 세포질 합성 속도와 세포 수 증가속도가 비례
  - 세대시간, 세포의 크기 일정
  - 생리적 활성이 크고 예민
  - 증식속도는 영양, 온도, pH, 산소 등에 따라 변화
- C : 정지기(Stationary Phase)
  - 영양물질의 고갈로 증식 수와 사멸 수가 같음
  - 세포 수 최대
  - 포자형성시기
- D : 사멸기(Death Phase)
  - 생균 수보다 사멸균 수가 많아짐
  - 자기소화(Autolysis)로 균체분해

---

26 소비기한 설정실험 방법 중 가속실험의 실험조건과 가속실험의 대상조건은?

해답

- 가속실험의 실험조건 : 실제 보관 조건이나 유통조건보다 가혹한 조건에서 실험하여 단기간에 제품의 소비기한을 예측하는 것으로 실제 보관 또는 유통온도와 최소 2개 이상의 비교 온도에 저장하면서 실험
- 가속실험의 대상조건 : 소비기한 3개월 이상 설정 제품에 적용

27 다음은 영양성분에 대한 세부표시기준 중 탄수화물에 대한 설명이다. 빈칸을 채우시오.

① 탄수화물은 (A)를 구분하여 표시하여야 한다.

② 탄수화물의 단위는 그램(g)으로 표시하되, 그 값을 그대로 표시하거나 그 값에 가장 가까운 1g 단위로 표시하여야 한다. 이 경우 1g 미만은 (B)으로, 0.5g 미만은 (C)으로 표시할 수 있다.

③ 탄수화물의 함량은 식품 중량에서 (D), (E), (F), 및 (G)의 함량을 뺀 값을 말한다.

해답

① A : 당류

② B : 1g 미만 　 C : 0

③ D : 단백질 　 E : 지방 　 F : 수분 　 G : 회분

04 2023년 신유형 기출복원문제

01 버섯의 생활사 중 다음 빈칸의 내용을 기재하시오.

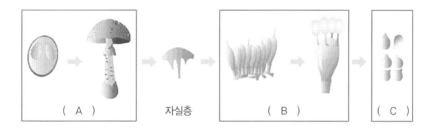

(A)   자실층   (B)   (C)

해답

① A : 자실체
② B : 담자기
③ C : 담자포자

02 소비기한과 품질유지기한의 정의를 쓰시오.

해답

① 소비기한 : 식품에 표시된 보관방법을 준수할 경우 섭취하여도 안전에 이상이 없는 기한
② 품질유지기한 : 식품의 특성에 맞는 적절한 보존방법이나 기존에 따라 보관할 경우 해당식품 고유의 품질이 유지될 수 있는 기한

03 다음 중 잘못된 문항을 고르고 이유를 작성하시오.

> ① 참깨에 존재하는 생리활성물질 중 리그난은 세사민, 세사몰린이 있으며 그 중 세사민이 가장 많은 함유량을 보인다.
> ② 참기름을 볶거나 착유하는 과정에서 열에 의해 세사몰린이 세사몰로 분해, 생성된다.
> ③ 토코페롤은 지용성 항산화물질로 α – Tocopherol, β – Tocopherol, γ – Tocopherol, δ – Tocopherol 로 분류된다.
> ④ 콩의 생리활성물질 중 이소플라본은 화학적 구조에 따라 배당체(glycoside), 비배당체(aglycone)로 구분된다.
> ⑤ 양파에는 플라보노이드계 배당체인 quercetin을 함유하고, quercetin의 배당체인 rutein이 생리활성작용을 한다.

해답

⑤

※ 퀘르세틴의 배당체는 루테인이 아닌 루틴이다.

04 아질산나트륨의 식품첨가물 용도와 화학식을 쓰시오.

해답

• 용도 : 보존료, 발색제
• 화학식 : $NaNO_2$

05 다음은 RNA에 관한 설명이다. 각 설명에 알맞도록 괄호를 채우시오.

① (　　　) : 유전정보를 전사하여 핵 밖으로 전달

② (　　　) : 합성에 필요한 아미노산을 리보솜이 있는 장소로 운반

③ (　　　) : 리보솜을 구성하여 단백질 합성에 관여

해답

① mRNA
② tRNA
③ rRNA

06 다음은 등온탈습곡선을 나타낸 것이다. 아래 그림에서 Type Ⅰ, Ⅱ, Ⅲ 중 단백질 함량이 높은 식품의 유형을 적고, 그 특성에 대하여 간단히 기술하시오.

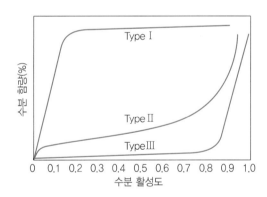

해답

Type Ⅰ, 높은 단백질 함량으로 인해 수화가 빠르게 되어 초기에 가파르게 올라간다.

07 1급 발암물질인 포름알데히드(포르말린)가 용출되는 열경화성 수지를 2가지만 적으시오.

①

②

해답

- 멜라민 수지
- 페놀 수지

 ① 열경화성수지 : 열을 가해도 형태가 변하지 않는 수지로 단단하고 내열성, 내용제성, 내약품성
이 좋다. 멜라민 수지, 페놀 수지, 요소 수지가 있다.
② 열가소성수지 : 열을 가하여 성형한 뒤에도 다시 열을 가하면 형태를 변형시킬 수 있는 수지로
내열성, 내용제성은 약한 편이다. 전체 합성수지의 생산량의 대부분을 차지한다.

〈식약처 고시 제2022-97호, 2022. 12. 29, 개정〉
우리나라 식품위생법에서는 기구 및 용기 · 포장의 재질별 규격에 따라 페놀수지, 멜라민수지, 요소
수지, 폴리아세탈, 고무제, 종이제, 전분제의 포름알데히드의 용출 규격을 4.0mg/L이하로 규정해
관리하고 있다.

08 관능적으로 인지하는 개념인 색깔을 체계적으로 분류한 Mucsell의 색 체계 3요소에 대한
설명에 맞게 빈칸을 채우시오.

① (　　　) : 빨강, 노랑, 초록, 파랑, 보라 5가지 색과 그 중간색인 주황, 연두, 청록, 남색, 자주 5가지
색을 합쳐서 총 10가지 색으로 구분한다.

② (　　　) : 검은색(0)과 흰색(10)을 구분하여 1부터 9 사이의 무채색 단계로 표현한다.

③ (　　　) : 색의 순도를 나타내는 것으로, 색의 강도를 표현한다.

해답

① 색상
② 명도
③ 채도

09 마요네즈를 만들 때, 계란 노른자의 역할에 대해 표면장력을 이용하여 설명하시오.

해답

유화제는 물과 기름 등 섞이지 않는 두 가지 또는 그 이상의 상(Phases)을 균일하게 섞어준다. 유화제는 용액 속의 계면에 흡착해 분산상을 안정화하고 상분리를 방해하며 표면장력을 감소시킨다. 유화된 입자가 작을수록, 계면 면적은 증가한다. (레시틴, 에스테르)

10 2024년 1월 1일부터 소비기한 표시제도가 전면 시행되었다. 내용에 맞게 아래 빈칸을 채우시오.

① 유통기한은 품질안전한계기준의 60~70%로 설정한 것이고, 소비기한은 품질안전한계기준의 (　　　)로 설정한 것이다.

② 품질안전한계기간은 다양한 변수로 인해 이상적인 조건을 유지하기 어려우므로 이를 고려해 (　　　)의 안전계수를 적용하여 소비기한을 설정해야 한다.

해답

① 80~90%
② 1 미만

11 두유를 가열할 때 소포제인 식용유를 사용하여 포말을 제거한다. 이때, 식용유가 아닌 레시틴을 사용할 때 나타나는 현상을 간단히 기술하시오.

해답

레시틴은 유화제로 쓰이며 표면장력을 감소시켜 거품의 안정성을 높이므로 포말이 제거되지 않는다.

12 돈육장조림 통조림 가열 살균 시 필요한 F_0 값은 5.5분으로 알려져 있다. 이 통조림을 113℃에서 살균한다면 적합한 가열처리시간은 얼마인지 구하시오(단, z값은 10℃로 가정한다).

해답

$$F_0 = F_T \times 10^{\frac{T - 121.1℃}{z}}$$

여기서, z : 가열치사시간을 90% 감소시키기 위해 상승시켜야 하는 온도

$\qquad$ F_T : 일정온도(T)에서 미생물을 100% 사멸시키기 위해 필요한 시간

$\qquad$ F_0 : 121.1℃(250°F)에서 미생물을 100% 사멸시키기 위해 필요한 시간

$$5.5\text{min} = F_{113} \times 10^{\frac{(113 - 121.1)℃}{10℃}} = F_{113} \times 10^{-0.81}$$

$$F_{113} = \frac{5.5\text{min}}{10^{-0.81}} = 35.5109826\text{min}$$

$$\therefore 35.51분$$

13 저메톡실 펙틴젤리를 만들때 망상구조(Salt Bridge) 형성을 용이하게 하기 위하여 사용하는 첨가물을 아래 보기에서 고르시오.

- 탄산수소나트륨   • 니켈   • 수소
- 칼슘   • 소금

해답

칼슘

> **TIP** Ca^{2+}, Mg^{2+} 등의 다가이온이 산기와 결합하여 망상구조를 형성한다.

14 저항전분(Resistant Starch, RS)의 분류 중 제3형 저항전분의 생성원리를 쓰시오.

해답

물리적으로 노화시키거나 화학적 결합을 통해 생성한다.

> **TIP** 저항전분
> • 제1형 저항전분 : 물리적으로 Amylase 등 효소가 접근이 불가능하여 소화가 어려운 전분
> • 제2형 저항전분 : 결정성 구조를 갖는 생 전분
> • 제3형 저항전분 : 노화 과정을 통해 생성된 전분
> • 제4형 저항전분 : 화학적으로 변성된 전분

15 식품 가공 기술 중 열처리는 가공 중 다양한 품질 변화를 야기한다. 이 때 옳지 않은 것을 고르고, 그 이유에 대해 간단히 기술하시오.

① 설탕은 가열할 때 Caramelization이 일어나며 검정색을 띤다.

② 채소를 65~75℃로 가열하면 RNA가 효소에 의해 가수 분해되어 GMP가 생성되며 감칠맛이 증가한다.

③ Maillard Reaction은 조리과정 중 볶음향, 캐러멜향 등의 향기 성분을 형성하며 갈색을 띤다.

④ 지질을 가열하면 조리과정 중 황 함유 휘발성분을 생성하며 산패취가 발생한다.

⑤ 양파와 마늘 가열하면 다양한 di, tri, poly−sulfides의 풍미성분이 생성된다.

해답

- 정답 : ④
- 이유 : 황(S)은 단백질 구성 성분으로 지질을 가열해도 함황 휘발성분이 생성되지 않는다.

16 제조과정과 연관효소끼리 선을 이으시오.

자당→포도당+과당	아밀라아제
과산화수소	카탈라아제
전분→덱스트린, 콘시럽	포도당 산화효소
포도당 정량	펙틴 분해효소
주스 청징	인버타아제

해답

자당→포도당+과당	아밀라아제
과산화수소	카탈라아제
전분→덱스트린, 콘시럽	포도당 산화효소
포도당 정량	펙틴 분해효소
주스 청징	인버타아제

17 Maillard Reaction에 있어 당의 종류에 따라 반응성이 다르다. 아래 보기 중 갈변속도가 빠른 순서대로 나열하시오.

- mannose
- sucrose
- ribose
- galactose

해답

ribose > galactose > mannose > sucrose
오탄당이 육탄당에 비해 갈변속도가 빠르다.

18 0.04M NaOH 500mL일 때 다음을 구하시오.

① 퍼센트농도(w/v%)를 구하시오(NaOH 몰질량 : 40g/mol).
② mg%농도를 구하시오.

해답

① 몰농도＝mol/L＝x mol / 0.5L＝0.04M
   따라서, 0.04M 0.5L에 들어있는 NaOH의 mol＝0.02mol
   0.02mol NaOH의 질량＝0.02mol×40g/mol＝0.8g
   (w/v%)＝용질 g / 용액 mL×100＝0.8g / 500mL×100＝0.16%(w/v%)
② mg%농도＝용질 mg / 용액 100mL×100＝800mg / 500mL×100
   ＝ 160mg / 500mL×100＝160mg%

19 계면활성제의 친수성 및 소수성 정도를 나타내는 지표인 HLB값이 있다. 이를 S(지방산의 산가), A(ester의 비누화값)를 이용하여 공식을 작성하고, HLB값을 통해 분자의 특성이 어떤지 간단히 설명하시오.

해답

- 공식 : $20 \times [1 - (S/A)]$
- 분자의 특성 : 값이 작을수록 친유성이 강하고, 값이 클수록 친수성이 강함을 의미한다.

20 가스크로마토그래피(GC)는 혼합물을 각각의 성분으로 분리하여 정성·정량분석을 하는 장비이다. 여기에 사용되는 운반기체와 역할을 간단히 기술하시오.

해답

- 운반기체 : 수소, 헬륨, 질소, 아르곤 등
- 역할 : 시료들을 주입구부터 컬럼을 통과해 검출기로 이동시켜주는 역할

21 대장균군의 정성시험 중 유당배지법의 3단계를 기재하고 각 단계에서 사용되는 배지명을 쓰시오.

해답

구분	시험	배지
1단계	추정	유당배지
2단계	확정	BGLB 배지, Endo / EMB배지
3단계	완전	보통한천배지

22 40%w/w 포도당 용액의 수분활성도를 구하시오(포도당 분자량 180g/mol).

해답

- 40% 포도당＝40% 포도당＋60% 수분
- 포도당 분자량 : 180g/mol, 물 분자량 : 18g/mol

$$\frac{\dfrac{60}{18}}{\dfrac{60}{18}+\dfrac{40}{180}}=0.94$$

$$\therefore \text{수분활성도}(\text{Aw})=\frac{\text{용매의 몰수}(\text{Nw})}{\text{용매의 몰수}(\text{Nw})+\text{수용성 용질의 몰수}(\text{Ns})}$$

23 건강기능식품은 건강을 유지하는 데 도움을 주는 식품이다. 「건강기능식품에 관한 법률」 에 따라 일정 절차를 거쳐 만들어지는데, 일상식사에서 부족한 비타민과 무기질을 보충하는 것과는 달리 개별 기준규격이 존재하는 영양성분 5가지를 기재하시오.

①

②

③

④

⑤

해답

- 비타민A
- 칼슘, 마그네슘 등
- 단백질
- 식이섬유
- 필수지방산

24 0.03mm HDPE필름을 투습컵법에 따라 투습도를 측정하였는데 온도40±1℃, 습도90± 2℃, 풍속 1m/s이다. 항온항습실에서 실험할 때 투습면적은 28.20cm², 24시간 동안의 투습량은 26.80mg이다. 이 때, 투습도(g/m²/24h)를 구하시오.

해답

투습도 산출

$$\frac{10 \times 26.8\text{mg}}{28.20\text{cm}^2} = 9.50\text{g/m}^2/24\text{h}$$

> **TIP** 투습량 공식
>
> $$P = \frac{10 \times (a_2 - a_1)}{S}$$
>
> P : 투습도[g/(m² · h)]
> $a_2 - a_1$: 시험체의 단위시간당 질량 변화량(mg/h)
> S : 투습 면적(cm²)

25 HACCP 7원칙 중 중요관리점(CCP)을 결정할 때 결정도를 이용한다. 아래 그림에서 위해평가 결과 CCP에 알맞게 결정된 번호를 모두 고르시오.

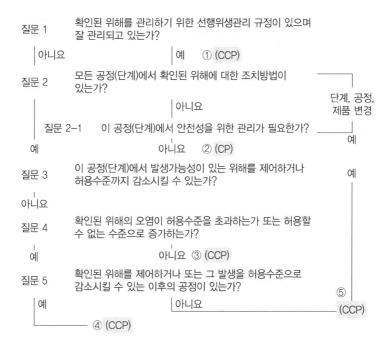

해답

②, ⑤

26 다음은 영양성분 세부표시기준 중 콜레스테롤에 대한 설명이다. 빈칸에 들어갈 말을 채우시오.

영양정보	총 내용량 00g 000kcal
총 내용량당	1일 영양성분 기준치에 대한 비율
나트륨 00mg	00%
탄수화물 00mg	00%
당류 00mg	00%
지방 00mg	00%
트랜스지방 00mg	
포화지방 00mg	00%
콜레스테롤 00mg	00%
단백질 00mg	00%

1일 영양성분 기준치에 대한 비율(%)은 2,000kcal 기준이므로 개인의 필요 열량에 따라 다를 수 있습니다.

콜레스테롤의 단위는 미리그램(mg)으로 표시하되, 그 값을 그대로 표시하거나 그 값에 가장 가까운 5mg 단위로 적어야 한다. 5mg 미만은 (A), 2mg 이하일 경우 (B)으로 표시할 수 있다.

해답

- A : 5mg 미만
- B : 0

27 Heterocyclic amines, HCAs은 육류나 생선을 고온 가열조리 시 열분해에 생성되는 유해물질이다. 이 물질이 발생될 때 단백질, 수분 함량과 연관 지어 간략히 설명하시오.

해답

단백질 함량에 비례, 수분 함량에 반비례

식품기사 실기 필답형
핵심이론 및 기출 333제

발행일 | 2020. 7. 10   초판 발행
          2021. 1. 10   개정1판1쇄
          2021. 3. 10   개정2판1쇄
          2021. 4. 10   개정2판2쇄
          2022. 2. 10   개정3판1쇄
          2024. 8. 10   개정4판1쇄

저 자 | 정진경 · 윤장호 · 유연희
발행인 | 정용수
발행처 | 예문사

주 소 | 경기도 파주시 직지길 460(출판도시) 도서출판 예문사
T E L | 031) 955-0550
F A X | 031) 955-0660
등록번호 | 11-76호

정가 : 27,000원

ISBN 978-89-274-5496-0   13570